高等职业教育烹饪工艺与营养专业教材

食品雕刻与菜品装饰

Shipin Diaoke
Yu Caipin Zhuangshi

宫润华　程小敏◎主编

中国轻工业出版社

图书在版编目（CIP）数据

食品雕刻与菜品装饰 / 宫润华，程小敏主编. —北京：中国轻工业出版社，2024.1
高等职业学校烹饪工艺与营养专业教材
ISBN 978-7-5184-2747-5

Ⅰ. ① 食… Ⅱ. ① 宫… ②程… Ⅲ. ① 食品雕刻—高等职业教育—教材 ②菜肴—装饰美术—高等职业教育—教材 Ⅳ. ① TS972.11

中国版本图书馆CIP数据核字（2021）第007004号

责任编辑：方　晓　　责任终审：劳国强　　整体设计：锋尚设计
策划编辑：史祖福　　责任校对：朱燕春　　责任监印：张　可

出版发行：中国轻工业出版社（北京鲁谷东街5号，邮编：100040）
印　　刷：艺堂印刷（天津）有限公司
经　　销：各地新华书店
版　　次：2024年1月第1版第2次印刷
开　　本：787 × 1092　1/16　印张：17.25
字　　数：350千字
书　　号：ISBN 978-7-5184-2747-5　定价：58.00元
邮购电话：010-85119873
发行电话：010-85119832　010-85119912
网　　址：http://www.chlip.com.cn
Email：club@chlip.com.cn

240116J2C102ZBW

本书编写人员

主　编：宫润华　程小敏

副主编：段朋飞　杨　遥　文　婷

参　编：罗进玲　何跃军　孙友洁　李　艺
杨　潼　吴庆发　王建勇　陈明珍

前言

食品雕刻作为我国烹饪艺术中的一朵奇葩，不仅在体现中国饮食文化菜肴美感、和合韵感、氛围情感方面具有得天独厚的作用，而且在历史长河的积淀中，已经逐渐凝练成中国饮食文化工匠精神的精髓之一。在追求消费升级和向往美好生活的当下，从“食”到“美食”的内生需求，正驱动着食品雕刻理念从菜点设计向全方位创意设计转变，食品雕刻技术从传统二维平面向三维立体跃升。在这样的宏观背景下，食品雕刻必定会在中国餐饮消费创新、中国饮食文化传承的进程中任重道远。

回到中观的中国烹饪教育和行业层面，《国务院关于印发国家职业教育改革实施方案通知（国发〔2019〕4号）》（职教20条）及中共中央、国务院印发了《中国教育现代化2035》等文件为烹饪教育指明了发展道路。如何在食品雕刻教学中实现与职业培养体系和产业发展有机衔接、深度融合；如何将食品雕刻的创意创新融合贯通到拔尖创新人才的培养中，优化并巩固应用型、复合型、技术技能型人才的培养质量将是我们思考问题的落脚点。

聚焦到微观的教材层面，达成职业技能标准是基线，培养烹饪专业人才是基本，以“心手合一”实现“心念合一”才是食品雕刻艺术追求的最高境界，因此“启迪创意、激发思维、活学活用”成为本教材编撰的初衷和最大亮点。

首先，突出前瞻性和创新性。本教材在编写过程中不仅借鉴了国内外烹饪技术人员和研究者的最新研究成果，吸收了最新的生活美学设计理念，而且借助网络新技术强化启发式内容设计，二维码扫描学习、短视频模拟、理论练习题库等丰富的课后学习内容将很好地激发学生的自我创新兴趣，引导学生从绘画、雕塑艺术和生活百态中发现美、借鉴美，实现对教材内容的扩展。

其次，讲求连续性与系统性。重视食雕艺术在当前饮食消费审美中的功能性需求，将食品雕刻内容延伸至餐饮行业广泛运用的菜品装饰实例中，突出烹饪教育审美培养一以贯之的连续性。教材内容按食品雕刻工艺、菜品装饰工艺、食品雕刻与菜品装饰的创新应用三部分来设计，但不拘泥于食品雕刻与菜品装饰的基础知识，而是突出烹饪技术，包括冷拼、热菜、冷菜、面点等各环节的综合运用，内容中还融入了糖艺、面塑等制作技艺，突出实操技能的系统性和综合性。

最后，注重实践性与针对性。一方面结合高等职业院校烹饪专业学生的认知特点以及其他培训对象的实际需要，在内容编排上做到循序渐进，深入浅出，能满足不同岗位层次的技能培养要求；另一方面突出职业教育产教融合的核心理念，前期充分调研了餐饮上下游的原料企业、调味料企业对人才需求、行业发展趋势的观点看法，广泛借鉴了餐饮企业对菜品创新与设计的研判。最为重要的是，教材中部分实例作品都经过了前期市场消费需求的评价筛选，契合当前餐饮消费趋势，真正做到了理论与实践的紧密结合，与行业发展的深度接轨。

本教材由普洱学院宫润华、扬州大学程小敏两位老师牵头，负责组织协调、大纲设计以及统稿审校等工作；普洱学院段朋飞、杨遥、文婷三位老师负责相关模块的内容编写和设计；罗进玲、李艺两位老师负责前期资料收集和文稿的校对修改；来自食品企业集团的何跃军、孙友洁两位高层管理者负责实例作品的优化设计。此外，杨潼、吴庆发同学全程参与了作品的制作，王建勇、陈明珍同学参与部分资料收集及文字核对工作。

教材从编写到完成，离不开学校领导和同事的支持和帮助，离不开学界各位专家和业界各位烹饪大师、经营管理者的启发和指点。特别是编写过程中，得到了云南爱伲农牧（集团）有限公司、烟台欣和企业食品有限公司、烟台双塔食品股份有限公司的鼎力支持，为本书编写提供了大量来自行业一线的宝贵经验与务实建议，在此一并表示衷心的感谢！

由于编者的时间和水平有限，教材中若有不妥或疏漏之处，敬请广大专家和读者批评指正！

宫润华

于普洱学院·宫润华技能大师工作室

2021年1月

目录

上篇
食品雕刻工艺

上篇

食品雕刻工艺

第一章

食品雕刻工艺概述

任务描述

- 了解食品雕刻的概念、起源与发展
- 熟悉食品雕刻的地位、作用与要求
- 认识食品雕刻的类别与装饰要点
- 学习并掌握食品雕刻的基本操作步骤
- 了解食品雕刻中常用的图案
- 熟悉并掌握食品雕刻的注意事项

第一节　食品雕刻基础知识

一、食品雕刻概念、起源与发展

食品雕刻是烹饪艺术与雕刻艺术相结合而产生的一门雕刻技艺。食品雕刻是指运用一些特殊的雕刻工具、雕刻刀法和手法，把具有可食性的食物原料制作成形态美观、结构准确、形象生动、构思精巧的花卉、鸟兽、鱼虫、山水等各种具体形象的技术。食品雕刻是我国烹饪技术中不可缺少的重要组成部分，体现了中国烹饪精湛、高超的技艺。

中国食品雕刻历史悠久，具体起源于何时，现在无法准确考证。食品雕刻的雏形应该来自人类原始的祭祀活动，早在春秋时就有真正意义上的食品雕刻存在。当时的人们是在蛋的外壳上进行雕刻和染绘，然后烹熟而食，这应该是目前已知的最早的食品雕刻艺术品了。“雕卵”①这种技艺流传至今，到目前也还有这项雕刻艺术存在。

春秋时期孔子提出了“食不厌精，脍不厌细”等一系列对菜肴和食物的要求，这种思想也促进了烹饪技术的提高和食品雕刻的发展。

到了隋唐时期，食品雕刻大量流行起来。其中比较有代表性的有：“酥酪雕”，即在酥酪上进行雕刻，被称为“香食”；隋炀帝专用菜肴“镂金龙凤蟹”，即在菜肴“糖醋螃蟹”的上边覆盖一张用金纸镂刻成的有龙凤图案的雕刻品，作为菜肴的装饰；唐代的“辋川小样”花色工艺菜，就是模仿唐代诗人王维的《辋川图二十景》制作的，它运用了多种不同质地、不同颜色的食物原料雕刻成景物，然后组合而成；到了宋代，在筵席上使用食品雕刻已经成为一种风尚，雕刻的内容也从一般常见的雕花蜜饯，发展到雕刻各种造型的虫、鱼、鸟、兽、亭台楼阁，厨师的雕刻技艺得到进一步发展；明清时期的淮扬瓜雕“西瓜灯”是瓜雕艺术发展的鼎盛时期，其表现的内容、雕刻的刀法和作品的构思都达到了一个新的高度，这也说明食品雕刻在当时达到了相当精美的程度。

随着人类社会的不断发展，特别是我国改革开放与经济的飞速发展，人们的生活水平不断提高。当人们物质享受得到一定的满足后，就会追求精神生活的享受，也就是俗话说的要从过去的吃得“饱”变成现在的吃得“好”。而这里的“好”，主要就是对菜肴的“色、香、味、形、器、质、养、意”等方面的要求。因此，中国的食品雕刻艺术真正得到继承、发展和创新，是在20世纪90年代以后。

---

① “雕卵”实际上是指雕刻上花纹的鸡蛋，《管子·侈靡》中提到：“雕卵然后瀹之”，就是说在鸡蛋上雕刻图纹，而后煮制食用。

在以前，食品雕刻只是反映上层社会、封建贵族的奢侈豪华，而现在食品雕刻得到了更为广泛的运用：大到国宴，小到普通酒店、餐馆都用上了食品雕刻的花、鸟、鱼、虫等来装饰菜点和席面。食品雕刻作为烹饪艺术的一部分，也紧跟时代步伐，在不断地发展、完善和创新，现在可以说是一个大发展的阶段。特别是各地区间烹饪技艺的不断交流、学习，充分借鉴和继承了我国传统的木雕、石雕、玉雕、根雕等雕刻艺术的精华；加上广大烹饪工作者对雕刻技术的刻苦钻研、精益求精，特别是一些新的食品雕刻技法和新的食品雕刻工具的发明和运用，使食品雕刻得到了空前的发展，也使食品雕刻艺术达到了新的高度。全国涌现出一大批食品雕刻艺术大师，形成了一批食雕艺术的流派，显示着食品雕刻旺盛的生命力。

食品雕刻作为一门雕刻艺术，也在随着人们对美的不断追求而在不断地改变其艺术形态，并不断地发展、提高和创新。作为新时代的烹饪工作者，应该学习好、运用好食品雕刻，掌握高超的烹饪技艺，使烹饪技术向更加完美的方向发展。

二、食品雕刻的地位、作用与要求

（一）食品雕刻的地位

艺术是无止境的，烹饪艺术也不例外。烹饪艺术的代表食品雕刻技艺结合了工艺美术、雕塑、美学、建筑等多门艺术技巧。既可以独立使用在各种形式的宴席、展台、美食节、餐饮店庆等活动中；又可以作为菜肴的点缀和装饰，从而增加了菜肴的艺术观赏性，使菜肴的造型和色彩更加完美，主题更加突出。

（二）食品雕刻的作用

中国菜肴历来讲究色、香、味、形、器、质、养等，且驰名中外，而食品雕刻的发展和作用也是一个重要的原因。国际上将食品雕刻赞誉为“中国厨师的绝技”和“东方饮食艺术的明珠”。

食品雕刻的题材繁多、取材广泛，无论是花鸟鱼虫、亭台楼阁，还是神话传说，凡是具有吉祥含义、寓意美好的题材都可以用食品雕刻的形式表现出来，或食用，或欣赏。食品雕刻广泛运用于菜肴制作、菜点装饰、宴会看盘、展台的制作等，其主要作用体现在以下几个方面。

①食品雕刻能美化菜点，使其色、形更加完美，同时，也能弥补菜点在色彩和形态上的不足，从而达到提升菜点品质的目的。

②食品雕刻能提高宴席和菜点的档次，能烘托、活跃宴席的气氛，而且也可以丰富席面的色彩，使宴席组合形式丰富而多样。

③食品雕刻能使菜点和宴席的主题突出、鲜明，同时也能给菜点和宴席融入中国悠久、灿烂的历史和文化，使食客在享用美食的同时也能得到艺术的享受。

④食品雕刻能提高烹饪从业人员的艺术修养、造型能力和审美能力，同时，食品雕刻也是衡量其烹饪技术水平的一个重要方面。

⑤食品雕刻能体现企业的技术水平，是餐饮企业扩大宣传、树立品牌的一种必备手段。特别是在每次的交流、比赛中，精美的食品雕刻展台往往是每一次活动的亮点，吸引着广大观众的目光。

（三）食品雕刻的要求

要掌握食品雕刻这门技艺，不但要懂得食品原料的选择和各种刀具的熟练运用，而且还要有一定的艺术修养，不断创新，才能雕出主题鲜明、生动逼真、形态优美、色彩明快的雕品。

1. 对食品雕刻原料的要求

食品雕刻原料丰富多彩，常用的有瓜果类、根茎类、叶菜类、蛋品类及熟食制品等，既要广泛运用食品原料，又要懂得选择原料。

①要根据雕品的大小与形态来选择原料。雕刻成品有大有小，形状千姿百态，选择原料时最好要近乎雕品形状，这样可以减少修整时间，节约原料。

②要根据雕品的色泽来选择原料。雕刻成品色彩是五颜六色的，最好选用与雕品颜色接近的自然色泽的原料，再略加巧妙的配色，以达到绚丽多彩的效果。同时以嫩而不软、肉质细密、内实不空、韧而不散的原料为佳。

2. 对食品雕刻刀具的要求

因雕品不同，运用的刀工手法也不同，使用的刀具也不一样，但各种刀具必须光亮而不锈，刀刃锋利，刀身轻便，使用灵活，有利于雕刻。

3. 对食品雕刻技术的要求

技术的高低是决定雕品成败的关键，要学好这门技术，必须掌握以下几点。

①要有一定的艺术修养。要学习绘画、构图等有关美学知识和艺术表现手法，还要在生活中不断观察和积累素材，不断创新，使雕品富有时代气息。

②要勤学苦练。在雕刻时做到落刀准确，轻快有力，实而不浮，韧而不重，干净利落，得心应手。只有反复实践，刻苦锻炼，才能熟练地掌握各种雕刻的刀工刀法，所以在学习中还要虚心好学，即多看别人的作品，多动脑筋，多动手苦练，多总结经验教训。

③要有严格细致的工作作风。食品雕刻所用的原料，大多是比较脆嫩易损的食品，一不小心就会刻坏（如西瓜、冬瓜等），导致前功尽弃。所以，必须耐心细致，才能雕刻出理想作品。

4. 对食品雕刻成品的要求

食品雕刻的成品一定要形态逼真、生动活泼、富有情感。对那些既供观赏又具可食性的雕品，既要讲究艺术性，还要讲究食用性，不宜过分地摆弄触摸，要有时间及卫生的概念。否则给人一种华而不实及不卫生的感觉。在设计雕品时要根据主题、规格和饮食对象，要有思想性、季节性、针对性、艺术性和科学性。

第二节　食品雕刻的基本步骤

（一）确定主题

食品雕刻创作的先决条件就是要确定作品的主题，即命题，也就是确定作品的造型内容。作为一门特别的烹饪艺术，它要求作品主题精神方面的内容具有一定的思想性和一定的寓意。作品的命题与宴席规格、对象、气氛要相符合，以引起众多宾客的共鸣。如“骏马奔腾”“天女散花”等能表达庆功的喜悦；“孔雀牡丹”“花盈满篮”“百鸟迎宾”等可用于迎宾喜宴，“龙凤呈祥”“鸳鸯戏水”“并蒂莲开”“喜上眉梢”等多用于喜庆婚宴，可衬托出美好的祝福；“寿星”“仙鹤”“蟠桃”“五福”“金玉（鱼）满堂”等都寓意长寿吉祥，可用于寿席。用于菜肴点缀的雕刻作品同样应该遵循这样的原则，如制作传统菜肴“珊瑚鱼”可搭配雕刻的“虾趣”，制作淡水鱼类菜肴时可搭配雕刻的“荷塘小景”等。

（二）设计构思

一件食雕作品包括内容和形式两个方面，二者相辅相成，不可分割，是辩证的统一体。在创作实践中，如何正确地表达这两个方面，需要通过艰苦的构思和创作。根据主题及构思的需要进行作品的布局，力争做到主次分明，主题突出，不可喧宾夺主。

构思是指对所要表现的物象通过人的大脑进行一系列由内容到形式以及目的性的总策划。即将要表现的物象通过多角度、多层次、多方面的形象思维，在结构特征、布局、设色上进行酝酿、思考，初步形成轮廓和雏形。

一件食品雕刻作品思想性、艺术性的高低，构思成熟与否起着决定性的作用。作者通过不断深入构思，研究主题思想、主次关系、情节安排、物象构图、虚实处理以及表现形式、风格、形象刻画等方面，力求创新、巧妙、引人入胜，使作品得以成功。

对于大型的雕刻作品，主题确定后，应当先画出草稿，算出相应的比例关系。而对于一些比较熟悉的、简单的作品也应该在脑海里进行设计和构思，以便于雕刻过程中得心应手。

（三）选择原料

命题构思后就开始具体制作。制作是巧借天然的艺术加工和巧妙的创造思路逐步实现完整的雕刻过程。首先是选择原料，原料的选用对雕刻作品的成败至关重要。

在食品雕刻中，原料采用有两种方法。一种是根据构思的形象、题意和特点，选择质地、形状都符合需要的材料——因意而定形。这个步骤是整个操作过程的基础，只有理想的原料才能雕刻出形态美观、精巧实用的作品来。一般应选择新鲜、质地润泽、自然色丰富的原料。除质优色美外，还要对原料的形体加以考虑，如果原料的形状与作品形象大体形态相近似，雕刻起来就比较顺利。例如：雕刻瓜盅之类的就该“弃歪从正”，选择形状规则的瓜；雕刻龙凤之类，选用弯曲的长形老南瓜，造型会更灵活生动；雕刻荷花应选取洋葱做原料，不但刻起来简单，也很容易获得“以假乱真”的效果。选择原料的大小也应合适，应避免大材小用，但也要稍有盈余，防止雕刻时过多的修凿。

原料的采用还可借鉴根雕中的“三雕七借”意象造型，即“三分人工，七分天成”，尽量利用其自然形态。根据食品原材料本身的形态、色泽、大小来构思立意，并确定其表现方式，也称“因形而立意”。而对一些形状奇特的雕刻原料，应充分发挥作者的想象能力，开阔视野，因材施艺，尽量做到物尽其用，这样才能创作出新颖别致的食雕作品。如一只生长得自然弯曲的白萝卜，又恰好生着两条较大的根，这时就可利用其自然形态雕刻一只昂首展翅的“仙鹤”，将弯曲的部分雕刻成仙鹤的脖颈，将两条分开的根雕刻成仙鹤展开的翅膀，一只生动活泼的仙鹤便翩翩欲出了。再如多根分叉、参差不齐的大长萝卜，用来雕刻“百鸟朝凤”或“鸟语花香”，制作起来方便又自然。又如生姜往往长得奇形怪状，可用于猴子食雕，很适于猴子上蹿下跳的动态姿势。有些生姜依其形可制作假山怪石，整体效果生动逼真。

（四）雕刻实施

在食品雕刻技法实施的过程中，总的原则是先整体，后局部。也就是先刻出物品的大致形状，再修饰具体细节。徐悲鸿大师对初学造型者提倡“宁方勿圆”，也是同样的道理。食品雕刻的工艺过程可分为轮廓成形、形象刻画、修饰点缀等几道工序。

（1）轮廓成形　原料选好后，假如是整雕，一般是用笔在原料表面画出各个形体的大致部位就可以开始雕刻了。如果是浮雕，则需要把所设计的图案用复写纸印在原材料上。整雕打粗坯的第一步程序是把多余的原材料去掉，在轮廓线外用雕刀刻条缝以便截去多余的原料。轮廓线外也应留有余地，短了不能加长，小了不能变大。浮雕打粗坯时，首先是找出浮雕形象下面的“地”的平面，勿使深浅不一。

食品雕刻在轮廓成形或粗坯雕刻阶段，特别是粗坯未完成的阶段，切忌局部深入刻画，这样会破坏对整体雕刻造型的把握，同时在粗坯需进一步敲凿雕刻时又会造成损坏。在食品雕刻中，无论是整雕、浮雕，一般都有其共同的工作顺序：雕刻过程“由上至下”，即由上部往下雕；“由前至后”，即先雕前部，再雕后面；“由表及里”，即先雕外面，后雕里面；“由浅到深”，即先雕浅的地方，再雕深的地方。刻轮廓打粗坯都是食品雕刻的基础定型阶段；物象的整体大形是比较粗糙的、大块的且棱角突出，而不是具备细节的细腻状，这种粗坯或轮廓形状虽然模糊，但它最概括而笼统地具备了雕品的整体形象。只有反复揣摩，做到心中有数，取舍得当，才能正确把握取与舍的关系。做到留得恰当、舍得合理，不可轻率，要从全局审形度势，象形取意。比如我们雕刻一只鸟，首先要刻出鸟的大形，即整体的大致形状，包括鸟的大小，厚薄，头、身、尾各部位的比例及其动势等。这一步至关重要，唯其粗糙才愈要小心到位，取大形是造型艺术的最重要的基础。

（2）形象刻画　食品雕刻的形象刻画主要是人物、动物、服饰、道具等，这些形象是直接的、具体的。刻画起来不仅要求作品形体结构正确，形态自然，还应将对象的典型性格、突出特征都充分表现出来。有的作品只求形体准确却神态呆板，这是不可取的。食雕作品的形象刻画应尽可能地完善轮廓形状的大形，像人物的面部表情、衣纹线条的进一步修整刻画，还有诸如山石的褶皱起伏、树木枝条的穿插、叶片的层次、禽鸟的羽、兽的毛发等，都应根据整体布局的需要和主题的需要使形象进一步完美。

食品雕刻的细雕是一道细致的工序，它是在形象刻画的基础上，靠得心应手的刀具和娴熟的刀法来完成的。要做到行刀有度，落刀要准，手力要实而不虚，韧而不重，动作敏捷，轻巧利落。在细雕过程中，要注意将物象传神地刻画，凸处和凹处的刀痕要做到“刀口清，不留刀痕”。对作品的细微部，如人物的须发，雕时要注意心平气静，刀利手稳。先用刀将须发分几组，然后将每组细雕。为使发纹之间有对比变化，可在高处的发纹行刀清淡些，视觉效果就是高处形成光面或若隐若现，低处有明显的发纹，这样发纹的虚实明暗效果就出来了。同理，飞禽的细羽、走兽的毛皮、花卉的瓣与蕊、树皮和山石的褶皱处理，都可这样表现。

食品雕刻的形象刻画涉及形似和神似的问题，它们二者之间既有区别又互相依存。“神似”是指内在精神、气质、性格等，它给“形”以生命。但是，食雕作品中的神似，不能离开形似。“以形为神”的中国画论就是这个道理。食品雕刻形象的刻画、精雕细刻是食雕的精髓部分。刻画形象要求食雕师真正到生活中去体验和感受，对物象的具体特征、性格、体态等深入理解，按照主题要求加以选择、集中、概括。要克服步骤混乱，把握有代表性的部位和微妙的形体变化，使作品的“形”与“神”充分体现出来。

（3）修饰点缀　修饰点缀是指对食雕作品的细微部分和关键部分进行细微修饰，或选择恰当的原料进行镶嵌、接插，如做大型作品，常需要多种零件组装、拼装、配底座而成。

配置底座：许多食雕作品，只有当它配置相宜的底座时才会感觉完整，达到奇特的艺术装饰效果。如“渔翁乐”用牛腿南瓜雕刻古树，“白鹤仙子”用南瓜雕刻山石座，“龙舟”“八仙过海”“天女散花”配上用冬瓜雕刻的海浪座、祥云座等，都是作品和底座巧妙的结合，目的在于衬托作品，起到突出主题思想和进一步表达内涵的作用。

第三节　食品雕刻常用的图案

食品雕刻中的花纹图案来源于中华民族的历史文化，也代表着中国古老的传统文化艺术。作为一名厨师，如对图案的一些寓意都看不明白，说不清楚，也是一大遗憾。因此对图案作一简释，对厨师来说，亦是有所裨益的。

1. 龙凤呈祥

图案为一龙一凤。龙的传说很多，记载的文献也很多。凤凰在刘安的《淮南子》一书中开始被称为祥瑞之鸟，雄曰凤，雌曰凰。龙凤都是人们心中的祥兽瑞鸟，哪里出现龙，哪里便有凤来仪，象征着天下太平、五谷丰登。

2. 二龙戏珠

图案为两条云龙一颗火珠。《通雅》中有“龙珠在颔”的说法。龙珠被认为是一种宝珠，可避水火。有二龙戏珠，也有群龙戏珠和云龙捧寿，都是表示吉祥安泰和祝颂平安与长寿之意。

3. 鱼龙变化

图案为天上有一云龙，水中有一鲤鱼；或一龙首鲤身，或一鲤鱼翻跃于龙门之上。古代有鲤鱼跃龙门的传说，凡是鲤鱼能跳过龙门的，就可变化成龙，不能跳过龙门的，点额而归，故黄河之鲤鱼多有红色的额头，都是未跳过龙门之鱼。鱼跃龙门表示青云直上、变化飞腾之意。

4. 鹤寿龟龄/龟鹤同龄

图案皆为一龟一鹤。《古今韵会》中载："龟为甲虫之长。"龟寿万年，是长寿的象征；鹤是仙禽，崔豹《古今注》："鹤千年则变苍，又二千岁则变黑，所谓玄鹤也。"龟鹤同龄，乃同享高寿之意。

5. 松鹤延年

图案为鹤和松树。《字说》中载："松百木之长。"《礼・礼器》载："松柏之有心也，贯四时而不改柯易叶。"松除象征长寿之外，还作为有志、有节的象征。故松鹤延年既有延年益寿之意，也有志节高尚之意。

6. 鹤鹿同春

图案为鹤鹿与松树。古人称鹿为"仙兽"。神话故事中有寿星骑梅花鹿。鹿与禄、陆同音，鹤与合谐音，故又有"六合"（指天、地、东、西、南、北）同春之意和富贵长寿之说。

7. 岁寒三友

图案为松竹梅或梅竹石。松，贯四时而不改柯易叶；竹，清高而有节；梅，不惧风雪严寒。苏东坡爱竹成癖，他曾说"宁可食无肉，不可居无竹"，还题写过"梅寒而秀，竹瘦而寿，石丑而文，是三益之友"。松竹梅被人们称之为"岁寒三友"，乃寓意做人要有品德、志节。

8. 喜上眉梢

图案为梅花枝头站立两只喜鹊。古人认为鹊灵能报喜，故称喜鹊。两只喜鹊即双喜之意。梅与眉同音，借喜鹊登在梅花枝头，寓意"喜上眉梢""双喜临门""喜报春光"。

9. 喜报三元

图案为三喜鹊、三桂元或三元宝。古代科举制度的乡试、会试、殿试的第一名为解元、会元、状元，合称三元。明代科举以廷试之前三名为"三元"，即状元、榜眼、探花。"三元"是中国古代文人梦寐以求的，是升腾取仕之阶梯。喜鹊是报喜之吉鸟，以三桂元或三元宝寓意三元，是表示一种希望和向往的图案，此外还有三元及第、状元及第、连中三元、五子登科等图案。

10. 福禄寿喜

图案为蝙蝠、鹿、桃和喜字。以前人们常以蝙蝠之蝠寓意幸福之福，借鹿与禄二字同音，寿桃寓寿意，加之以喜字，用此表示对幸福、财富、长寿和喜庆的向往。

11. 五福捧寿

图案为五只蝙蝠一寿字。《尚书·洪范》中载："五福：一曰寿，二曰富，三曰康宁，四曰攸好德，五曰考终命。"攸好德，谓所好者德；考终命，谓善终不横夭。还有"五福临门"的图案。

12. 多福多寿

图案为一个寿桃、数只蝙蝠。

13. 福寿无边

图案为蝙蝠、寿桃和蟠桃。

14. 福寿齐眉

图案为蝙蝠、寿桃、荸荠和梅花。

15. 福寿双全

图案为一蝙蝠、一寿桃、二古钱。这些图案都表示古代人心底希望幸福、富有和长寿。

16. 福寿三多

图案为一蝙蝠、一寿桃、一石榴或莲子。《庄子·外篇·天地》载："尧观乎华，华封人曰：'嘻，圣人，请祝圣人，使圣人寿。'尧曰：'辞'。'使圣人富'。尧曰：'辞'。'使圣人多男子'。尧曰：'辞'。"古人因以"三多"（多福、多寿、多子）为祝颂之辞。石榴取其子多之意，莲子乃"连子"之意。

17. 三多九如

图案为蝙蝠、寿桃、石榴、如意。《诗经·小雅》中《天保》曰："……如山如阜，如冈如陵，如川之方至，以莫不增……如月之恒，如日之升，如南山之寿，不骞不崩，如松柏之茂，无不尔或承。"《天保》篇中连用九个如字，寓为祝贺福寿延绵不绝之意。图案中以如意表示九如。

18. 福在眼前

图案为蝙蝠与一枚古钱。古钱是孔方外圆，借孔为眼，钱与前同音，亦称“眼前是福”。

19. 福至心灵

图案为蝙蝠、寿桃、灵芝。桃为寿而其形似心，借灵芝之灵字，表示幸福到来会使人变得更加聪明。

20. 寿比南山

图案为山水、松树或海水、青山。“福如东海长流水，寿比南山不老松”乃常见的对联。这一图案亦称“寿山福海”。

21. 三星高照

图案为三位老神仙。古称福禄寿三神为三星，传说福星司祸福，禄星司富贵贫贱，寿星司生死。“三星高照”象征着幸福、富有和长寿。图案为一老寿星、一只鹿、一只飞蝙蝠，亦称为“福禄寿”。

22. 流云百福

图案为云纹蝙。云纹形似如意，表示绵延不断。流云百蝠，即百福不断之意。

23. 平安如意

图案为一瓶、一鹌鹑、一如意。以瓶寓平，以鹌鹑寓安，加一如意，而称“平安如意”。

24. 一路平安

图案为鹭鸶、瓶、鹌鹑，另有图案为鹭鸶、太平钱的称“一路太平”。以鹭鸶而寓路，瓶寓平，鹌鹑寓安，祝愿旅途安顺之意。

25. 事事如意

图案为柿子、如意。《尔雅·翼》曰：“柿有七绝，一寿，二多阴，三无鸟巢，四无虫蠹，五霜叶可玩，六佳实可啖，七落叶肥大可以临书。”事与柿同音，加之如意，寓意事事如意或百事如意、万事如意。

26. 诸事遂心

图案为几个柿子和桃。几个柿子寓意诸事，桃其形似心，表示诸多事情都称心如意。

27. 必定如意

图案为毛笔、银锭、如意。笔、必谐音，锭、定同音，再加如意，音借意为必定如意。

28. 岁岁平安

图案为穗、瓶、鹌鹑。以岁（穗）岁、平（瓶）、安（鹌）之谐音，表示人们祝愿平安的良好愿望。

29. 年年有余

图案为两条鲇鱼。鲇与年、鱼与余同音，表示年年有节余，生活富裕。图案为两条鲇鱼首尾相连，童子持莲抱鲇鱼，均称“年年有余”。图案为一磬一鱼，或一磬双鱼、一童子击磬一童子持鱼，皆称“吉庆有余”。一妇人手提鱼，称之为“富贵有余”。

30. 太狮少狮

图为一大狮子一小狮子。太师为官名，周代设三公即太师、太傅、太保，太师为三公之最尊者；少师官名，周礼春官之属，即乐师也。狮与师同音，而寓以太师少师之意，表示辈辈高官的愿望。图案为一大龙一小龙，称之为教子成龙、望子成龙。

31. 八宝联春

图案为八件宝器相连。八宝分为两类：佛家八宝为法轮、法螺、宝伞、白盖、莲花、宝罐、金鱼、盘长（吉祥结），俗称“轮螺伞盖，花罐鱼长”。仙家八宝即八仙护身法宝，为渔鼓、宝剑、花篮、笊篱、葫芦、扇子、阴阳板、横笛。八件宝器相连接的图案称之为“八宝联春”或“八宝吉祥”。

32. 八仙过海

图案为八个仙人皆持宝器，下有大海波涛。古代神话传说中的八仙，有铁拐李、汉钟离、张果老、何仙姑、吕洞宾、蓝采和、韩湘子、曹国舅。八仙故事多见于唐、宋、元、明文人的记载。“八仙庆寿”“八仙过海”的故事流传最广。传说八仙在庆贺王母娘娘寿辰归途中路过东洋大海，各用自己的法宝护身为舟，竞相过海，以显神通。

33. 麻姑献寿

图案为麻姑仙女手捧寿桃。麻姑，古代神话故事中的仙女。葛洪的《神仙传》说她是建昌人，修道牟州东南姑余山。东汉桓帝时，麻姑应王方平之召，降于蔡经家，年十八九，能掷米成珠；自言已见东海三次变为桑田，蓬莱之水也浅于时，或许又将变为平地。后世遂以“沧海桑田”比喻世事变化之急剧。麻姑的手指像鸟爪，蔡经见后想：“背大痒时，以爬背，当佳。”又相传三月三日西王母寿辰，麻姑在绛珠河畔以灵芝酿酒，为王母祝寿，故旧时祝女寿者多以绘有麻姑献寿图案之器物为礼品。

34. 群星祝寿

图案为众多仙人各持礼物。传说三月三日王母娘娘寿诞之日，各路神仙来祝贺，故以此取其吉祥喜庆之意。

35. 万象升平

图案为一象身上有“卍”字花纹，腰背上负一瓶。“卍”字在梵文中作“室利靺蹉”，意为吉祥之所集。佛教认为释迦牟尼胸部所见的“瑜相”是万德吉祥的标志。武则天长寿二年（693年）定此字读万。万寿什平，表示人民祝愿国泰民安，百业兴旺，国富民强的升平景象。还有“太平景象”“景象升平”等图案。

36. 天女散花

图案为一仙女提花篮作散花状。佛经故事《维摩经・现众生品》记载，维摩室中有天女以天花散诸菩萨身，即皆坠落，至大弟子，便著不坠。天女说：“结习未尽，花著身耳。”谓以天女散花试菩萨和声闻弟子的道行。宋之问《设斋叹佛文》载：“天女散花，缀山林之草树。”故取其“春满人间”之意。

37. 嫦娥奔月

图案为一仙女奔入月宫状。嫦娥乃神话中后羿之妻。后羿从西王母处得到不死之药，嫦娥偷吃后，遂奔月宫。

38. 四海升平

图案为四个娃娃抬起一瓶。四个小孩（海）抬起（升）一瓶（平），表示“四海升平”，以此表达人民厌恶战乱，热爱和平之善良愿望。

39. 福从天降

图案为一娃娃伸手状，上有一蝙蝠。以天空中飞舞的蝙蝠即将落到手中，而寓其意为“福从天降”“福自天来”“天赐鸿福”等。此外还有“五福临门”“引福入堂”“天官赐福”等图案。

40. 长命富贵

图案为雄鸡引颈长鸣，牡丹花一枝。雄鸡引颈长鸣（命），牡丹乃富贵之花，喻富贵。还有长命百岁的图案，雄鸡引颈长鸣，旁有禾穗若干。

41. 教子成名

图案为一雄鸡引颈长鸣，旁有五只小鸡。以雄鸡教小鸡（子）鸣（名）叫，寓以“教子成名”。还有“五子登科”“一品当朝”等图案，表示殷切期望子孙取得成功的业绩。

42. 渔翁得利

图案为鹬蚌相争状，旁立渔翁。《战国策·燕策二》载：“赵且伐燕，苏代为燕谓惠王曰：‘今者臣来过易水，蚌方出曝，而鹬啄其肉，蚌合而指其喙。’鹬曰：‘今日不雨，明日不雨，即有死蚌。’蚌亦谓鹬曰：‘今日不出，明日不出，即有死鹬’。二者不肯相舍，渔者得而并禽之。”比喻双方相持不下，第三者因而得利。

43. 英雄斗智

图案为一鹰一熊作争斗状。《本草》载：“虎鹰翼广丈余，能搏虎。”《诗经·小雅》中《斯干》篇曰：“维熊维罴，男子之祥。”鹰与英、熊与雄同音。猛禽凶兽相斗，二勇相争，智者胜。还有一松树上落一鹰，地上有熊作相互怒视欲斗之状的图案，以此比喻英雄大智大勇。

44. 珠联璧合

图案为珠点连续有白头花蓝点。《汉书·律历志上》曰：“月如合璧，五星如联珠。”后借以比喻人才或美好的事物会集在一起。

45. 八骏图

图案为八匹马姿态各异。传说周穆王有八匹骏马，名称说法不一。《穆天子传》卷一载：“天子之骏，赤骥、盗骊、白义、逾轮、山子、渠黄、华骝、绿耳。”《史记·赵世家》载：“造反取骥之乘匹，与桃林盗骊、骅骝绿耳，献之缪王。缪王使造父御，西巡狩，见西王母，乐之忘归。而徐偃王反，缪王日驰千里马，攻徐偃王，大破之。”其他传说均由此而派生。

46. 博古图

图案为鼎彝钟磬、瓷瓶玉件、书画盆景等各种器物造型，种类繁多。有各式各样的博古图，给人以古色古香之感。

47. 天马图

图案为一飞马，马生两翼。天马一词，最初见于《楚辞·离骚》《史记·大宛列传》和《淮南子》等书中。张骞使西域得乌孙好马，名曰天马。后得大宛汗血马，比乌孙马强壮，改乌孙马名为西极，大宛马叫天马。史书记载，汉武帝“获汗血马来，作西极天马歌”。元狩三年（公元前120年）后，天马发展成“龙之友”“龙之媒”的地位。神话故事中的“天马行空”“独来独往”，使人想象出“马生两翼”，慢慢被称为龙马。《西游记》中有白龙马，便是一例。天马似马又生翼，空中行走又似龙，这种动物图案在古时瓷器、地毯上常见。

48. 麒麟图

图案为一兽，头长一角，狮面，牛身，尾带鳞片，脚下生火，其状如鹿。麒麟，古代传说中的动物，古称之为“仁兽”，多作吉祥的象征。“麟凤龟龙，谓之四灵”。《礼记·礼运》中载：“山出器车，河出马图，凤凰麒麟，皆在效椒。”“椒”同“薮”，即沼泽。由于麒麟是瑞兽，麒麟送子、麟吐玉书等图案皆有杰出人士之降生的寓意。

49. 四艺图

图案为琴、棋、书、画。琴棋书画是我国古代文人雅士的日常生活中必不可少的文玩，用以增进学识，提高雅兴。图案中的四艺，其造型设计古朴、优雅，富有韵律感。

50. 踏雪寻梅

图案为风雪中一老人头戴浩然巾，手持梅花，骑驴过桥。踏雪寻梅是根据唐代诗人孟浩然的故事设计而成的图案。孟浩然，襄州襄阳（今属湖北）人，少年好学，酷爱梅花，早年隐居鹿门山。年四十，游长安，应进不第，还襄阳。临行前留给王维一首诗。有人传出，孟浩然游长安，王维私邀入内署，适唐玄宗李隆基至，浩然匿床下，维以实告，玄宗大喜，诏浩然出，诵所为诗，玄宗发现无求仕之心，即入还。孟浩然的《留别王维》：“寂寂竟何待？明朝空自归。欲寻芳草去，惜与故人违。当路谁相假，知音世所稀。只应守寂寞，还掩故园扉。”诗中只见“当路谁相假”之句，哪有皇帝发现他不愿为官、放他归去之事？孟浩然头戴浩然巾，在风雪中骑驴过灞桥，踏雪寻梅，已成为我国古代诗人的佳话。这一图案在古时瓷器、地毯上常有出现。

51. 伯牙摔琴

图案为一人举琴面对一墓，旁立一老人。出自俞伯牙与钟子期相交的故事。春秋战国时，俞伯牙善弹琴，一日乘舟游至汉阳江口，命童仆取琴焚香，调弦转轸，一曲未终弦断之。疑有人听琴，命左右搜之，遇一樵夫钟子期，二人登舟促膝相谈，意合知音，结为兄弟，约定来年江边相见。当俞伯牙按期来到江边时，钟子期已病故。伯牙闻知，泪如涌泉，去子期坟前祭拜，并割断琴弦，双手举琴向祭石台上一摔，摔得玉轸摧残，金徽零乱。一老者惊问："先生为何摔此琴?"伯牙道："摔破瑶琴凤尾寒，子期不在对谁弹?春风满面皆朋友，欲觅知音难上难。"故有俞伯牙摔琴谢知音之说。古时瓷器、地毯上均有此图案。

第四节　食品雕刻的注意事项

为了使雕刻出的作品达到预期的效果，在雕刻之前，应注意以下几点要求。

（1）了解宴会形式　宴会的形式多种多样，简单的可分为"祝寿宴""庆功宴""聚会宴""家宴"，国际交往中的"国宴"，贸易往来的工作宴及大型酒会等。

制作者只有了解了宴会的形式，才可以刻制出与宴会形式相适应的雕刻作品，用来烘托宴会气氛，如："祝寿宴"可以刻制"松鹤长春""老寿星"等，"喜庆宴"刻制"龙凤呈祥""鸳鸯戏水""孔雀牡丹"等，"庆功宴"刻制"雄鹰展翅""骏马奔腾"等。

（2）了解客人的风俗习惯　随着改革开放的深入进行，我国对外交往越来越多，这就需要我们更多地了解不同国家和地区人民的生活习惯、风土人情、宗教信仰、喜好、忌讳等，以便因客而异，刻制出客人喜爱的作品。

（3）突出主题　为了避免雕刻作品的杂乱无章，在雕刻前应首先确定主题，构思出所要雕刻的作品的结构、比例（布局）等问题，确保主题突出，同时又要考虑到一些附加作品的陪衬作用，如"百鸟朝凤"作品的"百鸟"，"孔雀牡丹"中的"牡丹花"等。附加作品不要牵强附会，胡拼乱凑，否则起不到画龙点睛的作用。

（4）精选原料与因材施艺　选料对雕刻作品的成败是至关重要的，在选料时，不但要选择质优色美的原料，而且还要在原料的形体方面加以考虑，一般来讲，原料的形状与作品形象大体形态相近似，雕刻起来就比较顺利。另外，对一些形状奇特的雕刻原料，应充分发挥作者的想象能力，开阔视野，因材施艺，以便物尽其用，创作出新奇别致的艺术作品。

（5）注意卫生要求　由于食品雕刻与菜肴的配合十分接近，同时，又是宴会上菜前的"先行官"，因此，搞好食品雕刻的卫生措施显得特别重要，这就要求我们首先要保持原料的清洁卫生、质地优良。不要使用变质或腐烂的原料，从而保证宴会的质量和客人的食用安全。

第五节　食品雕刻的类别与装饰要点

一、食品雕刻的类别

食品雕刻按雕刻类别可分为以下五种。

1. 整雕（又称圆雕）

整雕就是用一块大的或整形的原料，雕刻成一个完整的立体形象。如“凤凰”“鲤鱼戏水”“菊花”等。它的特点是依照实物，独立表现完整的形态，不需要辅助支持，而单独摆设，造型上下、左右、前后均可供观赏，具有较高的欣赏价值。

2. 零雕组装

零雕组装是分别用多种原料雕刻成某物体的各个部件，然后集中组装成完整的物体。其特点是色彩鲜艳，形态逼真，不受原料大小、色彩的限制。如“百花齐放”“孔雀开屏”中的孔雀身部、头部、羽毛等，就是运用此法组成的。零雕组装的雕品，在制作过程中必须严格认真，尤其每个部件大小的比例要恰当、色彩搭配要合理，组装时小心谨慎，才能组装成理想的成品。这种手法适合组装成大型作品。

3. 浮雕

浮雕是指在原料表面雕刻出向外突出或向里凹进的图案，分为凸雕和凹雕。

（1）凸雕　又称阳纹雕，就是使原料表面产生凸起的纹样，呈现出各种图像的一种雕刻方法。大都以表皮与肉质颜色反差强的材料选定雕品的原料，如冬瓜、南瓜、西瓜等。浮雕可按凸出程度分为高雕、中雕、低雕，它们之间无明显的界限。一般凸出部分以高度超过基础部分的一半称为高雕；高度不超过基础部分的一半称为中雕；低雕所凸出部分略低于中雕，如雕“西瓜盅”“冬瓜盅”等。

（2）凹雕　又称阴纹雕，其所雕的花纹正好与凸雕相反，是用刀具将画在瓜皮上的图形雕成凹槽，以物品表面上的凹槽线条表现图案的一种手法。凹雕用于雕刻瓜果表皮，如雕“西瓜盅”“冬瓜盅”等。

4. 镂空雕

镂空雕就是将原料剜穿成为各种透空花纹的雕刻方法。这种方法常用于瓜果表皮的美化，如“西瓜篮”“西瓜灯”等。

5. 平雕

平雕就是先用刀修削或用模具刀压出较厚的立体形状，然后切成许多平面片状。也可先将原料切成片状再用刀具修压成形状，这种雕品以花鸟、食兽等图案轮廓为主，多用于做配料、点缀菜肴或做大型雕品的辅助雕品，因方法简单、速度快，广为厨房所用。

二、食品雕刻的装饰要点

1. 确立装饰的目的

装饰需要根据宴会的类型和主题，如婚宴、寿宴、工商喜庆宴或小酌，确立题材，构思出得体雕刻装饰，以提升用餐质量、烘托用餐氛围。此外，消费价位也是重要考虑因素，高消费的餐点除了食材以外，其他用餐的相关配套和盘饰也要多费一些心思，以超越客人的期待。

2. 菜系元素

菜系如中餐、西餐、日本料理或者无国界料理，从菜系类型寻求相关饮食人文风情元素，也是设计盘饰时要考虑的重点之一，此外宗教禁忌也是设计中需要重点关注的。

3. 宴席形态

宴席形态如大型宴席、西式百汇、小酌或者是套餐等，从视觉角度而言，大型宴会或西式百汇应以立体主题和色调明亮的盘饰较为醒目为宜，小吃和套餐由于菜肴在餐桌上位置较接近宾客，以平面装饰或个体较小的立体盘饰为宜。

4. 菜肴的呈现形式

盘饰的作用在于点缀陪衬和互补，菜肴烹调方式有煎、煮、炒、炸、烧烤和蒸等，盘饰应考虑其所陪衬菜肴的烹调方式。以冷拼和头盘作为重点装饰，能让顾客有形色上的惊艳效果；以煎炸、烧烤方式烹调的菜肴汤汁较少，装饰品不宜碰触食物，在盘饰观感上应较为让人舒适。菜肴组成有单一和多种食材组合形式，盘饰宜以单一食材色调为主，可考虑色调上的互补，至于组成色彩内容丰富者则不用再画蛇添足。菜肴装盘形式大致有堆叠与平面排列形式，单拼、双拼或多拼组合，堆叠突出的菜肴以立边装饰为宜，平面排列的菜肴则以立体盘饰陪衬，单拼、双拼或多拼的菜肴，也可以通过立中装饰或区间点缀产生造型和色调上的变化。

知识拓展

- 立边装饰，是指将装饰品放置于盘子一侧作装饰，上菜时候应注意角度，将最美的一面呈现给宾客。
- 立中装饰，是指将装饰品置于盘子中央作装饰，应注意装饰品高度以不超出盘面长度1/2为宜，装饰应使主题形象突出，能够吸引顾客目光，达到视觉平衡与装饰美化的效果。

5. 器皿

器皿按风格分，大致有传统型、复古型与前卫型；按形状分，有基本形（圆形、方形、椭圆形）器皿和造型器皿；色调有单色和多色；制造厂商也有流系，出自名门的工艺精细的器皿当然价格不菲，在质感上也差别甚大。一般而言，从使用器皿的类型便可判定出餐厅的类型和等级。精致器皿、色香味俱全的佳肴和得体的盘饰是整个用餐气氛的关键要素。

6. 装盘与盘饰整体建构

菜肴和装饰品的整体比例要恰当，例如，中餐宴席盘和西式百汇餐盘以菜肴70%、盘饰品10%和盘边空间20%为宜，而单点的西餐和法式餐点则有盘子大，食物小的特点。严格来说，装盘及盘饰建构比例并无一定的原则，但必须建立在视觉与艺术相统一的基础上。

7. 题材构思

题材表现应考虑其相关性，如依据菜肴名称设计题材，或以时节和宾客人文背景来表现题材。在餐饮宴席如婚宴、庆生宴、工商宴及一般社交宴中，题材以花卉最常见，多采用鲜花或用蔬果雕刻成的花朵。花也是大众最广泛接受和喜爱的饰品。其他常用的题材包括动物中的虫鱼虾蟹（与菜肴相关题材）或者是美丽的蝴蝶等。以象征吉祥如意美好事物为题材是构思的原则，例如喜宴则以成双成对的喜气饰物装饰。适当题材的食雕装饰，除了能提升菜肴美感外，同时也可以成为宾客间的热议话题。

8. 形象表现

蔬果天然的外形和质地是塑形的基础。含水分较多，质地松软的瓜果类适合以简洁意象呈现，质地较坚实的根茎则适合立体细致的形象。蔬果的品种不同和成熟度的差异，在外形、质地和颜色上都会有所不同，果雕形象的表现在于运用自然蔬果的“形、色、质、结构”以及在切雕后和泡水过后的延展性，诀窍在于将盘饰的形象化繁为简，也就是将模拟的实体简洁化。“简洁”，即强调主要特征，省略次要特征，其中有两种涵义。

（1）夸张　也就是将被表现对象的整体或某一方面的特征进行明显的大幅度强化，目的是凸显对象的外貌神韵，方法是增强对比元素，使方的更方、圆的更圆、弯的更弯、直的更直、动的更动、静的更静，夸张要抓住对象的主要特征与美的因素来进行。

（2）省略　也就是把复杂的形象进行去繁就简的加工处理，在保持形象的基础上省略一些不影响主体或与艺术处理加工不相称的部分，使盘饰形象更加明显突出、便于制作。省略体现艺术的简约，通常与夸张法并用，相辅相成，例如“番茄兔子”以水滴形的红色小番茄或是枣子来表现兔子的身躯，果形尖端作为头部，果形较圆一端作为臀部，然后组合上长长的耳朵，即可将兔子的神韵表现出来。蔬果的形与题材之间构成微妙的巧思和组合，展现了蔬果与形象结合的奥妙，使作品达到美学的艺术境界。除了更好体现艺术效果外，简洁形象的手法也节省人力和制作时间，提高作品的实际运用价值。

9. 素材成本与质量

物以稀为贵，蔬果的产地、产季、品种会直接影响素材成本，如在非盛产期的蔬果通常质量较不稳定，价格也较高，再者，气候变化也会影响物价的波动和质量的好坏，如在台风季节，叶菜瓜果类较易受损，价格也会飙涨，根茎类较为耐存，涨幅较小。素材的选用，以季节性的盛产蔬果为宜，因其价格便宜，且质量佳。

10. 素材特性

用于切雕的蔬果成熟度宜在七八分之间，过熟的叶菜叶面易发黄碎裂，过熟的瓜果质地瘫软，如浆果类的番茄和辣椒等。蔬果有其新鲜度周期，蔬果在采收后极易失鲜或脱水，例如南瓜的瓜皮变硬，瓜肉变软，根茎类蔬果则质地变硬，纤维变粗。新鲜度的周期与气候、储存方式、环境等，有密切的关联性。蔬果经切雕塑形后水分更容易流失，需要采用保鲜措施保存，其方式有如下几种。

①以保鲜膜包裹冷藏。

②泡水保鲜。部分蔬果泡水吸收水分后，其质地更加挺实或者外形产生变形弯曲，如瓜果类的皮内茎脉组织在吸收水分后使外皮产生外翻，有的蔬果切雕泡水后质地会变得坚脆。

③对于一些切雕后容易氧化变色的蔬果，如苹果，可以用盐水或柠檬水浸泡来防止褐变。

知识拓展

↘ 果雕品泡水吸收水分后质地变得坚脆，精细部分容易断裂，摆饰时应当小心。

第二章
食品雕刻工艺基础

任务描述

- 了解食品雕刻工作台面的配置
- 熟悉食品雕刻的基本器具与保养方法
- 掌握雕刻的常用刀工方法与造型手法
- 掌握常用的雕刻原料类别及保存方法
- 掌握食品雕刻半成品及成品的保存方法

第一节　雕刻的基本技法

一、食品雕刻常用执刀手法

雕刻手法是指在执刀的时候，手的各种姿势，在食品雕刻过程中，常用的雕刻手法如下所述。

1. 横刀手法

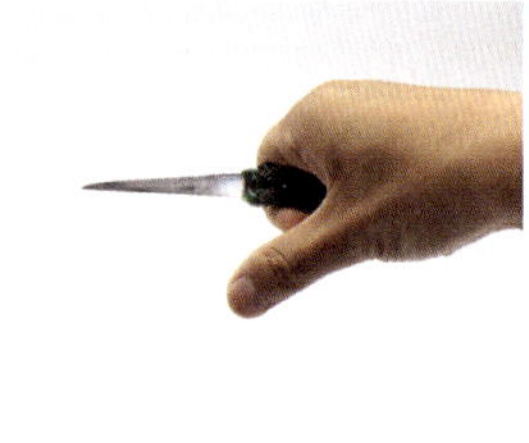
横刀手法

横刀手法是指右手四指横握刀把，拇指贴于刀刃的内侧，在运刀时，四指上下握住刀柄，拇指则按住所要刻的部位，在完成每刀的操作后，拇指自然回到刀的内侧，此手法适用于各种大型整雕及一些花卉的雕刻。

2. 纵刀手法

纵刀手法

纵刀手法是指四指纵握刀把，拇指贴于刀刃内侧。运刀时，腕力从右至左匀力转动，此种手法适用于雕刻物体的初坯和大形。

3. 执笔手法

执笔手法是指握刀的姿势形同捏笔，即拇指、食指、中指捏稳刀身，这种手法主要适用于一些细致的雕刻及原料的最后修剪装饰。

执笔手法

4. 插刀手法

插刀手法与执笔手法大致相同，区别是小指与无名指必须按在原料上，以保证运刀准确，不出偏差，常用于U形戳刀和V形戳刀，适用于鸟羽、花卉及各种纹路的雕刻。

插刀手法

二、食品雕刻常用造型手法

1. 立体造型技法

在立体造型中包含外弯圆弧、内弯圆弧、曲线、角形、线条等，在切雕面积较大或较硬的食材时，可以分步骤切雕；在切割弧形，进行曲面造型时，可运用锯刀或摆刀，以分段逐步的方式运刀，这样可达安全和精准的效果。

（1）立体外弯圆弧处理　处理立体外弯圆弧时，先以直斜刀切去区块，再以锯刀修饰出弧形。

知识拓展

- 锯刀：如锯切法般地前后或上下来回渐进运刀，常用于原料的弧形处理。
- 摆刀：如摇摆渐进运刀，用于长距或定点的直线切雕。

（2）立体内弯圆弧处理　处理立体内弯圆弧时，先以直斜刀切去区块，再以锯刀修饰成内弯形。

（3）立体曲面处理　处理立体曲面时，先以直斜刀切去区块，再以锯刀修饰出内弯形，最后修饰出外弯弧形。

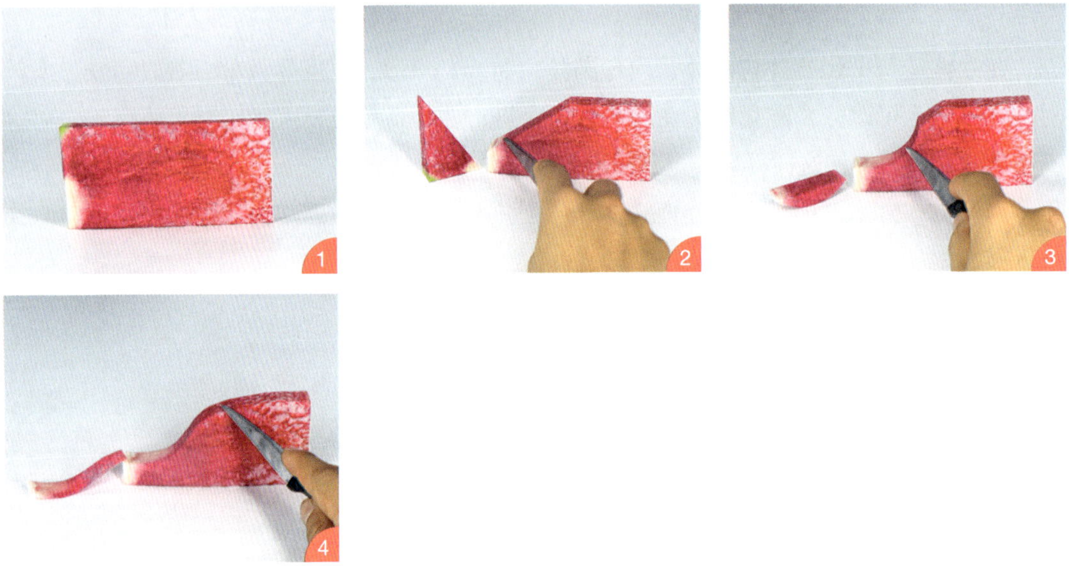

（4）立体角形处理A式　处理立体角形时，先以圆形槽刀于角处钻出一圆孔作为缓冲空间，然后以摆刀法下直刀至圆孔处，再下一水平刀交会，最后修出角形。

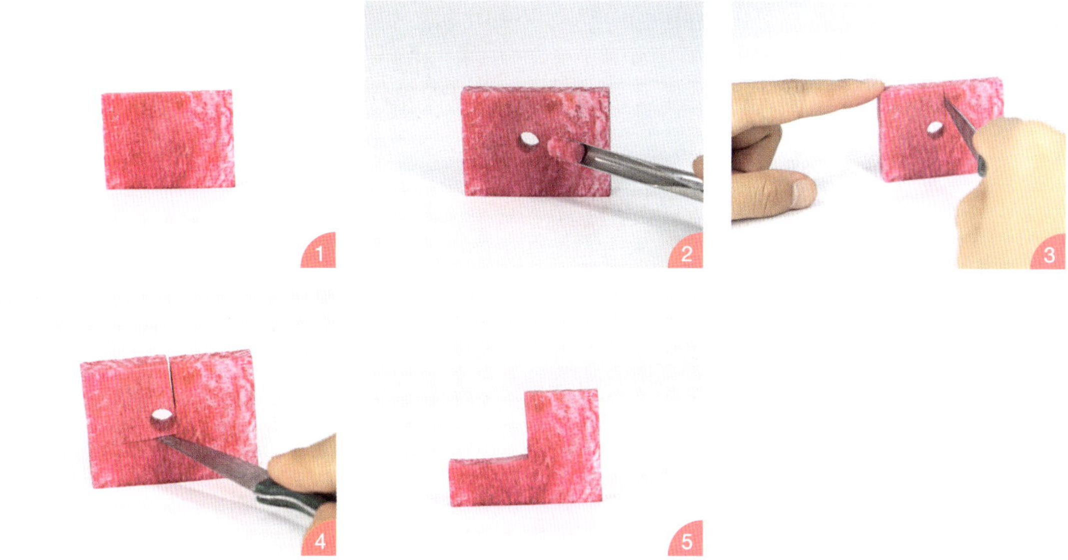

（5）立体角形处理B式　另一种处理立体角形的步骤如下，先切去直斜线区块，再以圆形槽刀于角处钻出一凹弧作为缓冲空间，最后下直刀及水平刀至凹弧处，修出角形。

（6）线条处理　处理线条时，用雕刻刀以90°角先划一刀，再以45°～60°角切斜刀，两刀交会即构成线条，或以V形槽刀直接推线。

2. 组合造型技法

在制作过程中可以依据素材特质或形象进行组合，通过组合可节省时间。体积较大的果雕品也可以依实际需要作混接（如粘接加串接、榫接加快干胶）。

（1）拼叠法　素材通过拼叠后本身附有的水分附着在盘面上。

（2）快干胶接法　素材的面与面通过快干胶接合，接合时须将表面水分擦干。

（3）榫接法　又称凹凸接法，榫槽规格应当略小于榫头，组合时较能紧密不易脱落。

（4）串组法　通过牙签来串接，如将松敞的薄片串组成花朵等装饰品。

（5）眼睛制作表现技法　眼睛作为灵魂之窗，可以依据作品的大小和形象来创意呈现，通常越小的眼睛可以越简约地呈现。

①简洁式：眼球和眼珠以圆形呈现，眼珠以深色果皮表现，眼白通过去除果皮外表来体现色素。二者比例为眼珠的直径为眼球直径的1/2。

制作实例：首先取表皮深绿色南瓜，用圆弧槽刀粘出一圆柱，以雕刻刀修出眼白部分。在鱼的眼睛位置粘出接合孔，再粘快干胶装填入眼睛。

②意象式：省略眼白直接以黑点作意象式呈现，或是于眼球上搭以人性化的眼睫毛作为雌性动物表征，或者用弯弧线条代表快乐眼神、斜直线代表生气的模样等。

制作实例：以深色干辣椒梗组合成意象式眼睛，以睫毛作为女性表现的意象特征之一。

（6）图像模板制作　制作实例：将图案视需要的规格缩小或放大复印，用胶带贴在塑料片上，用剪刀裁剪出图案轮廓。

（7）模板复制法　塑料片做成动物或植物图像模板，以模板将图案轮廓描绘在素材表面。模板复制法帮助学习者对于图案的记忆，并可通过大量复制来缩短工时，节省人工成本。

（8）格式化法　依据作品设计图长、宽、厚规格数据，将素材切为同等规格，再划分等份后描绘图轮廓，由外而内去除直线轮廓区块后，进而修饰外形轮廓。格式化法将素材规格数字化技法公式化，使流程一致，可达事半功倍的效果。

3. 食品雕刻常用上色技法

食品雕刻多利用原料本身的天然色彩，不提倡着色。利用原料本身的天然色彩来表现作品，能给人自然淡雅、朴实真切的感觉。但是有时作品色彩过于单调，就需要着色。可以采用下面几种方法进行着色。

（1）泡色法　选用食用色素，加入清水稀释调匀，然后根据作品要求将原料分别放入不同色彩的色素水溶液中进行浸泡，浸泡片刻上色后取出，最后用纸巾吸去多余水分。泡色法速度快，适用于大批量食品雕刻成品的上色。

（2）染绘法　根据食品雕刻成品需要，选好食用色素的颜色，稀释至一定浓度后，用毛笔蘸上色素液体染绘在食品雕刻作品的表面。染绘法易于控制色彩的深浅及浓淡，食品雕刻作品着色后更加美观、形象。

（3）机器喷色法　将调兑好的食用色素液体放入喷枪或喷笔中。利用空气压缩机产生高压气体把调好的液体喷射出去，形成雾气状的有色液体，黏附在需要着色的部位。机器喷色法上色颜色分布均匀，使食品雕刻作品上好色后显得非常逼真。

总之，无论采用哪种着色方法，都要根据食品雕刻成品实际需要而定，一般上色不宜过重，并且禁止使用非食用色素进行上色。

第二节　食品雕刻前的工作准备

一、食品雕刻工作台面配置

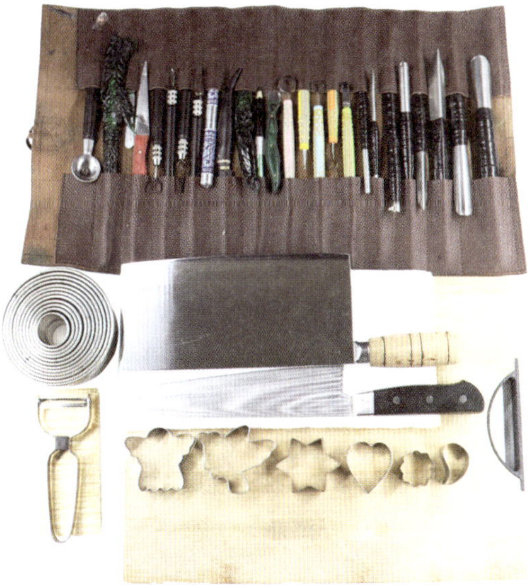

有秩序的工作环境，可使工作和学习更安全、更高效，理想的台面配置需符合以下条件。

（1）充足的光线或灯光照明。

（2）空气流通。

（3）适当的高度。

（4）工作台面的合理配置。

①将抹布弄湿拧干，置于切板下以免切板滑动。切板边缘与工作台缘对齐，可使操作切雕顺畅。

②将刀具放置切板上方，并以湿抹布衬底，让刀具不直接接触工作台面而摩擦受损；工作当中，避免备用刀具互相堆叠，以免磨损。

二、食品雕刻的基本器具

由于所需雕刻的物品具有诸多不同的细节特征，如鸟类的绒毛、翎颈，兽类的筋骨、毛发等，我们需要针对不同情况选择不同种类的工具进行雕刻，才能够更加高效、逼真地完成一件作品。所以，我们需要对雕制工具有一定的了解。

食雕需要的整套工具一般包括一把主刀、三把U形戳刀（大小六个型号）、一把V形戳刀（两个型号）、一把V形木刻刀、三把拉刀（六个型号）、一支水溶性铅笔和其他特殊工具。

（1）主刀　又名手刀，是雕刻工具中最重要的组成部分，开大形和修饰细节都离不开它。刀刃的长短可以根据自己的手法而定，根据常规的手法，一般选择刃长5～6cm，柄长11cm的主刀，这样才能灵活运用，样式可以根据自己的喜好而定。

主刀

（2）U形戳刀　由于U形戳刀的特殊形状是主刀不能取代的，所以它的用处很特别，它有主刀所没有的U形弧线，用U形刀处理的禽鸟结构温润而紧凑，处理出的动物更是有皮包肉的感觉，还可以用来制作鸟类的翅膀羽毛，动物的肌肉以及动物的筋骨等。

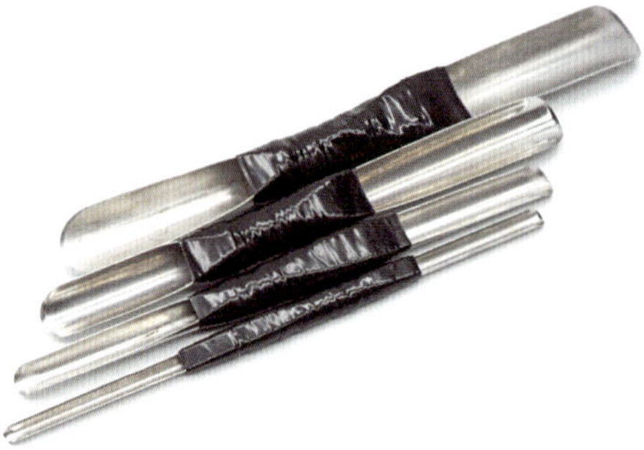

U形戳刀

（3）V形戳刀　V形戳刀和U形戳刀的最大区别在于V形戳刀的型号大小与功能无关，有时工具太多会影响雕刻的速度，所以不需要太多型号，一把足矣，大小自定，功能一样，和大小无关。它主要的用处在于制作禽鸟的小羽，例如：孔雀的尾羽以及花心的花蕊部分等。

V形戳刀

（4）V形木刻刀　它的用处和V形戳刀相似，但与V形戳刀不同的是，V形木刻刀的刀刃部分是平行的，所以在推线条时不容易“跑刀”，其作用主要用于推制细线条，比如禽鸟羽上的翎羽和筋骨等。

V形木刻刀

（5）拉刀　拉刀主要由划线刀和五种大小不等的椭圆形的拉刀组成。划线刀的用处很广，可以代替V形木刻刀和V形戳刀的功能，主要用于鸟类的线毛、羽毛翎颈、动物毛发线条以及羽毛上的细节等。椭圆形拉刀的功能和U形刀大致相同，它最大的作用主要是处理U形戳刀不能处理到的地方，如动物的筋骨、动物的腹部结构以及一些深凹的地方等。

（6）水溶性铅笔　它的好处在于它在果蔬材料上可以书画自如并且沾水即化，不影响作品的食用标准，它主要的用处是在做东西之前可以在原材料上面描绘出我们所需要的造型，这样既不浪费材料，还可以很好地控制作品的造型。

（7）特殊工具　例如纸胶带、铁丝、砂纸、喷笔、食用色素等。在此书中，我们大量地使用了铁丝和纸胶带，它可以作为作品的支撑和花木类的枝干等。砂纸的用处和粗细是密切相关的，粗的砂纸可以打磨大形，细的砂纸可以打磨细节。喷笔和食用色素主要用于上色，注意果蔬上色不能用工业颜料代替，必须使用食品安全检验合格的食用色素。

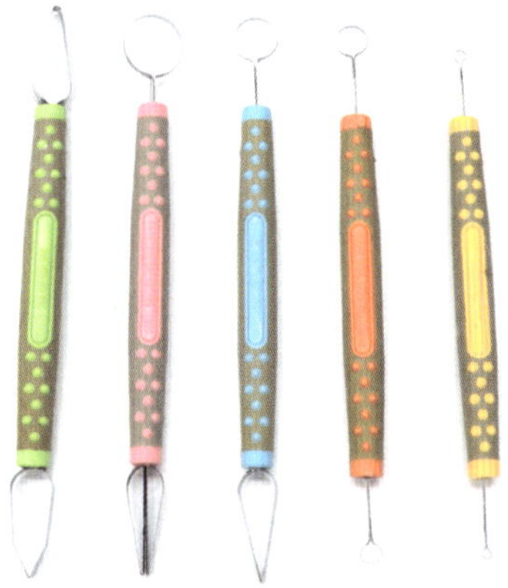

拉刀

水溶性铅笔

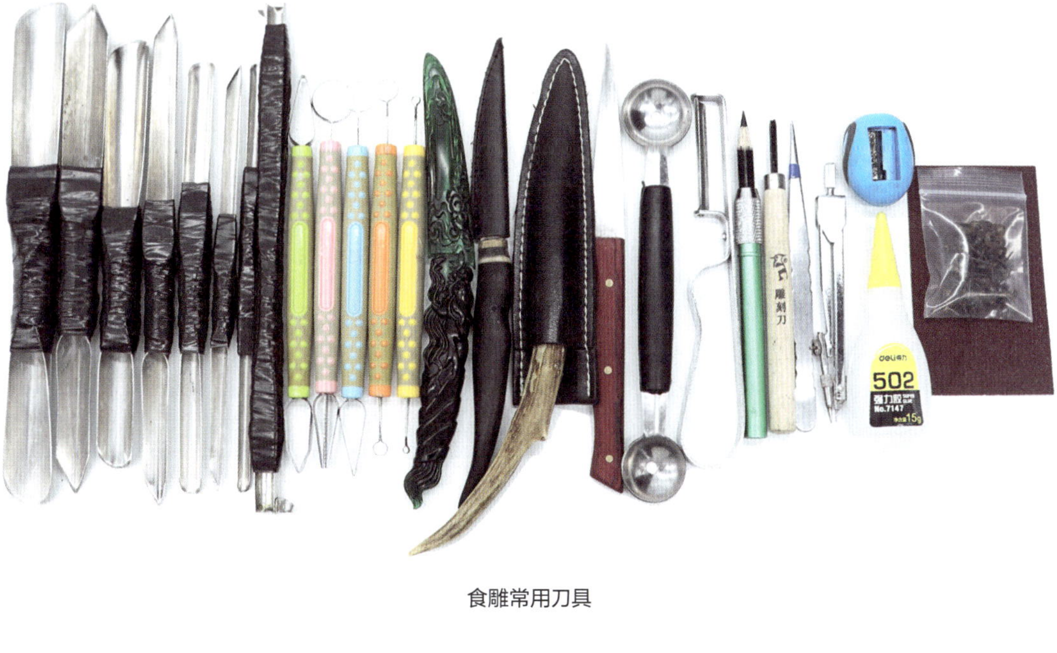

食雕常用刀具

三、食品雕刻辅助器具与模具

1. 辅助器具

（1）圆印模　西点用的圆印模大小不一，常见规格有直径3～10cm，可将圆印模圆口用砂轮机研磨使之锋利，作为切雕圆形处理时的辅助工具，可直接压印成形，达到事半功倍效果。用法有直接用压模方式压出圆形；或做圆弧形的描绘。

（2）圆形物品　日常生活中随手可得的圆形物品，如杯、盖、碗、盆、饮料瓶、水管、铁环，或是以塑料片修剪成适当的圆或椭圆，均可以取代圆印模用来辅助描绘圆形或弧形图案。

（3）刨片器　可调整厚度的刨片器，可以刨出不同厚薄度的片。

（4）刨丝器　刨丝器用来刨丝，可以刨出粗细不同的丝。

（5）卷花器　锥状的卷花器，可卷出简易的锥状花朵。

（6）薄汤匙　厚度薄，匙口若经砂轮机研磨锐利，可作为挖或刮的利器，如去除瓜果果瓤或挖除果肉或刮薄素材。

（7）塑料片　软中带硬的塑料片，如档案夹的塑料外壳，可用剪刀裁剪出图形，用于平面雕刻，以模板描绘图像可减少制作时间。

（8）牙签　牙签在切雕时作标记使用，以及作组合固定和串接使用。使用时应注意安全性，并主动告知消费者，以免误食。

（9）快干胶　用于组接黏合，使用时应注意作业环境空气流通，并主动告知消费者，以免误食。

圆印模

用圆印模以压模方式压出圆形

用圆印模做圆弧形的描绘

牙签

快干胶

2. 各式切雕工具及模具

大刀、雕刻刀、弯形小刀、尖形小刀，直波浪刀、挖球器、大V字形槽刀、小V字形槽刀、大波浪槽刀、小波浪槽刀、大圆槽刀、尖圆槽刀、中圆槽刀、小圆槽刀。

双喜模具、圆形模具、桃子模具、蝴蝶模具、鸭子模具、叶子模具、燕子模具、小猪模具。

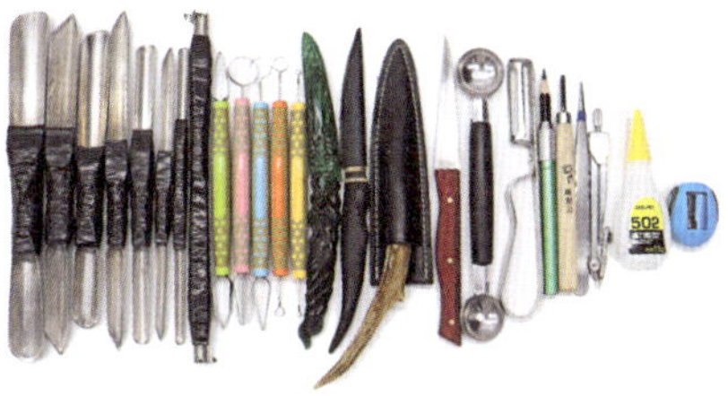

各式切雕工具及模具

四、刀具的保养与研磨

（一）刀具的保养

用完的切雕器具应先用湿布彻底擦去残余的果屑和汁液，再用干布擦干，并保持干燥，避免潮湿，以防细菌生长。

（二）刀具的研磨

刀具经使用后，刀口会产生不同程度的损耗，所以必须加以研磨。研磨方式分为机械研磨（以砂轮机研磨，须由专业人员操作）和手工研磨。研磨器具有磨刀石、磨刀棒（西式刀常用）、锉刀。研磨器具以指数区别粗细，指数越高则磨石越细，指数越低则越粗。磨石越粗、研磨力越强。

1. 研磨器具简介

（1）砂轮机　当刀口出现重度磨损（如缺口）时使用。

（2）磨刀石　磨刀石具有亲水性，磨刀前先以水浸泡，使磨石吸水达到饱和（水面无气泡），以免磨刀时产生的细末附着于磨石表面而影响效果。磨刀石经使用会产生磨痕，此时可以用另一块较粗的磨石将它磨平，以免影响效果。

砂轮机

磨刀石

（3）磨刀棒　外形如剑，棒身呈圆柱状，有纵向条纹。

（4）锉刀　有圆形及三角形，用于研磨槽刀刀口内侧。

（5）砂纸　可用于研磨槽刀。

磨刀棒

锉刀

砂纸

2. 切雕器具的研磨方式

研磨方式一般应视刀具的规格和耗损的程度及需求而定，通常应先以粗磨刀石研磨后再使用细磨刀石；由低角度开始再磨高角度（刀面与磨具之间的角度）。以前后来回的方式研磨，并注意角度变换的平稳性以及适当地用水润滑。

（1）片刀　以磨刀石研磨，其方法有纵向（纵向磨法，刀口呈直线修饰）和横向（横向磨法，刀口容易呈弧线）。

（2）西式牛刀　以磨刀石研磨（刀身细长的刀具宜采用纵向），或以磨刀棒润磨。

（3）雕刻刀　将磨刀石侧立进行研磨。

（4）槽刀组的研磨

①槽刀刀口外侧：圆形及V形槽刀可使用磨刀石直接研磨。

②槽刀刀口内侧：圆形槽刀以圆形锉刀研磨或卷上砂纸研磨。V形槽刀以三角形锉刀研磨或卷上砂纸研磨。

知识拓展

↘ 槽刀刀口内、外侧研磨倾斜角度为15°～25°。

纵向磨刀法

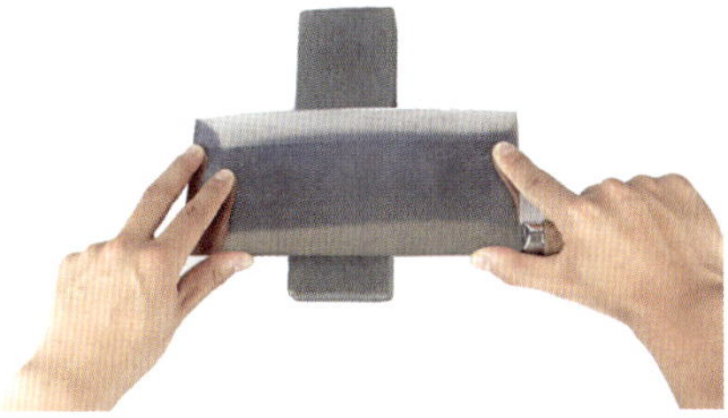
横向磨刀法

磨刀石研磨西式牛刀

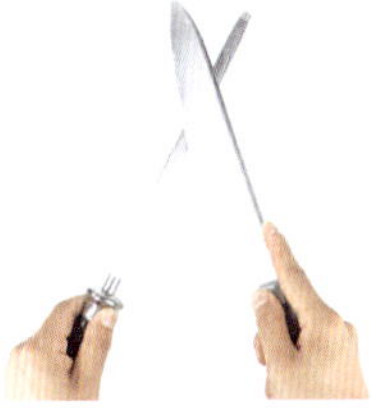
磨刀棒润磨西式牛刀

研磨雕刻刀

研磨槽刀刀口外侧

圆形锉刀研磨圆形槽刀刀口内侧

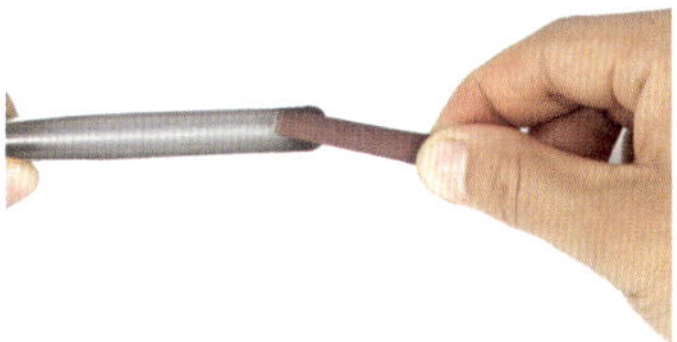
砂纸研磨圆形槽刀刀口内侧

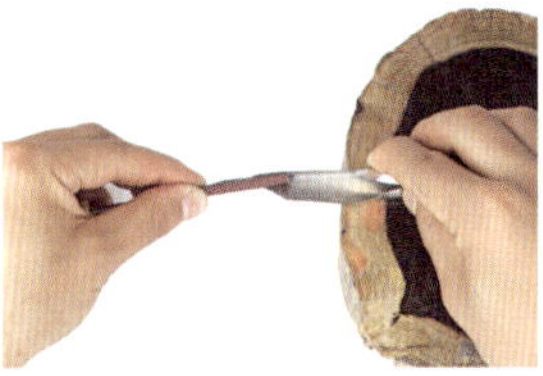
砂纸研磨V形槽刀刀口内侧

第三节　雕刻原料的选用与保存

食品雕刻采用的原料极为广泛，植物性原料有根菜类、茎菜类、瓜果类、叶菜类等；动物性原料有蛋类、肉类、禽类、黄油类等。这些原料在质地、色泽、产地、上市季节等方面各不相同。在雕刻时可因时、因地、因需制宜，恰当选择原料，现将常用的原料介绍如下。

（一）根菜类

1. 白萝卜

白萝卜应选用质地嫩而紧密、个大而细长的，可雕刻各种花朵、花瓶、鸟兽、昆虫等。因白萝卜颜色洁白，便于上色，是理想的雕刻原料。

2. 青萝卜

青萝卜

青萝卜皮青心嫩，且皮、心均为绿色，最适合用来雕刻孔雀、花瓶等。

3. 红皮萝卜

这种萝卜皮红心白，质地细嫩，可选用雕刻各种形状的花朵，如月季花、牡丹花等。大而圆的萝卜可雕刻“萝卜灯”。

4. 紫萝卜

紫萝卜又称心里美，外皮青绿，内心紫红，由于它的颜色与某些花朵相似，所雕出的花形逼真。

5. 胡萝卜

胡萝卜

胡萝卜有黄色、红色两种，色泽鲜艳，质地实而细密，形体细长，最适宜雕刻小型花朵，如梅花、桃花等，具有自然的美。

6. 杨花萝卜

杨花萝卜个小、皮红、心白、嫩，可雕刻小花朵。

7. 甜菜根

甜菜根又称紫菜头或红菜头，近似球形，两头略尖，一般用于雕刻红色和紫色的花朵。

（二）茎菜类

1. 马铃薯

马铃薯

马铃薯又称土豆，以肉色洁白、个大体圆为好，可选择用来雕刻各种花卉、鸟兽等。

2. 甘薯

甘薯又称山芋，有红心、白心、黄心三种，均可雕刻花卉、人物、鸟兽等。

3. 茭白

茭白选用洁白无黑斑的为好，可选择雕刻白兰花、知了等。

4. 球茎甘蓝

球茎甘蓝又名苤蓝，形似球形，略扁，色淡绿，肉脆嫩，宜雕花卉、小鸟等。

5. 葱头

葱头又称胡葱、洋葱，皮色有红、白、黄皮之别，宜雕花卉、小鸟等。

（三）瓜果类

1. 冬瓜

冬瓜体大肉厚，皮绿肉白内空，外皮可雕制大型图案，可选用制作“冬瓜盅”、假山等。

2. 西瓜

西瓜有皮深绿肉红和皮条纹肉黄两种，可选择雕刻“西瓜盅”“西瓜灯”等作品。

西瓜

3. 南瓜

南瓜有扁圆形、长圆形、葫芦形等，可选择体大肉厚色红内空的南瓜来雕刻大型作品，如“龙凤呈祥”“二龙戏珠”等，也可作“南瓜盅”。

4. 黄瓜

黄瓜皮绿肉白心有籽，质地脆嫩，色鲜艳，宜雕刻一些简单小型的动植物，如蝴蝶、蝈蝈、蜻蜓及花草等。

黄瓜

5. 番茄

番茄色泽红润光亮，肉质细嫩，宜雕刻较厚的单片状花朵，如荷花等。

番茄

6. 辣椒

辣椒种类很多，有尖头和圆头的青、红辣椒等，可雕刻小型的单瓣花朵和小型动物，如牵牛花、迎春花、青蛙等。

瓜果类可雕刻的原料还有很多，如白果可雕刻蜡梅花，樱桃可雕刻石榴花，四季豆可雕刻兰花等。

（四）叶菜类

叶菜类一般用于点缀和装饰雕刻成品，如葱、香菜、芹菜、小白菜等可作为花木的枝叶等，大白菜的根部可雕刻成形态逼真的菊花等。

芹菜

（五）蛋类

蛋类有鸡蛋、鸭蛋、松花蛋、鹌鹑蛋、鸽蛋等，这些原料通过加热成熟后能雕刻花篮、荷花、小鸡，小鸭等。另外，用蛋制成黄/白蛋糕、三色蛋糕，用途更为广泛，可雕刻成各种各样的动植物形象。

松花蛋

（六）熟食制品

熟食制品主要是经加工、烹调的冷菜，如五香牛肉、卤鸡（鸭）肫、油鸡、盐水鸭、酱鸭、卤冬菇等，可雕刻成假山、鸟的羽毛、鱼的鳞片、花瓣、花木草等形态，多用于拼装艺术冷盘。

除上述常用的雕刻原料外，还有很多水果、藻类、菌类原料，为了雕刻大型雕品，还可采用黄油、冰块、糖液来雕制，所以我们可根据各种原料的质地、颜色、特性、用途来广泛选择原料，雕刻出更优更好的作品。

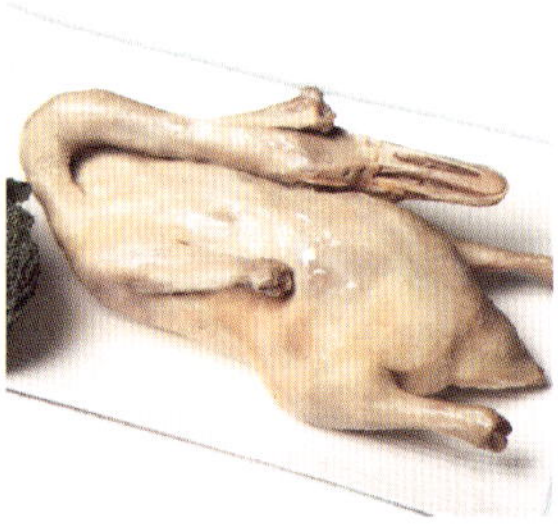

盐水鸭

第四节　食品雕刻半成品及成品的保存

一、食品雕刻半成品的保存方法

食品雕刻半成品的保存方法，主要是用保鲜膜或湿毛巾包装后放入冷藏箱进行低温冷藏。食品雕刻半成品冷藏前之所以要进行包装，是因为原料已经过刀技处理，原料的大面积机体组织受到损伤，体液外渗，若不进行包装，一方面原料会受到冷藏箱中其他原料的影响，带有异味或被细菌污染；另一方面会因大量失水，使原料体质变软，雕品薄小部位风干；易氧化成分被氧化，使雕品变色，所有这些都会影响雕品的创作和使用。

食品雕刻半成品保存的注意事项如下。

（1）温度一般控制在1～4℃。

（2）在包装时，要轻取轻放，对已雕好的部分，包裹要松紧适当。

（3）入冷藏箱时，要单独放置，不宜与其他原料放在一起，以免不慎碰伤，同时要控制好冷藏箱的温度。

（4）半成品不宜用水浸泡，否则已雕好的部分会大量吸水，一方面使其质地变脆，极易受到损伤；另一方面极易扭曲变形，影响雕品的再创作。

二、食品雕刻成品的保存方法

1. 水泡法

水泡法，根据所用水性的不同又有冷水浸泡和矾水浸泡两种具体方法。

（1）冷水浸泡法　是将雕品直接放入清洁的冷水中浸泡的一种保存方法。

（2）矾水浸泡法　是将雕品放入配制好浓度的矾水中浸泡的一种方法。这种方法可以较长时间的保存和使用。矾水浓度的配制要据雕品的数量和形体大小来灵活掌握，一般情况下，矾水浓度在0.15%～1%。

2. 明胶液隔离法

将明胶片与清水按1：10的比例加热融化后，趁热涂抹在雕刻作品的表面，待冷却后就会在其表面形成一层保护膜，从而隔绝氧气，起到保水、保色的作用。注意在采用此方法时不可将明胶液涂抹得太厚，以免影响作品整体效果。

3. 清水喷淋法

将纯净水装入喷壶内，对准雕刻作品进行喷淋，使其保持水分，防止作品干枯、变色，失去光泽。这种方法主要用于雕刻作品展示期间的保鲜。

4. 低温冷藏法

低温冷藏法就是利用低温环境对雕品进行冷藏保存，目前能提供低温环境的常用设备是冰箱或冷藏柜等，低温环境的温度一般在1～4℃。目前根据放入冷藏箱之前对雕品处理的方法不同，有保鲜膜包装冷藏、潮湿毛巾包装冷藏和水浸冷藏三种方法。前两种方法具有保持雕品原色、原质的优点，保管后，雕品不易变形。后者，因长时间浸泡，雕品会因过量吸水而变形。在实践中应根据雕品特点和应用情况，可灵活选用具体保存方法。

食品雕刻成品保存中的注意事项：

（1）水泡法保存要注意季节和环境温度变化　不同的季节和环境温度的变化，对雕品保存的时间、具体处理的方法，都起到决定性作用。在冬季，要注意防止浸水结冰，浸泡时间相对夏季要短；夏季要防止太阳照射，要将雕品放置阴凉处。否则过冷，雕品会冻伤而变色、变软、变形；过热，会使雕品变软、变味等。

（2）水泡法保存中，要注意水质的变化　雕品在水中浸泡，会使原料中的水溶成分溶出。这些溶出物长时间留在水中，在适宜条件下，会产生化学变化，而使水变浑浊，导致雕品变色、变味等现象。

应经常换水，浸泡时间不宜过长，否则雕品因吸水过多，会发生变形，影响雕品的使用。值得注意的是，某些雕刻半成品及成品在水中保存的时间应严格控制，如胡萝卜制作的宝塔、亭子等，原料会因吸水过量而导致收缩、变形、胀裂等。

（3）严防碰损，保持雕品完整性　食品雕刻成品与木雕等雕品不同，其用料质地多为脆嫩细软，极易受到损伤。因此，存放时雕品尽量单独放置，避免挤压磕碰，要轻取轻放以保证雕品的完整性。

（4）注意卫生，防止污染　在雕品整个保存过程中，要注意每一个操作环节的清洁，保证操作环境清洁无异味，使雕刻作品不受环境污染和细菌的侵蚀。

第三章

食品雕刻工艺实训

任务描述

- 了解花卉类食品雕刻的特点，能熟练运用多种雕刻方法制作简单花卉，并熟练掌握其雕刻技法
- 了解禽鸟的造型特征，结构比例；掌握禽鸟类食品雕刻技法，能制作出鸟语花香等作品，并在借鉴归纳的基础上通晓其他鸟类的食品雕刻技法
- 了解畜兽类动物的食品雕刻技法，领悟马、牛的雕刻手法和技巧，并能做出相应题材的作品
- 了解人物类的雕刻技法，并能进行简单的人物雕刻
- 在学习简单雕刻技巧的基础上，来进一步提升雕刻技能，并能加以创新应用
- 了解西瓜雕刻的概念、特点、原料等，掌握西瓜雕刻的技法，并能自主完成一些以西瓜为原料的简单雕刻
- 掌握南瓜雕刻工艺基本概念及其雕刻技法
- 通过中西雕刻工艺的鉴赏对比，了解西方雕刻文化，加深对中国传统雕刻工艺的理解

第一节　常见食品雕刻工艺实训

一、花卉类食品雕刻

花卉类食品雕刻是食品雕刻中运用最为广泛的题材之一，它不仅以单独的形式存在，而且还运用在整雕、零雕整装、浮雕、镂空雕等食雕艺术作品中，都会体现出雕刻师美轮美奂的技艺。

花卉类食品雕刻基本造型的过程就是将花卉的花苞与叶子部分分开，单独归纳与概括，由繁到简再施以点缀装饰，以达到完整的视觉效果。

花卉类食品雕刻有以下特点。

（1）根据雕刻的对象，注意对原料质地、形态、颜色等方面的选择。

（2）根据各式各样的花卉雕刻的要求，首先将原料制成一定形状的坯，便于雕刻成形。

（3）雕花的顺序一般由外向里，或自上而下分层雕刻。层次外疏内密，外大或长，内小或短，层次分明、自然。

（4）花卉雕刻的重点是花朵的雕刻。花朵一般要求花瓣较薄且均匀，但有时要使花瓣厚薄不一，以使其在雕刻后或用水泡后能自然翻卷，其形状更逼真。花朵雕刻的刀法较规则，但南方厨师和北方厨师在部分刀法上有所差异，雕刻出来的作品各有特色。在大型的花朵组合中，应当借鉴插花艺术，使其更加有情趣。

（5）雕刻花卉枝叶一般采用自然花朵的枝叶，而很少另外进行雕刻。

花朵雕刻的一般步骤为选料、制坯、刻花瓣、去废料、戳花蕊等过程，其中刻花质、去废料往往要反复多次，才能完成一朵花的雕刻。另外，每层花瓣的瓣与瓣之间不要重叠，需交错开来。花朵雕刻的实例十分广泛，在这里介绍几种常见的具有代表性的花朵。

实训1　菊花

主要原料

心里美萝卜、南瓜、白萝卜等。

雕刻工具

主刀、U形戳刀等。

制作步骤

1　选一个心里美萝卜，用主刀修成圆球形状，底部相对平一点。

2　用小号U形戳刀采用直戳的方法在圆球表面戳出菊花的花瓣。

3　戳出第一层菊花的花瓣。

4 用主刀从上往下顺着原料的弧度剔除废料。

5 剔除废料并用主刀将表面修整光滑。

6 用同样的方法在原料的表面采用直戳的方法戳出第二层菊花的花瓣。

7 戳出菊花的第二层花瓣，可以长短不同。

8 用同样的方法雕刻出菊花的第三层花瓣。

9 用同样的方法雕刻出剩余的花瓣，每一层的花瓣逐渐变短收拢。

10 用青萝卜粘接出一块长方形做背景装饰物。

11 用水溶性铅笔勾画出背景装饰物的线条。

12 用主刀剔除多余废料。

13 将雕刻好的菊花调整好角度与底座进行组装。

14 将雕刻出的小草和叶子粘接好。

15 把用西瓜皮雕刻出来的字组装在旁边，进行装饰。

雕刻的要领和注意事项

- 注意雕刻花瓣的时候下刀的深度，花瓣整体粗细均匀。
- 每戳一层花瓣剔除一层废料。
- 采用直戳的方法戳出花瓣。
- 每一层花瓣的长度逐渐变短，花瓣的长度要自然。
- 剔除废料的时候注意取料干净，无残留。

实训2　玫瑰花

主要原料

心里美萝卜、白萝卜、青萝卜等。

雕刻工具

主刀等。

制作步骤

1　取一段5cm长的心里美萝卜，用主刀修掉表皮。

2　修出上细下粗的一块原料。

3　用主刀将花坯修圆。

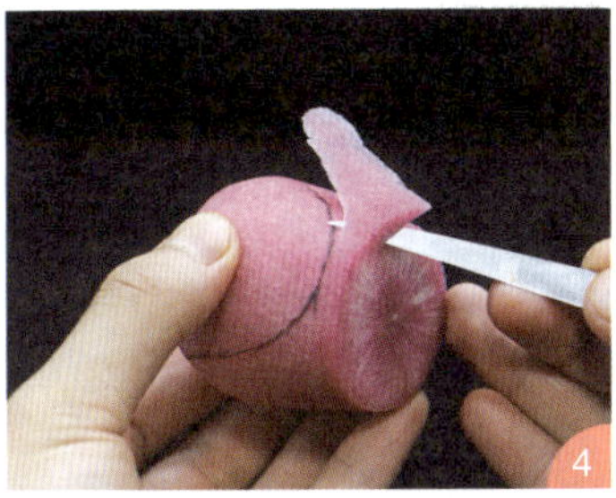

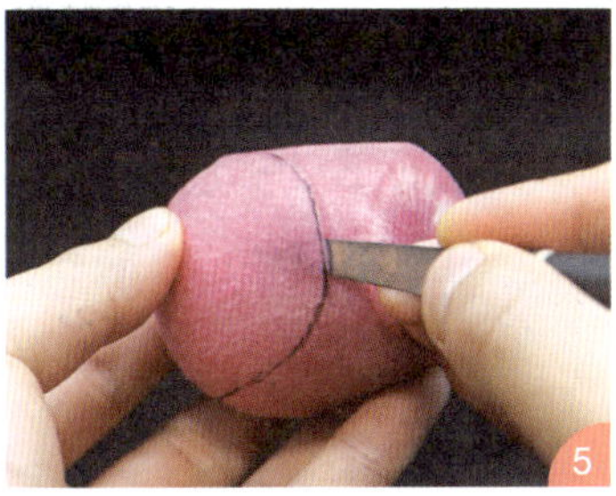

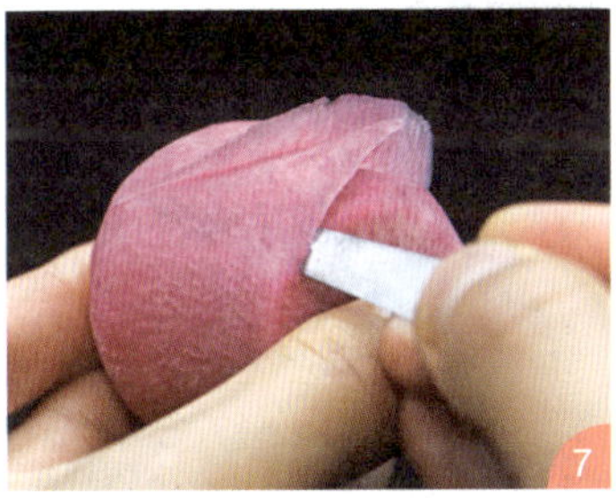

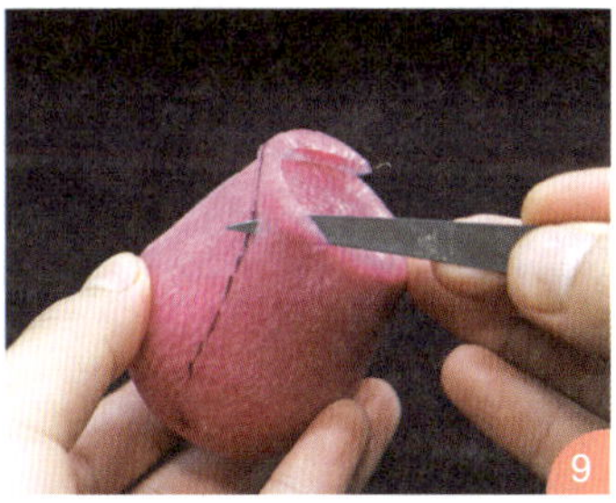

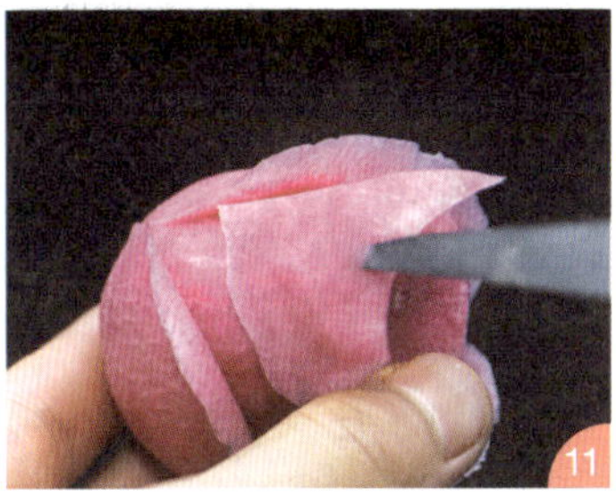

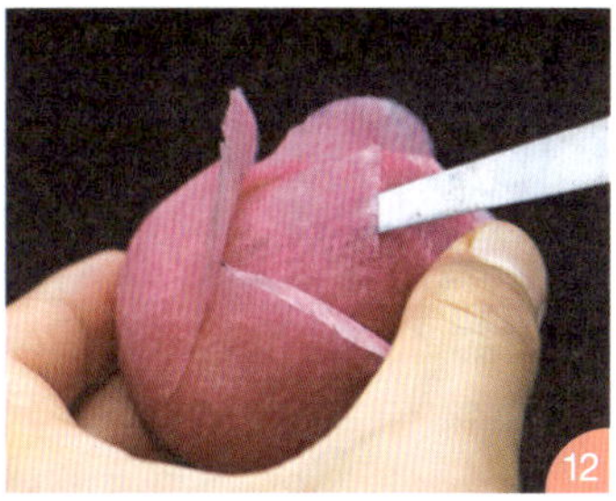

4　用水溶性铅笔画出花瓣的大形，用主刀剔除废料呈现出花瓣的轮廓。

5　用主刀沿着花瓣的轮廓，雕刻出花瓣，注意上薄下厚。

6　雕刻出第一片花瓣。

7　用主刀剔除多余废料，呈现出光滑的表面。

8　用水溶性铅笔在光滑的表面画出第二片花瓣的轮廓。

9　用主刀剔除多余废料，呈现出第二片花瓣的轮廓。

10　运用同样的方法雕刻出第一层剩余的花瓣，花瓣之间略有重叠。

11　雕刻第二层花瓣时，从第一层花瓣的两个花瓣之间剔除废料呈现出光滑的表面。

12　采用相同的雕刻方法，在两片花瓣之间雕刻出一片花瓣。

13 运用同样方法雕刻出第二层的花瓣，花瓣位置错开，略有重叠。

14 从第三层开始收花蕊，重复前面雕刻方法，花瓣与花瓣重叠形成花蕊。

15 用青萝卜拼接出一块大的原料，并画出一个心形图案。

16 用主刀剔除废料呈现出心形。

17 用主刀修整心形细节。

18 用同样的方法雕刻出另一个心形，并进行组装。

19 将玫瑰花调整好角度组装在底座上。

20 组装上玫瑰花的叶子和小草进行点缀。

雕刻的要领和注意事项

- 花瓣要完整，翻卷弧度大而明显。
- 雕刻花瓣时要有层次感，花瓣之间重叠有序。
- 取花瓣时花瓣应上薄下厚。
- 雕刻花蕊时，去废料的角度要小，尽量使花蕊显得紧密。

实训3　牡丹花

主要原料

心里美萝卜、白萝卜、胡萝卜等。

雕刻工具

主刀、U形戳刀等。

制作步骤

1　将心里美萝卜对半切开，选用其中一半。

2　在原料的底部用主刀剔除废料，呈现5个花瓣的大形，底部为一个正五边形。

3　用主刀修出第一层花瓣的轮廓。

4　用主刀采用抖刀法雕刻出花瓣的锯齿边缘。

5　用主刀取出花瓣，上薄下厚。

6　用同样的方法雕刻出第一层剩余的花瓣。

7 用主刀在第一层花瓣的2片花瓣之间剔除废料。

8 剔除第二层花瓣的废料，呈现光滑表面。

9 用主刀剔除废料，呈现花瓣边缘轮廓。

10 运用同样方法雕刻出花瓣的锯齿边缘。

11 用主刀向里略斜，上薄下厚取下花瓣。

12 呈现花瓣效果。

13 用同样方法雕刻出第二层剩余的花瓣。

14 用主刀剔除第三层花瓣的废料。

15 运用同样方法雕刻出第三层花瓣。

16 从第四层开始，使用主刀向外略斜剔除废料收花蕊。

17 注意收花蕊时运刀角度。

18 花瓣与花瓣之间重叠包裹形成花苞。

19 取白萝卜拼接出一块平整原料。

20 用水溶性铅笔画出背景装饰的大形。

21 用主刀剔除多余废料凸显墙面的层次感。

22 组装上树枝和花苞。

23 取一块西瓜皮把打印出的字体粘贴在西瓜皮上，并用主刀进行雕刻。

24 将雕刻好的牡丹花调整角度组装在背景装饰上。

25 组装上雕刻好的字体和小草进行点缀。

雕刻的要领和注意事项

- 注意花形整体效果比例协调，自然美观。
- 花瓣层次分明，厚薄均匀。
- 剔除废料下刀准确，干净无残留。
- 控制好每一层花瓣的大小和高度。
- 注意剔除料时下刀的角度和深度。

实训4　山茶花

主要原料

心里美萝卜、白萝卜、青萝卜等。

雕刻工具

主刀、V形戳刀、拉线刀等。

制作步骤

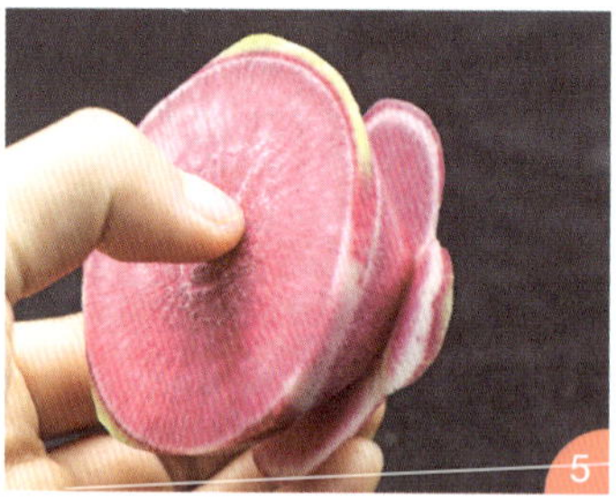

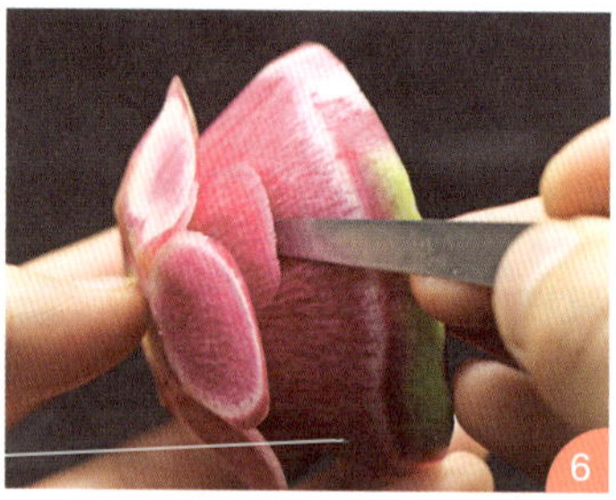

1　将心里美萝卜对半切开，选取其中一块，将原料修整成去尖圆锥体。

2　用主刀依次雕刻出五瓣距离相等的花坯，底部呈正五边形。

3　用主刀剔除废料，呈现出第一片花瓣大形。

4　用同样方法，雕刻出第一层剩余花瓣。

5　用主刀剔除整圈废料，呈现出光滑弧面。

6　用主刀在第一层的两片花瓣之间雕刻出花瓣，刀尖略往里斜。

7　用同样方法雕刻出第二层剩余花瓣。

8　用同样方法雕刻出第三层花瓣。

9　用主刀略往外斜继续剔除第四层花瓣的废料。

10　运用同样方法雕刻出第四层花瓣。

11　重复雕刻花瓣步骤，花瓣逐层向里倾斜，收花蕊。

12　呈现出一朵完整茶花。

13　用白萝卜拼接出一块原料，并雕刻出书本的大形。

14　将雕刻好的茶花调整角度并进行组装。

15　组装上树叶和字体，进行装饰点缀。

雕刻的要领和注意事项

- 重视雕刻的基本功训练，雕刻手法要熟练。
- 茶花花瓣为圆形，花瓣上薄下厚。
- 掌握好每一层花瓣的大小和花瓣之间的间距。
- 下刀时要注意刀尖的深度和角度。
- 花瓣的层次要分明，花瓣之间相互重叠。

实训5 月季花

扫码观看
制作视频

主要原料

心里美萝卜、青萝卜等。

雕刻工具

主刀等。

制作步骤

1 将心里美萝卜对半切开，选取其中一块，将原料修整成去尖圆锥体。

2 在原料底部平面上画出一个正五边形。

3 采用直刀斜切的方法剔除第一层花瓣的废料。

4 运用同样方法剔除第一层剩余废料。

5 用水溶性铅笔画出花瓣的轮廓。

6 用主刀剔除废料呈现出花瓣大形。

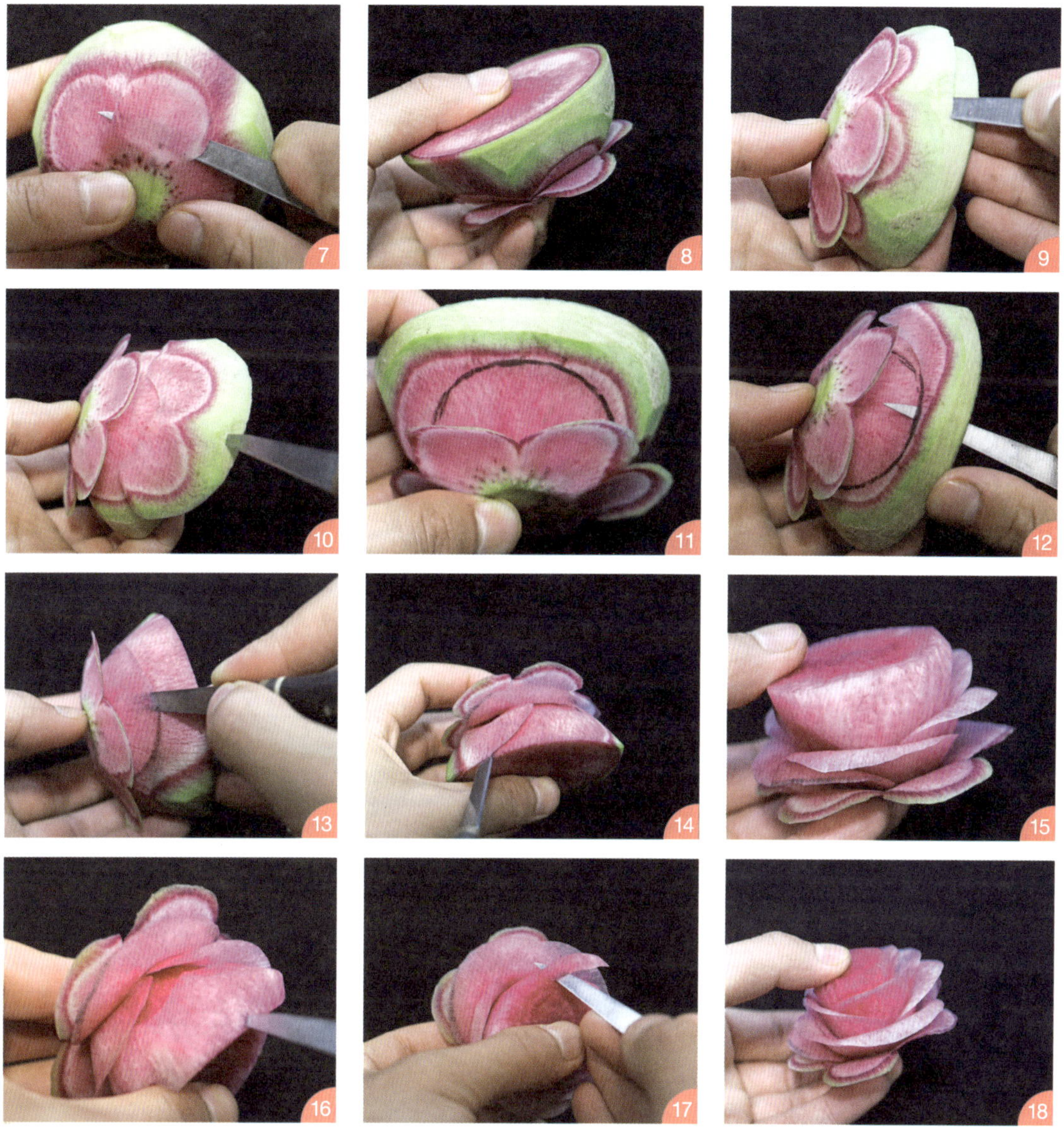

7 用主刀从上往下运刀，平刀雕刻出第一片花瓣，花瓣要求上薄下厚。

8 用同样方法雕刻出第一层剩余花瓣。

9 用主刀在第一层两片花瓣之间剔除废料。

10 呈现出一个光滑的弧面。

11 雕刻第二层花瓣时可用水溶性铅笔画出花瓣的大形。

12 用主刀雕刻出花瓣的大形。

13 用主刀沿着花瓣的边缘刻出花瓣。

14 用同样方法在两片花瓣之间剔除多余废料。

15 雕刻出第二层的全部花瓣。

16 采用同样雕刻方法剔除第三层第一片花瓣的废料。

17 剔除废料，雕刻出花瓣边缘轮廓。

18 雕刻出第三层的全部花瓣。

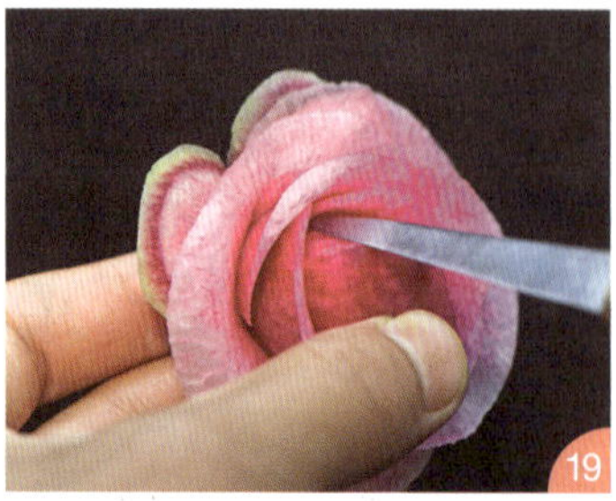

19 雕刻第四层花瓣时开始刀尖往外略斜。

20 重复之前的雕刻方法，往里面雕刻。越往里雕，刀与原料的角度越小。

21 花瓣与花瓣之间重叠包裹，雕刻出花苞。

22 将雕刻出的装饰物与底座进行组装。

23 将雕刻好的月季花调整好角度组装在底座上。

24 组装上小草和小花进行点缀。

雕刻的要领和注意事项

- 花瓣层次分明，厚薄均匀。
- 控制好花瓣的高度，雕刻出的月季花，外层花瓣要盛开，内层花瓣含苞待放。
- 剔除废料时要注意刀尖的深度和角度，否则可能取料不干净。
- 月季花雕刻完后，放入清水中浸泡片刻，使其花瓣呈现自然翻折形态。

实训6　组合雕菊花

主要原料

胡萝卜、南瓜、香芋、心里美萝卜等。

雕刻工具

主刀、圆形戳刀、拉线刀等。

制作步骤

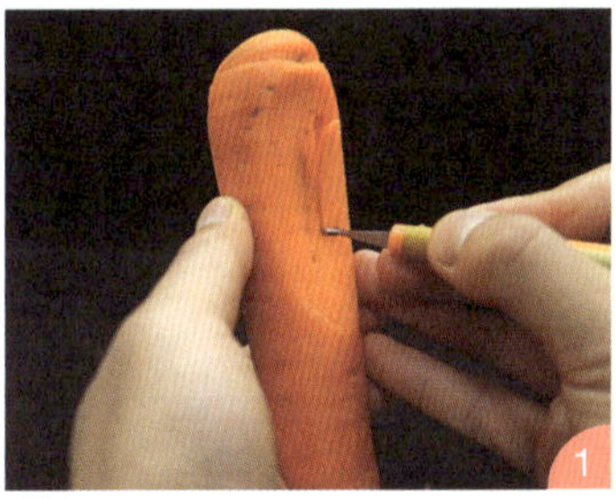
1

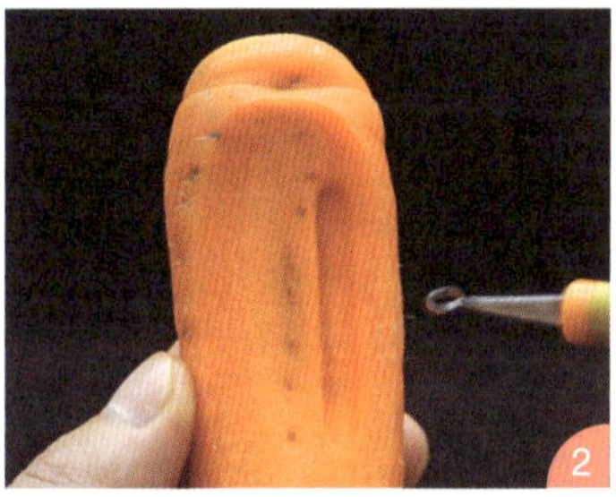
2

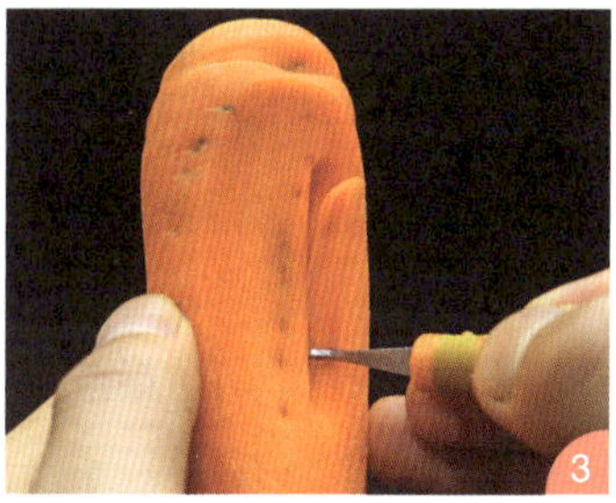
3

4

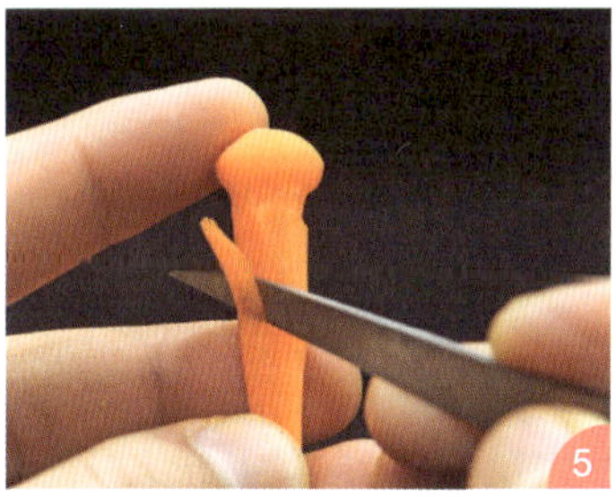
5

6

1　取一块胡萝卜用主刀去皮，用中号圆形掏刀掏出弧面凹面。

2　掏出废料，呈现出花瓣的凹槽。

3　用中号圆形掏刀在凹槽的基础上掏出菊花的花瓣。

4　分别掏出三种长短不同的菊花花瓣。

5　取一块原料用主刀雕出菊花花蕊的大形。

6　将花蕊的一端粘裹上小米。

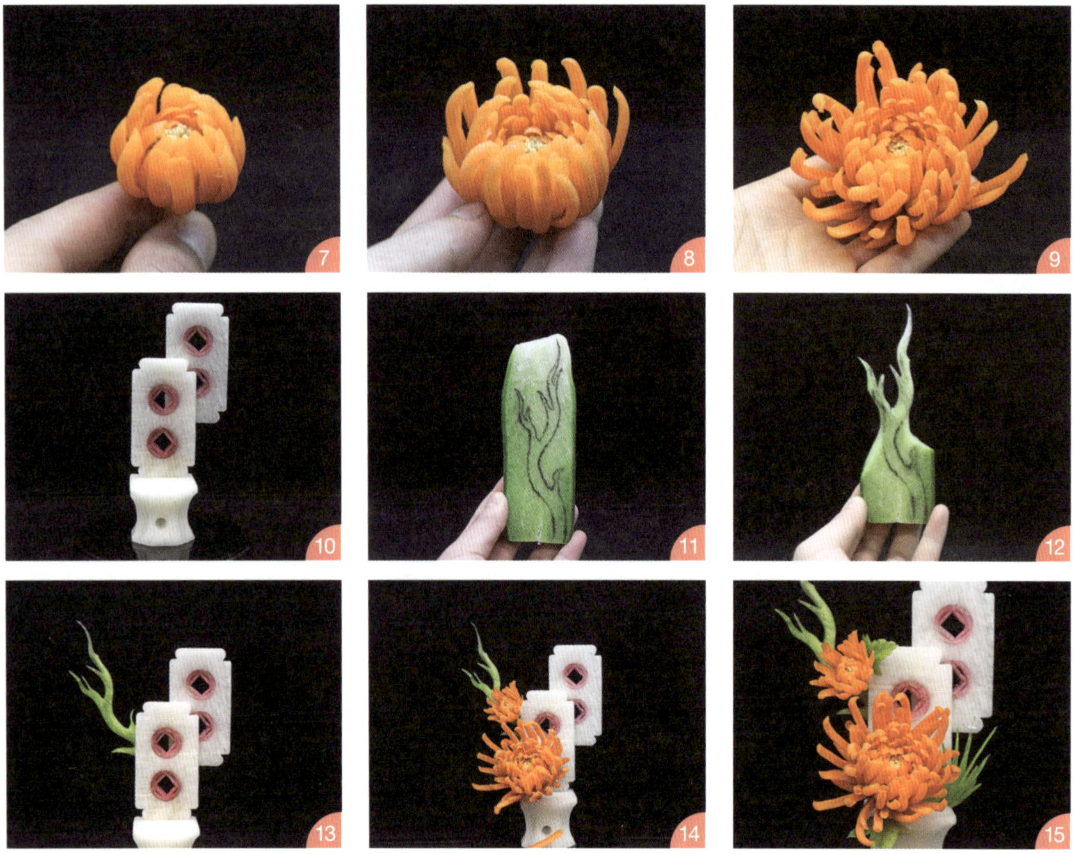

7 取小的花瓣开始粘接，粘接出菊花的花芯。

8 取稍微大一点的花瓣继续粘接菊花的花芯。

9 取较长的花瓣进行粘接，呈现整朵菊花。

10 取白萝卜雕刻出菊花背景装饰物并进行组装。

11 选一块青萝卜用水溶性铅笔勾画出树枝的大形。

12 用主刀剔除废料取出树枝。

13 将树枝粘接在背景装饰物左后方。

14 将粘接好大小不同的两朵菊花组装在背景装饰物上。

15 粘接上菊花的叶子和小草进行点缀。

雕刻的要领和注意事项

- 花形自然、美观，整体效果逼真。
- 每层花瓣之间的长短变化要自然舒展，不要过度夸张。
- 雕刻花瓣时要注意先掏出花瓣的凹槽再掏出花瓣。
- 粘接花瓣的时候应注意突显花瓣的层次感。

实训7　组合雕百合花

主要原料

白萝卜、青萝卜、胡萝卜、心里美萝卜等。

主要工具

主刀、U形戳刀、拉线刀、V形戳刀等。

制作步骤

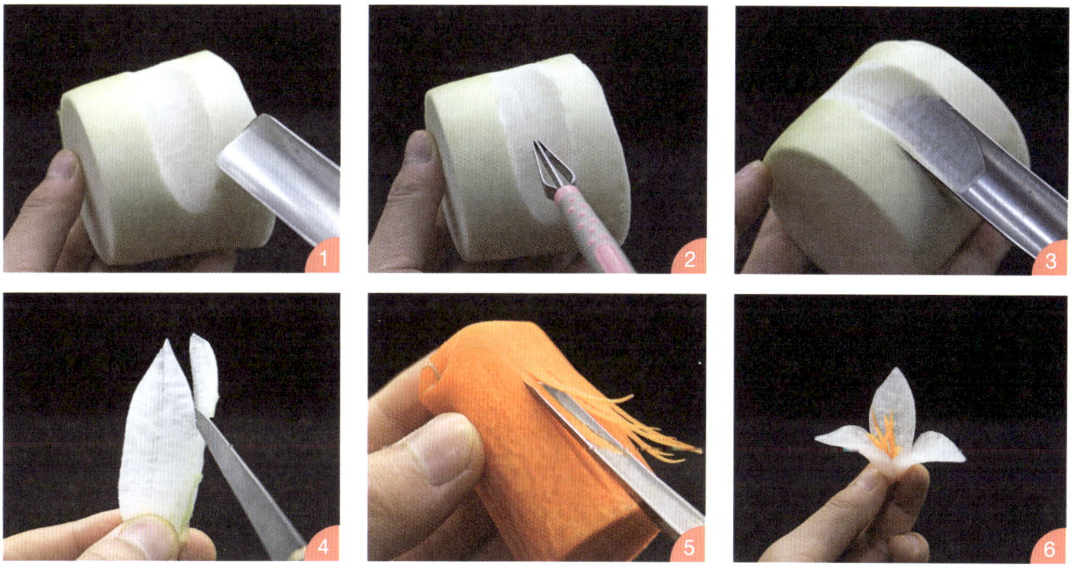

1　取一块白萝卜，用大号U形戳刀戳出废料，呈现出花瓣的弧度。

2　用拉线刀拉出花瓣的叶脉。

3　用大号U形戳刀戳出花瓣。

4　用主刀剔除废料，呈现花瓣。

5　取小号V形戳刀戳出花蕊。

6　取3片花瓣粘接出百合花的第一层。

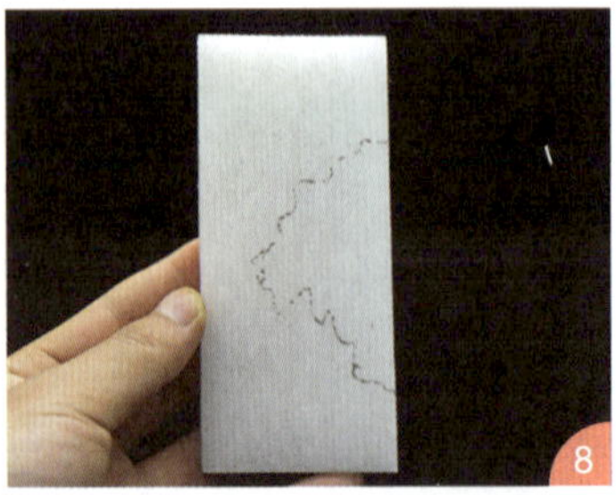

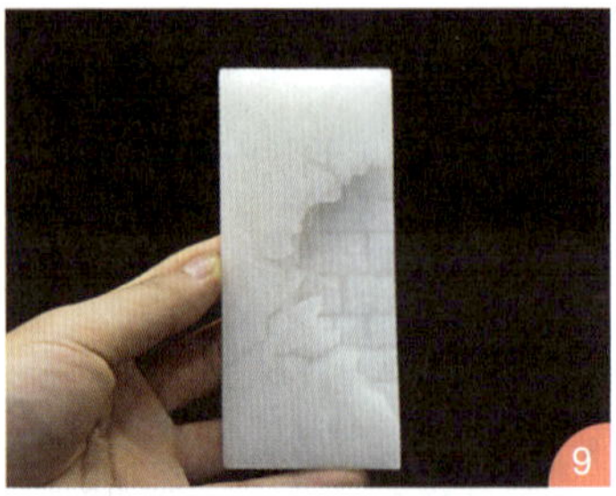

7 再取3片花瓣粘接出百合花的第二层花瓣，花瓣之间相互重叠。

8 切一块长方形白萝卜，并用水溶性铅笔画出墙面的纹路。

9 用主刀剔除废料，并用小号V形刀雕刻出细节。

10 取一块青萝卜雕刻出房顶，并粘接在墙面上，组装出底座。

11 将百合花调整好角度组装在墙面上。

12 用心里美萝卜雕刻出一个扇形的窗户，并组装在墙面左下角。

13 粘接上百合花叶子和小草。

雕刻的要领和注意事项

- 花瓣整体造型生动逼真。
- 花瓣形状美观、厚薄均匀，完整无缺。
- 百合花分为两层花瓣，每层为3片花瓣。
- 取花瓣时注意手持U形戳刀要稳，不要破坏花瓣的形状。

实训8　组合雕荷花

主要原料

白萝卜、心里美萝卜、青萝卜、香芋等。

雕刻工具

主刀、圆形掏刀、V形戳刀等。

制作步骤

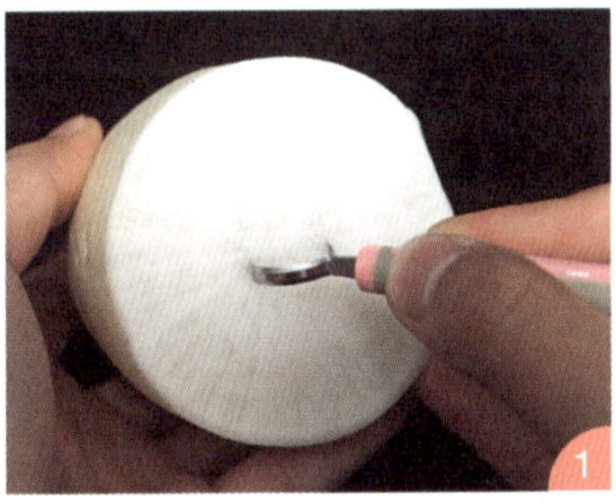

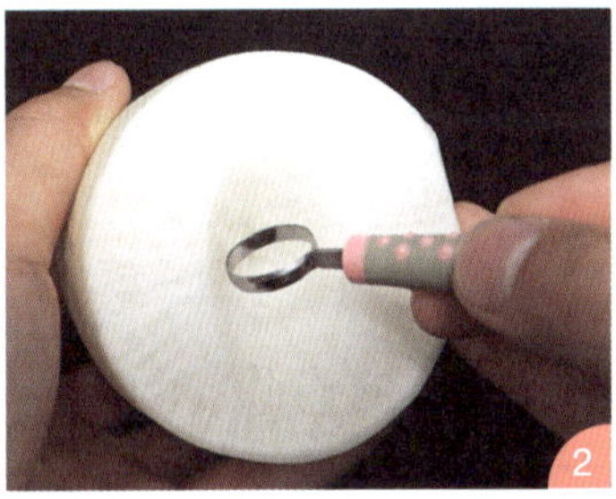

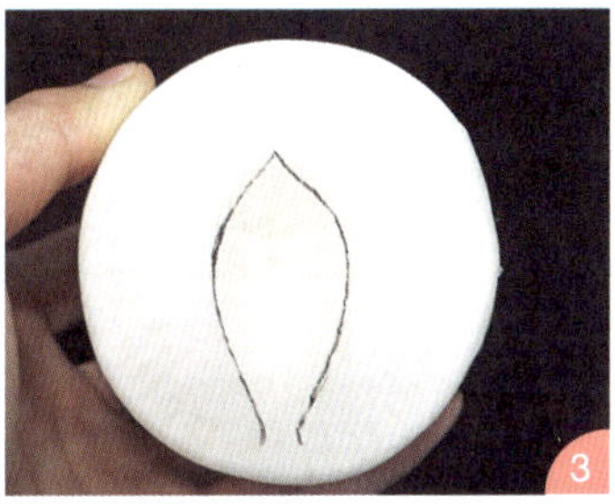

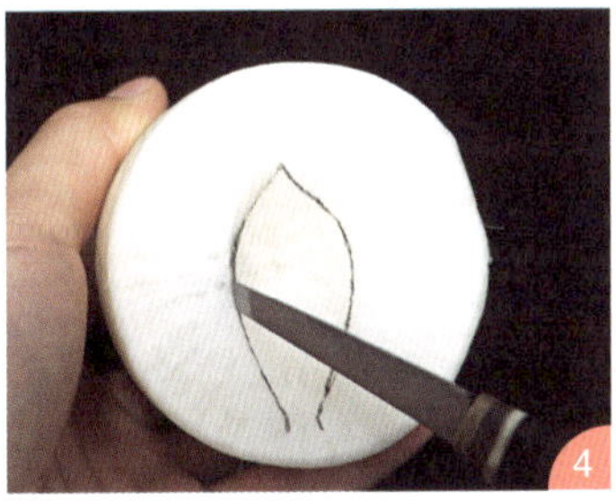

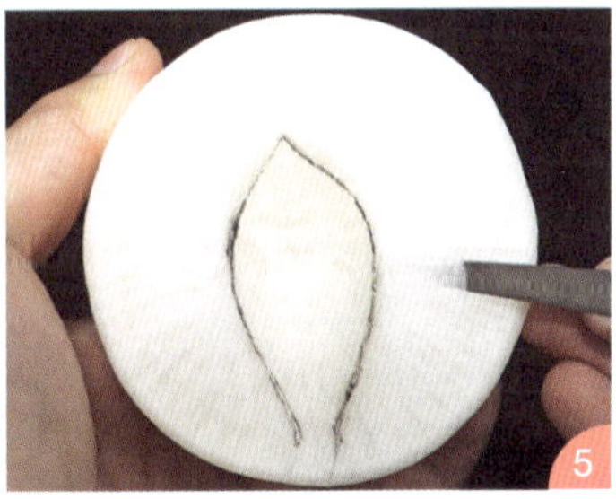

1　选一块白萝卜用大号圆形掏刀掏出荷花花瓣的凹槽大形。

2　用掏刀掏出荷花花瓣的弧度。

3　用水溶性铅笔画出荷花花瓣的轮廓。

4　用主刀沿着花瓣轮廓进行雕刻。

5　用主刀剔除荷花花瓣周边的废料。

6　呈现出荷花花瓣的大形。

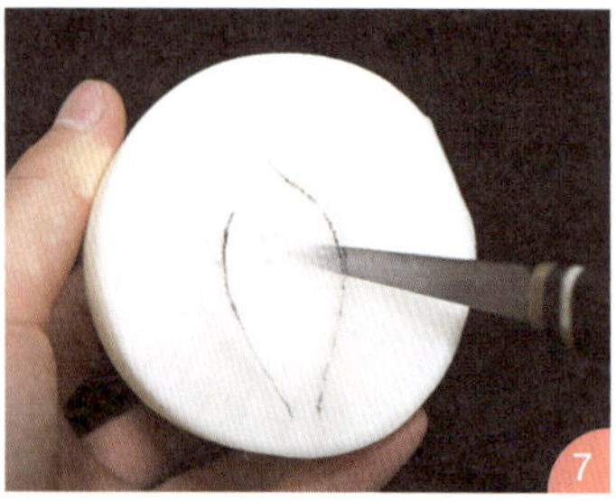

7 用主刀沿着荷花花瓣的轮廓边缘下刀。

8 取下荷花花瓣。

9 运用同样的方法雕刻出荷花的每一层花瓣。

10 取一块青萝卜用主刀修出莲蓬的大形。

11 用主刀结合U形戳刀雕刻出莲蓬并粘接上花蕊。

12 用上色机器给荷花花瓣上色。

13 将全部荷花花瓣进行上色。

14 将不同大小的荷花花瓣，从小到大依次粘接在莲蓬上拼出荷花。

15 用西瓜皮做出荷叶，并进行组装。

雕刻的要领和注意事项

- 雕刻花瓣的时候注意下刀深度准确。
- 雕刻每一层花瓣时要注意大小一致、厚薄均匀。
- 粘接花瓣在第二层的时候注意要粘接在第一层两片花瓣之间。

实训9　组合雕牡丹花

主要原料

白萝卜、南瓜、香芋、心里美萝卜等。

雕刻工具

主刀、圆形掏刀、V形戳刀、拉线刀等。

制作步骤

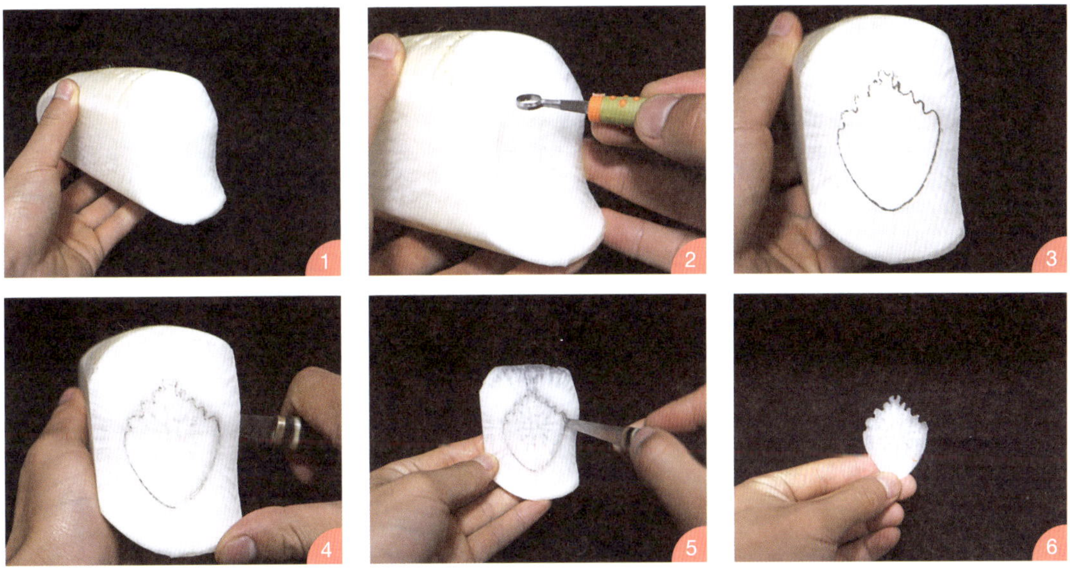

1　取一块白萝卜，用主刀剔除废料，呈现出光滑弧面。

2　用中号掏刀掏出花瓣的弧度。

3　用水溶性铅笔画出牡丹花花瓣的大形。

4　用主刀取下花瓣初坯。

5　用主刀修出花瓣的锯齿状。

6　修出花瓣并将花瓣边缘修薄。

7 取一块南瓜，用小号V形戳刀戳出花蕊。

8 将戳好的花蕊用主刀取下来，并粘裹上小米。

9 将雕刻好的花瓣用上色机喷上颜色。

10 将所有花瓣上色。

11 把雕刻好的花瓣，从花芯由里到外依次粘接出一朵完整的牡丹花。

12 把雕刻好的牡丹花和叶子调整好角度并组装起来。

雕刻的要领和注意事项

- 牡丹花整体造型自然美观，层次分明。
- 雕刻花瓣内侧时要注意下刀深度。
- 花瓣的边缘形状要自然翻折，凹凸有序。
- 取花瓣的时候尽量取厚一点，再将边缘修薄。
- 雕刻花瓣时注意每一层花瓣的大小比例。

实训10　组合雕梅花

主要原料

心里美萝卜、胡萝卜、青萝卜、白萝卜等。

雕刻工具

主刀、圆形掏刀等。

制作步骤

1　选一块心里美萝卜，用中号圆形掏刀掏出梅花花瓣的弧度凹面。

2　在弧度凹面基础上掏出花瓣。

3　用圆形掏刀掏出所有梅花的花瓣。

4　选3片花瓣粘接出一朵梅花，并用小米作为梅花的花蕊。

5　选用多块青萝卜拼接出一块平整原料。

6　将原料修成长方形，并用水溶性铅笔画出一个椭圆形。

7 用小号圆形掏刀拉出胡萝卜线条粘接在椭圆形的边缘。

8 取多块青萝卜原料，用主刀修整石头大形，粘接出底座。

9 选用两块青萝卜原料进行拼接，并用水溶性铅笔画出梅花树枝的大形。

10 用主刀雕刻出树枝，并将树枝调整好角度组装在底座上。

11 将粘接好的梅花确认好位置后组装在树枝上。

12 取一块西瓜皮，将打印好的“梅”字粘在西瓜皮上，并用主刀雕刻出来。

13 将雕刻好的“梅”字和小草进行组装点缀。

雕刻的要领和注意事项

- 作品布局效果完整，形状自然美观，色彩鲜艳。
- 梅花的花瓣大小均匀。
- 取花瓣的时候要注意花瓣的厚薄均匀。
- 雕刻字体时，可以用胶带提前将字体粘贴在西瓜表皮上。

实训11　组合雕五星花

主要原料

南瓜、白萝卜、心里美萝卜等。

雕刻工具

主刀、V形戳刀等。

制作步骤

1　取一块南瓜原料，用水溶性铅笔在瓜皮表面画出简易的五角星。

2　用中号V形戳刀戳出简易五角星。

3　呈现出五角星凹槽，并用主刀将花瓣之间的棱角修整圆滑。

4　用V形戳刀在原来花瓣的基础位置，顺着V形槽轮廓直戳出花瓣。

5　戳出五星花后，粘接上胡萝卜做出的花芯。

6　取一块白萝卜画出一个半圆形。

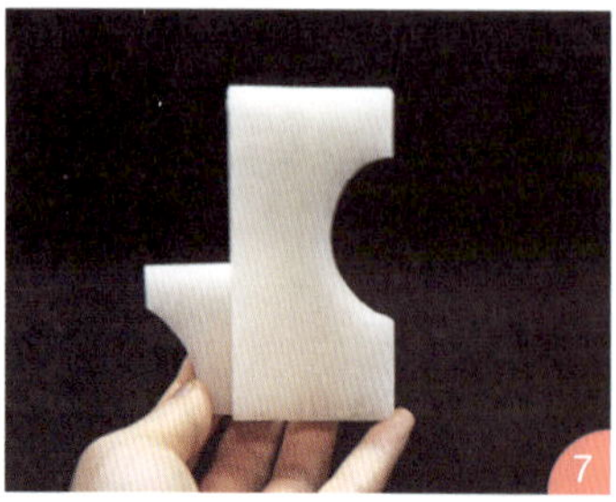

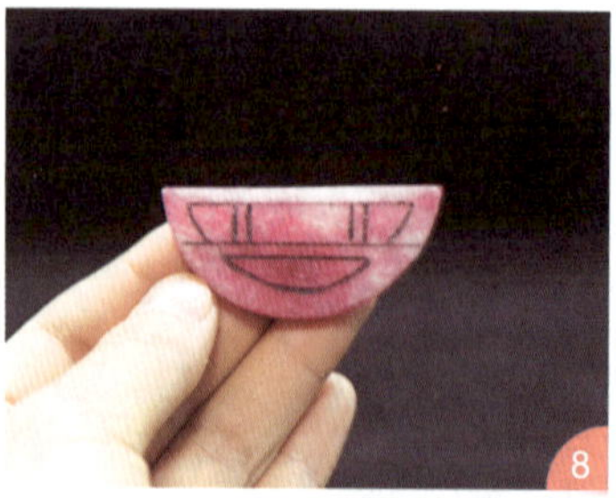

7 用主刀沿线条剔除半圆形废料。

8 用心里美萝卜修一个半圆形，画出要雕刻的纹路。

9 组装出一个简易的背景装饰物。

10 将雕刻好的五星花组装在背景装饰物后面。

11 组装上小草进行点缀。

雕刻的要领和注意事项

- 花瓣厚薄均匀，边缘整齐，无刀痕。
- 可根据不同型号的V形戳刀戳出不同大小的花瓣。
- 注意5个花瓣的底部要连接在一起。
- 雕刻出花瓣的瓣大小均匀，比例协调。

二、禽鸟类食品雕刻

禽鸟的种类繁多，包括天上飞的、地上走的、水里游的。自然界中各种禽鸟的生活和身体形状各不相同。如鸷禽中的鹰、雕、鹫等，性凶猛，翱翔于云天觅食小鸟、兔、鼠等，其嘴勾曲、目凶威、爪尖锐；又如涉禽中的鹤、鹳、鹭等栖息在平原水际和沼泽地带，涉水觅食鱼、虾、青蛙等，其嘴、颈、足均细长；再如游禽中的大雁、鸳鸯、野鸭等，嘴扁平、足短尾短、趾短且有蹼，便于游水沉浮；还有如鸷禽中的锦鸡、孔雀等，羽毛华丽、尾长、头如鸡、亦有冠，觅食谷物和小虫等。

禽鸟的形状虽然千姿百态，其头、颈身、翅膀、尾爪、羽毛及瞬时动态各有其待征，但禽鸟的造型也有着许多共同点，如身体的基本形态都是椭圆的卵形，头部都类似于圆形，翅膀、尾部的羽毛结构规律大致相同，只是长短、大小有差别。禽鸟的翅膀羽毛从前往后的分布规律是小羽、中羽、大羽，小羽为鱼鳞状，中羽稍长些，大羽最长。禽鸟都有尾羽，只是形状有差别，有平尾羽、圆尾羽、弯尾羽。燕子的尾羽呈剪形，绶带鸟呈长剪形，孔雀的尾呈开屏状，凤凰的呈长梳状，锦鸡的呈几条剑形……

掌握了各种鸟的特征、结构、比例等，就能举一反三地掌握许多鸟类的雕刻技法。下面分别介绍几种有代表性的禽鸟雕刻技法。

1. 鸟类翅膀的雕刻

（1）在原料表面刻出翅膀的大形。

（2）用执笔法刻出翅膀上的小羽毛（类似鳞片的刻法），用U形刀依次戳出第二层和第三层飞羽。

（3）取下翅膀后用小号划线刀在羽毛上画出装饰线即可。

2. 鸟尾的雕刻

鸟尾可分为平尾、圆尾、凸尾、凹尾、燕尾等，其雕刻手法是用“V”形刀插出小羽毛或“U”形刀直接插出大尾毛，不同鸟的尾形可采用不同的手法处理。

3. 鸟爪的雕刻

鸟爪的形态各异，在雕刻手法上大致相同。步骤是先刻出鸟爪大的外形，然后再分出趾，修刻成形。不同鸟有不同的爪形。

实训1　麻雀

主要原料

南瓜、胡萝卜、红薯、香芋等。

雕刻工具

主刀、U形戳刀、掏刀、拉线刀等。

制作步骤

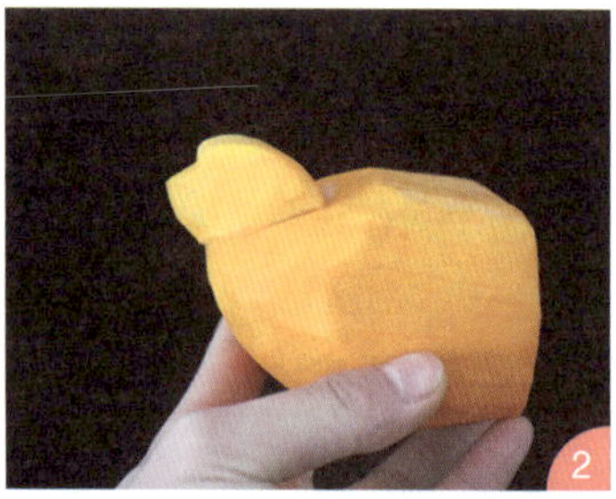

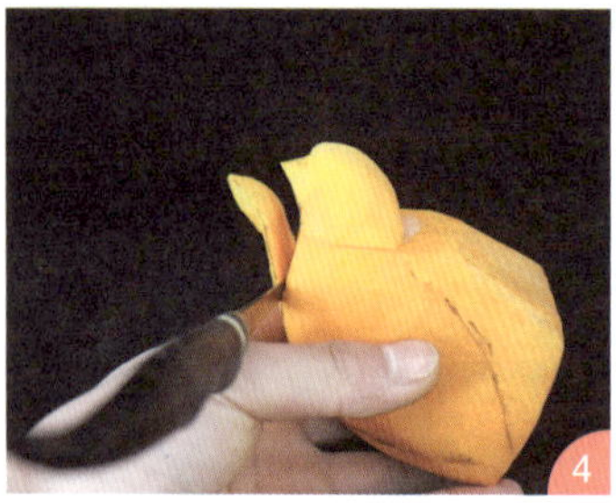

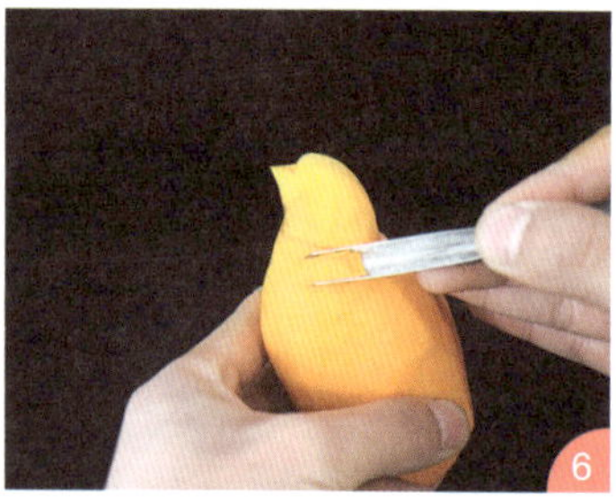

1　取一块原料粘接出麻雀的身体大形。
2　剔除废料后定出麻雀的额头。
3　用水溶性铅笔画出麻雀轮廓。
4　用主刀剔除废料。
5　剔出身体的大形。
6　用中号U形戳刀戳出脖子的弧度。

7 用主刀雕出麻雀的嘴，用小号U形戳刀戳出额头细节。

8 用水溶性铅笔画出麻雀眼睛的位置。

9 用主刀雕出麻雀的眼睛。

10 用水溶性铅笔画出麻雀的翅膀轮廓。

11 用中号U形戳刀和U形拉刀剔出麻雀的翅膀轮廓。

12 用大号U形戳刀戳出麻雀尾部。

13 用主刀剔除翅膀周边多余废料。

14 用拉线刀拉出麻雀的颈羽。

15 用主刀剔出麻雀的飞羽及背部覆羽。

16 在尾部粘接原料雕刻麻雀的尾羽。

17 用主刀雕刻尾羽细节。

18 取多块原料用主刀修圆后拼接出底座大形。

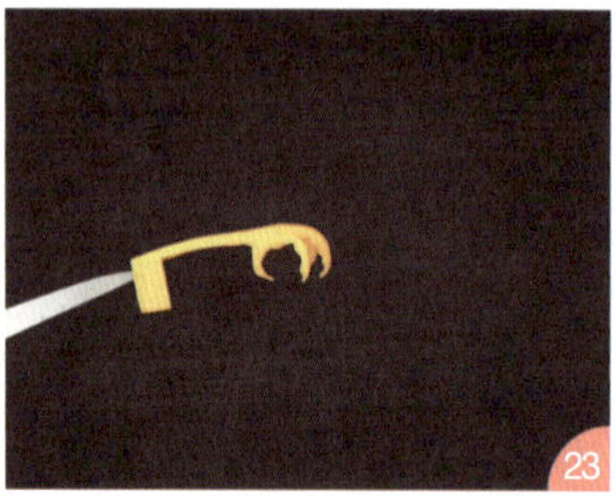

19 雕刻出底座细节，并组装上枝干。

20 选一块原料画出麻雀爪大形线条。

21 用U型掏刀去除废料定出麻雀爪宽度。

22 用主刀修出麻雀爪弧度。

23 用主刀雕刻出麻雀爪。

24 将牡丹花和叶片粘接在枝干上。

25 将麻雀上色后调整角度组装在枝干上。

雕刻的要领和注意事项

- 雕刻麻雀时，以微胖、嘴小、头圆、颈短为标准。
- 去废料时要干净利落，无明显刀痕。

实训2 鹦鹉

主要原料

香芋、白萝卜、胡萝卜、南瓜等。

雕刻工具

主刀、U形戳刀、拉线刀、圆形掏刀、V形戳刀等。

制作步骤

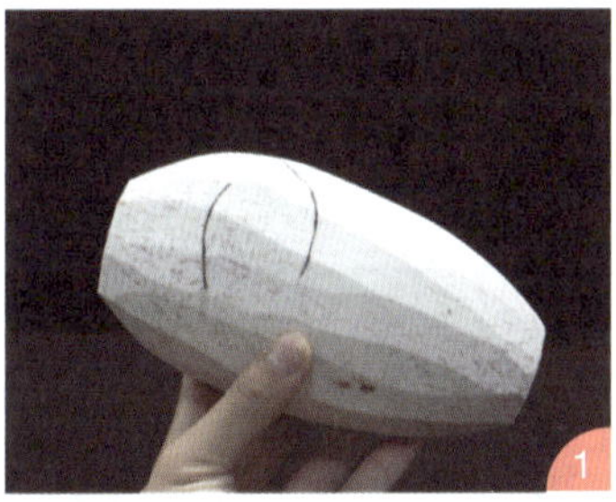

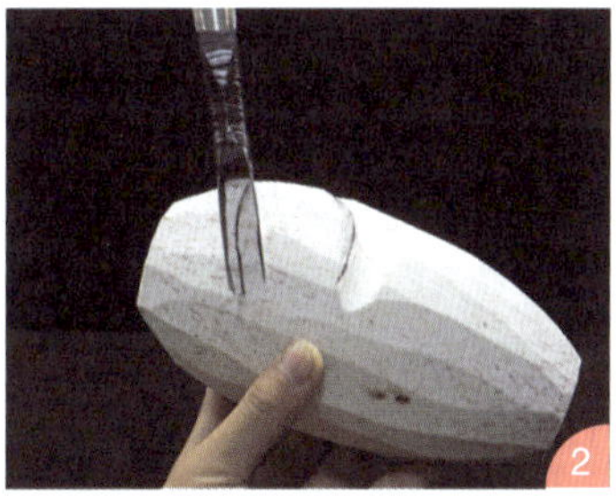

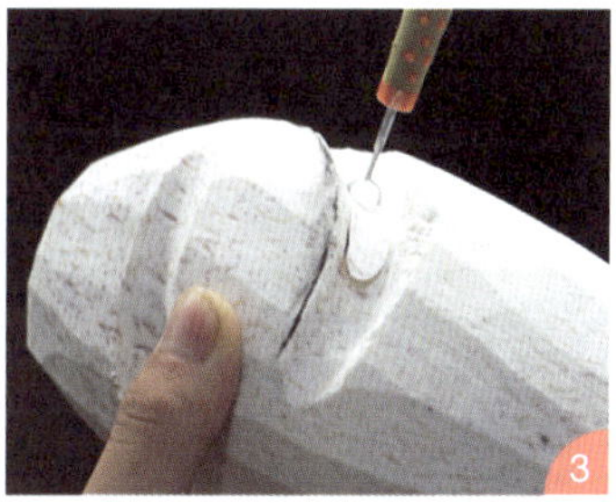

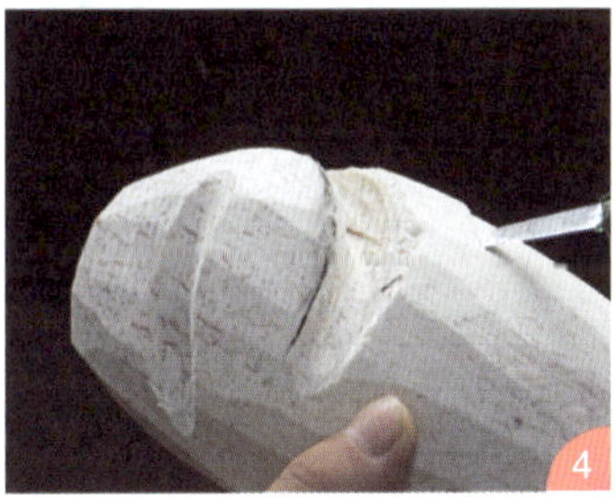

1 取一块原料，用水溶铅笔定出鹦鹉脖子的大概位置。

2 用中号U形戳刀定出鹦鹉头部的宽度。

3 用圆形掏刀加深脖子的深度。

4 用主刀剔除头部周边废料。

5 呈现出鹦鹉头部大形。

6 用水溶性铅笔勾画出头部细节轮廓。

7 雕刻出鹦鹉头部细节。

8 用主刀雕刻出鹦鹉颈羽。

9 用水溶性铅笔画出翅膀的大形。

10 用圆形掏刀掏出翅膀的基本轮廓。

11 剔除废料刻出鹦鹉翅膀。

12 用主刀雕刻出鹦鹉腹羽。

13 用主刀雕刻出翅膀羽毛。

14 取一块原料粘接出鹦鹉尾部。

15 雕刻出鹦鹉尾羽的细节。

16 取一块原料，左右两边各斜取一刀废料。

17 用拉线刀拉出鹦鹉头翎的羽毛。

18 用主刀雕刻出头翎羽毛。

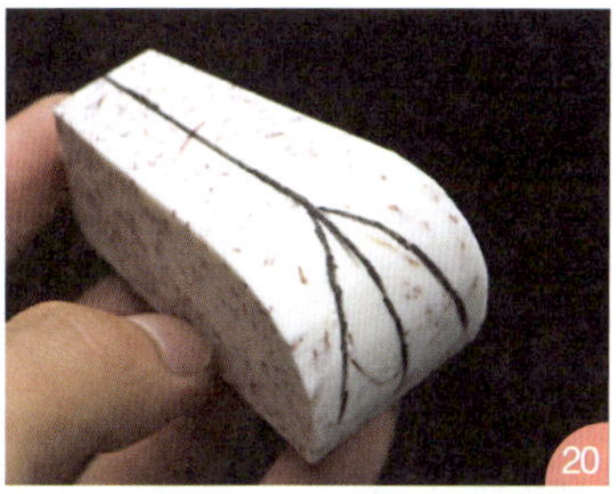

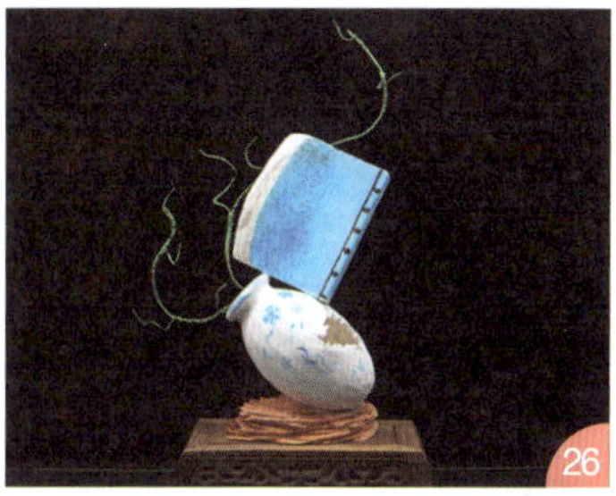

19 将雕刻出的头翎羽毛进行粘接。

20 取一块原料用水溶性铅笔画出大形。

21 用水溶性铅笔画出鹦鹉趾足。

22 用主刀雕刻出鹦鹉爪。

23 两块原料进行拼接。

24 剔除废料，呈现出书本大形。

25 将书本与雕刻出的花瓶进行组装。

26 将花瓶、书本上色，与树枝进行组装。

27 将鹦鹉调整好角度组装在底座上。

28 粘接上雕刻好的花朵。

29 粘接上字体，并将鹦鹉进行上色点缀。

雕刻的要领和注意事项

- 鹦鹉的整体结构比例合适，其嘴部呈倒钩状。
- 对鹦鹉的形态特征要有整体把握，尤其注意翅膀、尾巴等部位的细节构造。
- 鹦鹉的嘴比较像老鹰的钩形嘴，头部较大且外形特点突出。
- 雕刻刀法熟练，下刀准确。

实训3 鸳鸯

主要原料

香芋、南瓜等。

雕刻工具

主刀、U形戳刀、拉线刀等。

制作步骤

1

2

3

4

5

6

1 取一块原料，雕刻出鸳鸯的大形。

2 用水溶性铅笔画出鸳鸯的基本轮廓。

3 用主刀剔除废料呈现鸳鸯的大形。

4 雕刻鸳鸯头部细节，用掏刀掏出羽毛弧度。

5 用拉刀拉出腹部的羽毛。

6 用主刀定出翅膀位置，并用拉刀拉出肩羽。

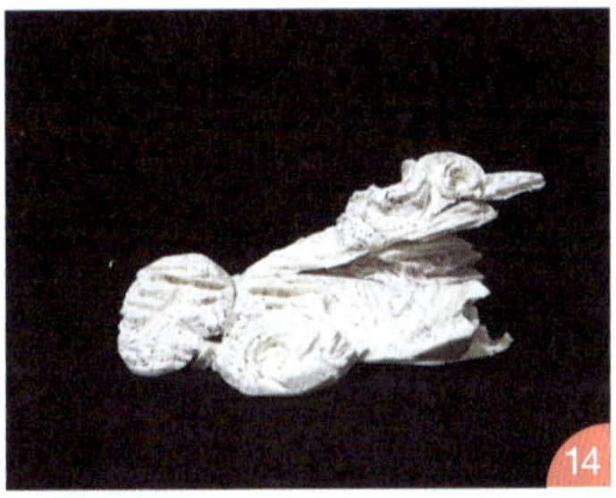

7　选一块料粘接出鸳鸯的尾巴。

8　用主刀雕刻出覆羽。

9　选用一块原料用主刀雕刻出鸳鸯的翅膀羽毛。

10　将雕刻完成的覆羽粘接在鸳鸯翅膀的位置。

11　运用同样方法雕刻出另一只鸳鸯。

12　运用同样方法雕刻出另一只鸳鸯覆羽并进行粘接。

13　呈现出两只完整的鸳鸯。

14　选用原料进行粘接并雕刻出底座。

15　将两只鸳鸯进行上色。

16　将两只鸳鸯调整好角度组装在底座上。

17　将雕刻出的荷花、荷叶、小草进行组装点缀。

雕刻的要领和注意事项

- 雕刻过程中需要运刀熟练，下刀准确。
- 雕刻鸳鸯时，以嘴扁平、颈部短、身体小巧为标准。

实训4　喜鹊（喜上眉梢）

主要原料

香芋、南瓜等。

雕刻工具

主刀、U形戳刀、拉线刀等。

制作步骤

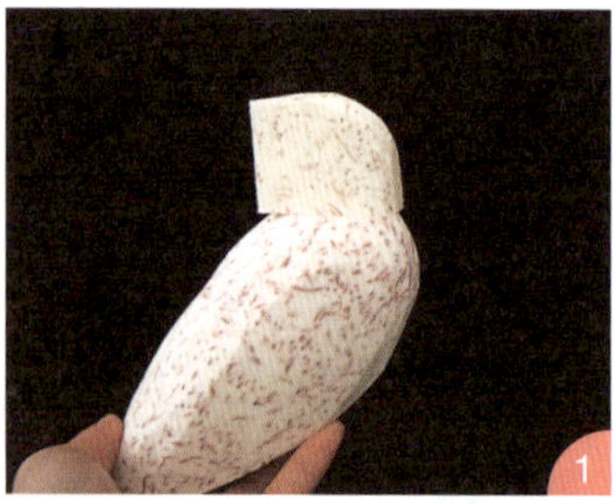

1　选两块原料粘接出喜鹊的大形。

2　用水溶性铅笔画出头部和身体的轮廓。

3　用主刀剔除废料修出喜鹊身体大形。

4　用中号U形戳刀戳出脖子的弧度。

5　画出喜鹊翅膀的轮廓。

6　用中号U形戳刀戳除废料，凸显翅膀与身体的层次。

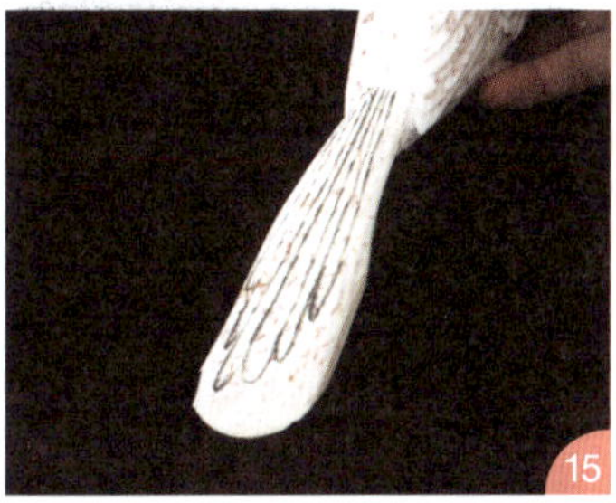

7　用主刀将喜鹊身体修圆并打磨光滑。

8　定出喜鹊眼睛的位置。

9　用主刀雕刻出喜鹊的眼睛，并定出喜鹊腮毛的位置。

10　用拉线刀拉出腮毛。

11　用拉线刀雕刻出身体的覆羽。

12　用主刀剔出翅膀的中覆羽和小覆羽。

13　用主刀剔出大覆羽，呈现出全部羽毛层次。

14　取一块原料粘接于喜鹊尾部。

15　用水溶性铅笔画出尾羽的轮廓。

16　用主刀剔出尾羽层次。

17　取多块香芋拼接出梅花树枝的大形，并雕刻出梅花树枝的细节。

18　取一块原料用水溶性铅笔画出喜鹊爪子的大形。

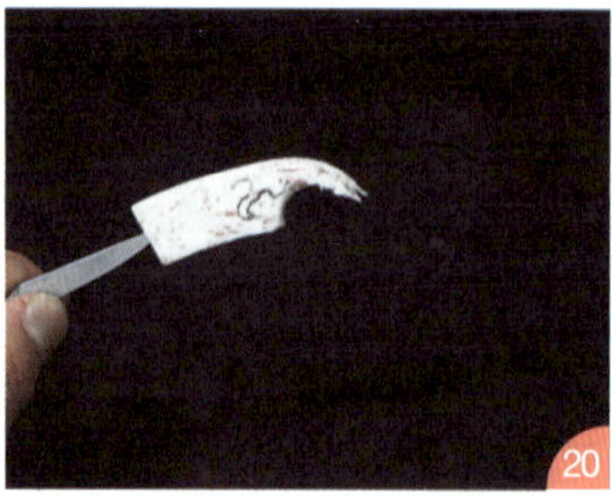

19 用U形拉刀定出喜鹊爪子宽度。

20 用主刀剔出喜鹊爪子细节。

21 用小号U形戳刀雕刻出梅花并组装在枝干上。

22 将雕刻出的喜鹊与梅树进行组装，并用小草点缀。

雕刻的要领和注意事项

- 雕刻时下刀准确，干净利落，可多次取料。
- 喜鹊整体结构嘴尖，头圆，尾巴长。
- 要掌握好各个部位的比例大小。

实训5　公鸡

主要原料

香芋、白萝卜、南瓜、胡萝卜。

雕刻工具

主刀、U形戳刀、掏刀、拉线刀等。

制作步骤

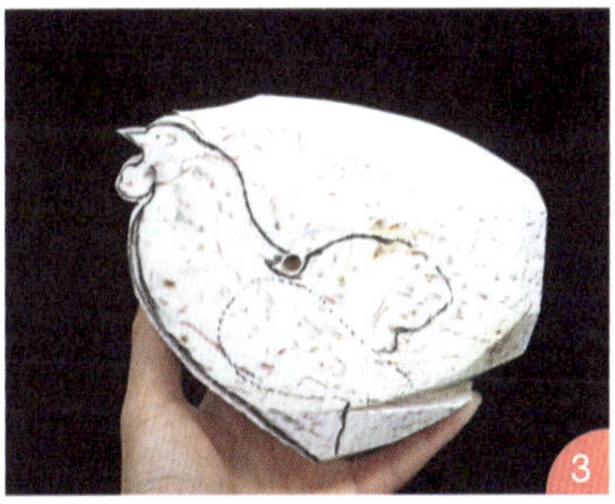

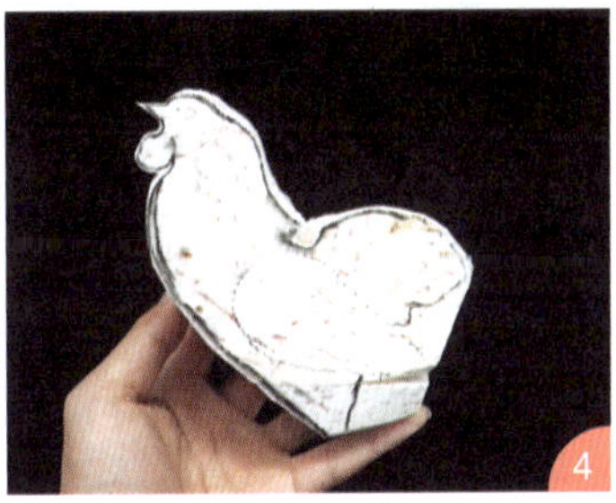

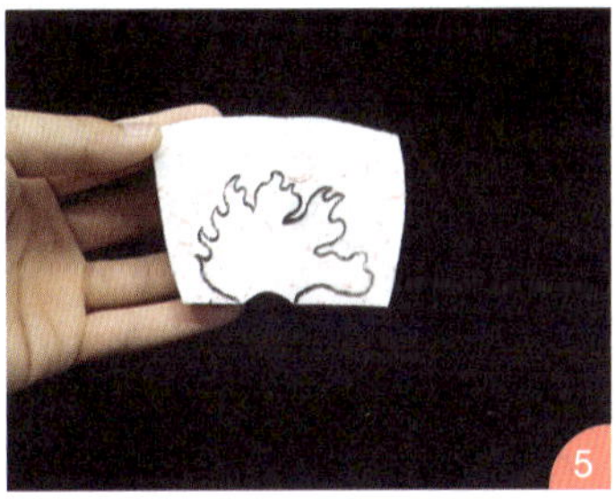

1　取一块香芋，用水溶性铅笔在表面画出公鸡的基本轮廓。

2　取一块原料拼接出公鸡腿部位置。

3　沿轮廓用主刀剔除公鸡前半身的废料。

4　剔除全部废料，呈现出公鸡的身体大形。

5　取一块原料画出公鸡的头冠轮廓。

6　用主刀雕刻出公鸡的头冠。

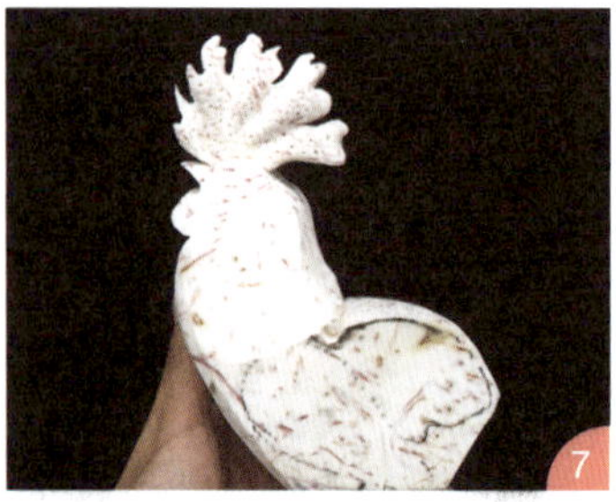

7 将头冠粘接在公鸡头顶。

8 定出公鸡头部的肉坠和眼睛位置。

9 雕刻出公鸡的眼睛和头部。

10 用小号圆形掏刀掏出公鸡颈羽的弧度。

11 用拉线刀拉出颈部的绒毛。

12 用主刀剔除废料，呈现出公鸡的翅膀位置。

13 用拉线刀拉出公鸡身体的绒毛。

14 用主刀雕刻出公鸡翅膀，凸显层次感。

15 用圆形掏刀掏出公鸡尾部弧度。

16 用拉线刀拉出公鸡尾上覆羽，并剔除多余废料。

17 雕刻出公鸡的尾巴。

18 将雕刻出的尾巴粘接在公鸡身体的尾部。

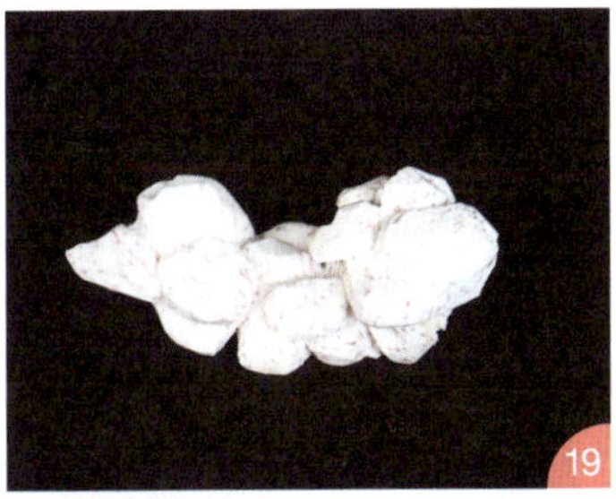

19 取多块原料进行拼接，雕刻出底座。

20 粘接上公鸡的脚，将公鸡调整好角度组装在底座上。

21 将公鸡进行上色点缀。

22 组装上牡丹花、小草做点缀。

雕刻的要领和注意事项

- 要熟悉公鸡的整体形态特征以及翅膀、羽毛结构。
- 可以在雕刻前在纸上描画出公鸡的大形。
- 雕刻公鸡身体大形时可多次取废料，注意下刀准确。
- 公鸡在造型上应该抬头、挺胸、翘尾，凸显公鸡神韵。
- 公鸡的尾部羽毛可与身体分开雕刻再进行粘接。

实训6　锦鸡

主要原料

香芋、南瓜、胡萝卜等。

雕刻工具

主刀、圆形掏刀、拉线刀、V形戳刀、U形戳刀等。

制作步骤

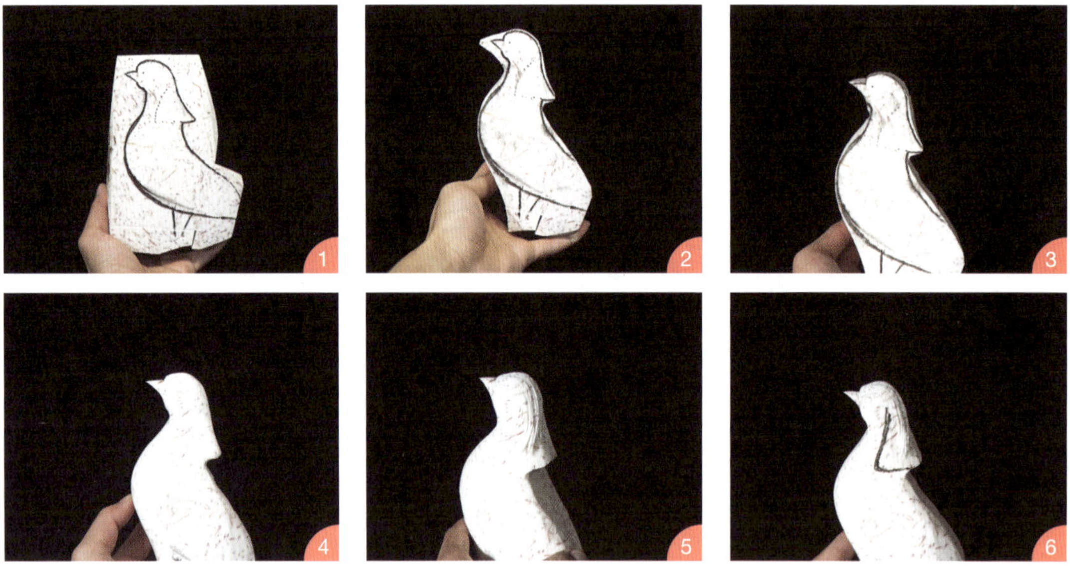

1　取两块香芋进行拼接，画出锦鸡的轮廓。
2　用主刀剔除废料呈现出锦鸡的大形。
3　剔除废料呈现出锦鸡嘴部位置。
4　用主刀将锦鸡身体修整圆滑。
5　用拉线刀拉出冠羽纹路，并用主刀剔出废料，呈现出锦鸡头翎。
6　用水溶性铅笔画出颈羽的位置。

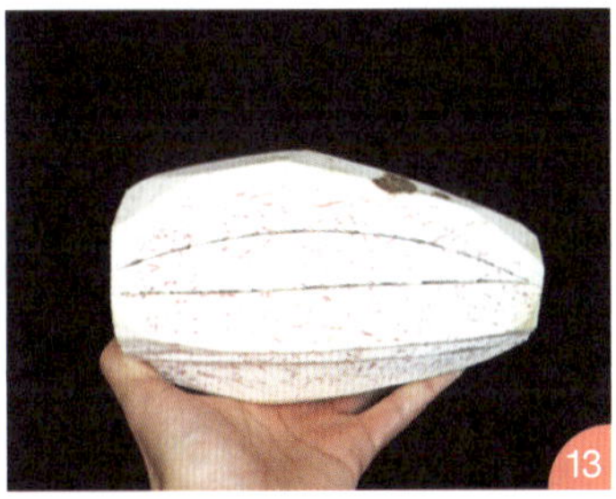

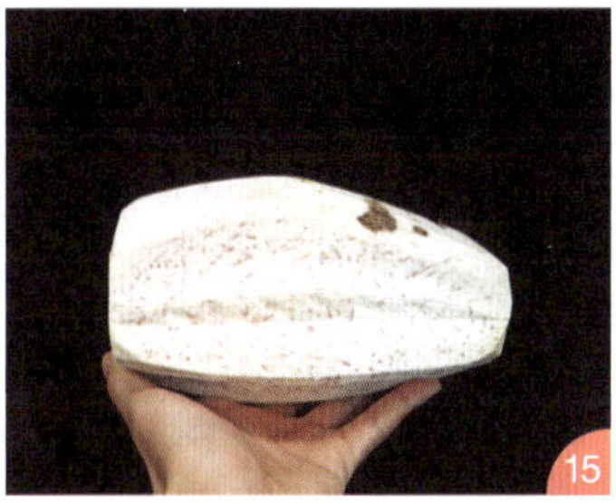

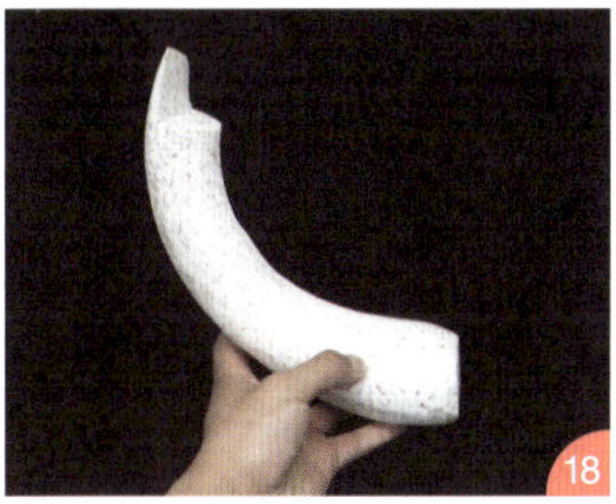

7 用中号掏刀掏出颈羽弧面。

8 用主刀雕刻出锦鸡颈羽。

9 用中号掏刀掏出胸部羽毛的弧度。

10 用拉线刀拉出胸部的羽毛纹路。

11 用主刀剔除废料雕刻出胸部羽毛。

12 雕刻出锦鸡覆羽、翅膀飞羽和翅膀全部羽毛。

13 取一块原料画出尾羽轮廓，并用主刀剔除周边废料。

14 用拉线刀和主刀雕刻出尾巴大形。

15 用中号掏刀结合拉线刀雕刻尾巴细节，并用主刀将尾巴取出。

16 呈现出锦鸡尾巴。

17 将雕刻出的尾巴、爪子与锦鸡身体进行组装。

18 选多块原料粘接出竹根大形并用主刀修整圆滑。

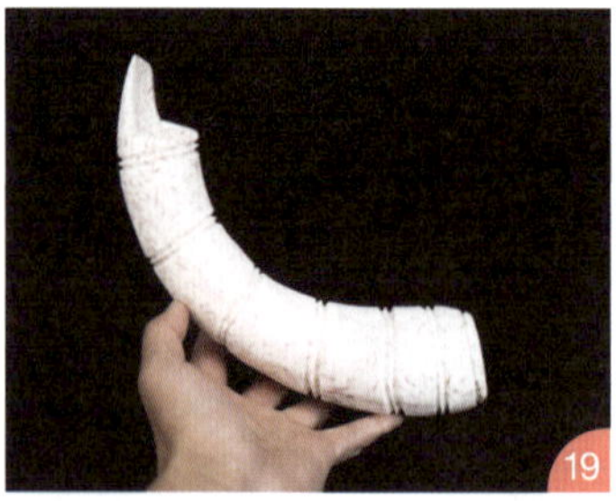

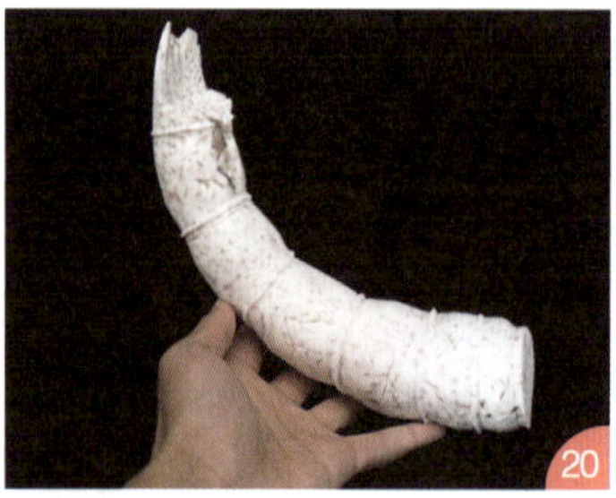

19 用小号V形戳刀戳出竹节。

20 用主刀雕刻出竹根的整体形态。

21 粘接上竹根的细须。

22 将锦鸡调整好角度与竹根进行组装。

23 组装竹条、竹叶和小草进行点缀。

雕刻的要领和注意事项

- 对锦鸡的形态特征有所了解。
- 注意锦鸡的头翎羽毛为双层方形。
- 竹根的细须可以用小号掏刀掏出，也可以用小号V形戳刀戳出。

实训7　天鹅

主要原料

香芋、南瓜、白萝卜等。

雕刻工具

主刀、U形戳刀、拉线刀、掏刀、V形戳刀等。

制作步骤

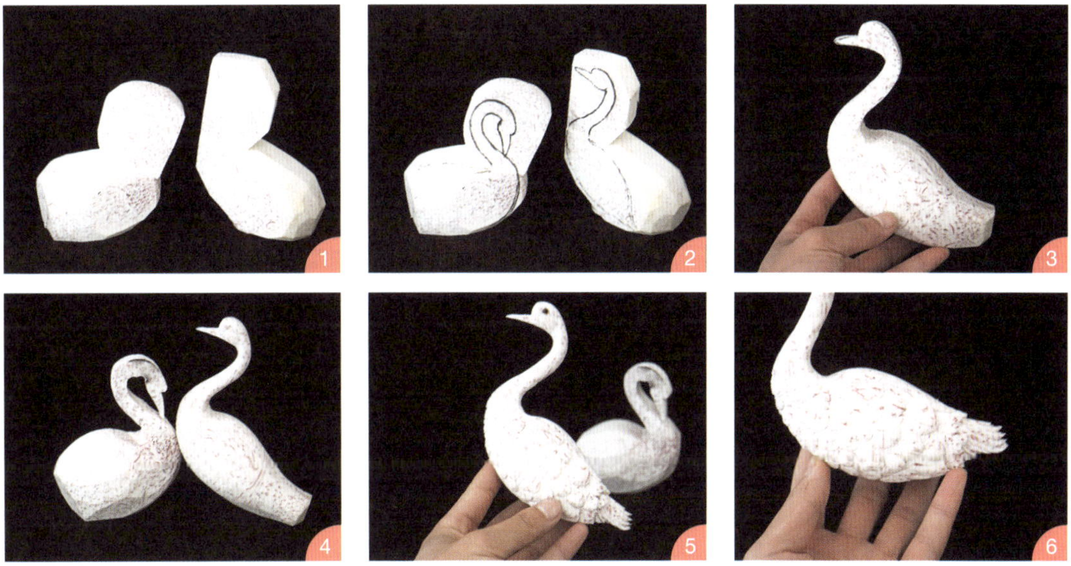

1　用香芋拼出雕刻天鹅的大形。

2　用水溶性铅笔勾画出天鹅的脖子和身体轮廓。

3　用主刀沿着勾画的线条剔除废料，定出天鹅的大形。

4　将天鹅身体修整光滑，雕刻出头部细节，并用同样方法雕刻另外一只天鹅。

5　用拉刀雕刻出身体的羽毛纹理。

6　雕刻出整体羽毛细节。

7 用同样方法雕刻另外一只天鹅。

8 取一块香芋勾画出翅膀轮廓。

9 用主刀修出翅膀大形，勾画出羽毛层次。

10 雕刻翅膀羽毛细节。

11 拼接出另外一只天鹅的羽毛结构。

12 用主刀雕刻出天鹅的整体羽毛结构。

13 取一块料将天鹅调整好角度进行组装上色，并固定在底座上。

14 组装上荷叶和睡莲进行点缀。

雕刻的要领和注意事项

- 勾画天鹅时应注意整体结构比例大小。
- 雕刻天鹅头部的时候可以用中号U形戳刀在头部弯曲的位置戳一个孔，方便取废料。
- 雕刻天鹅的翅膀时应注意下刀准确、取料干净。

实训8 孔雀

主要原料

香芋、白萝卜、南瓜等。

雕刻工具

主刀、木刻戳刀、U形戳刀、V形戳刀、拉线刀等。

制作步骤

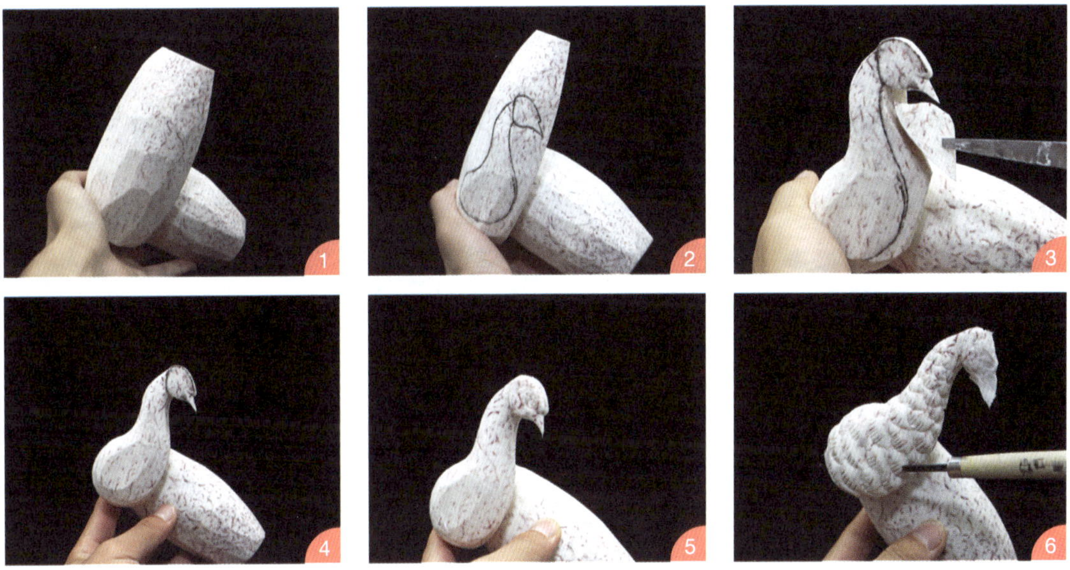

1 选用两块原料拼接出孔雀身体的大形。

2 用水溶性铅笔画出孔雀头部轮廓。

3 用主刀剔除废料，呈现出头部和脖子的大形。

4 主刀用滚刀法将孔雀颈部和身体修整圆滑。

5 用小号U形戳刀定出孔雀眼睛的位置。

6 用拉线刀结合木刻戳刀雕刻出孔雀颈羽。

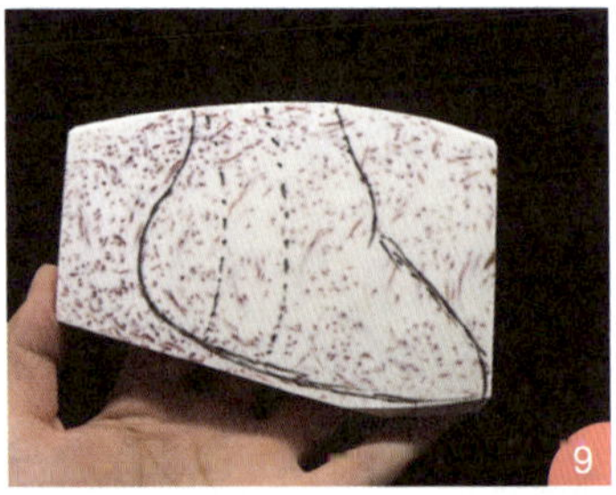

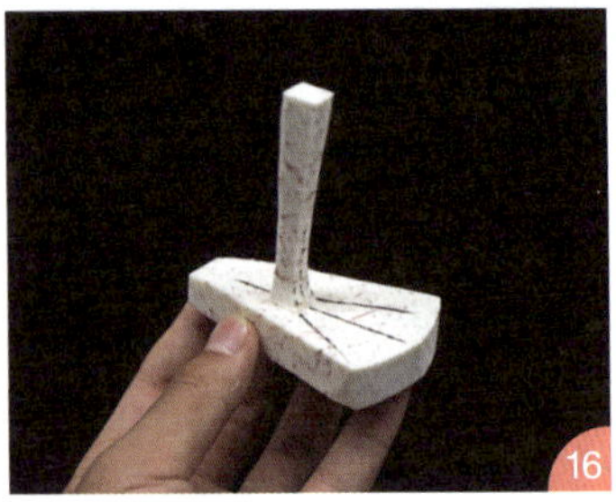

7　在孔雀主体下端拼接一块原料，并定出腿部的位置。

8　用主刀雕刻出腿部和身体上的翎羽。

9　取一块原料画出翅膀的轮廓。

10　用主刀雕刻出小覆羽和中覆羽。

11　雕刻出整个翅膀的羽毛。

12　用多块原料粘接出假山的大形。

13　用V形戳刀结合拉线刀雕刻出假山的整体结构。

14　将假山进行上色以凸显其层次感。

15　取两块原料粘接出腿、爪的大形。

16　剔除废料并用水溶性铅笔定出爪子轮廓。

17　用U形拉线刀定出爪子的宽度。

18　用水溶性铅笔画出趾足。

19 用主刀雕刻出趾足。

20 将孔雀整体调整好角度与假山进行组装。

21 将雕刻好的翅膀组装在孔雀身体上。

22 取一块原料用木刻戳刀定出孔雀尾羽中轴。

23 主刀运用划刀法雕刻出孔雀尾羽。

24 用主刀剔除尾羽两侧废料。

25 雕刻出孔雀尾部的羽毛。

26 调整角度粘接羽毛，凸显层次感。

27 从上至下粘接出孔雀尾部羽毛。

28 组装上雕刻好的牡丹花。

29 组装上孔雀头翎和小草，呈现作品。

雕刻的要领和注意事项

- 注意孔雀的头部大形需呈现三角形，雕刻时需要正确把握。
- 在雕刻孔雀前可以在纸上画一下孔雀的形象。
- 孔雀的尾巴部位羽毛比较多，所以可以单独雕刻好到最后再粘接上去。
- 注意孔雀的尾巴比较长，可以适当地夸张。

实训9　雄鹰

主要原料

胡萝卜、香芋、南瓜等。

雕刻工具

主刀、木刻戳刀、拉线刀、V形戳刀、U形戳刀等。

制作步骤

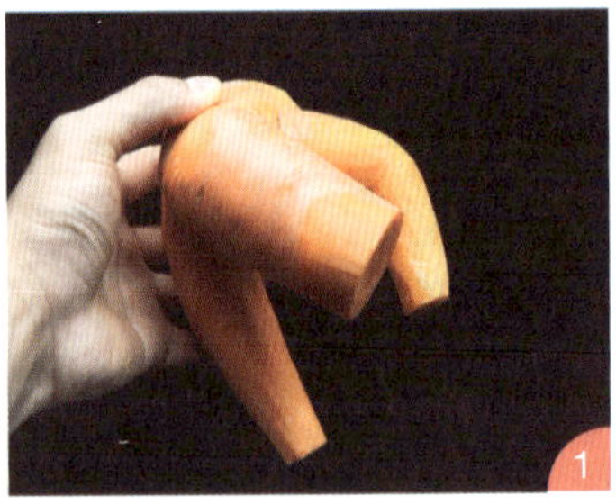

1

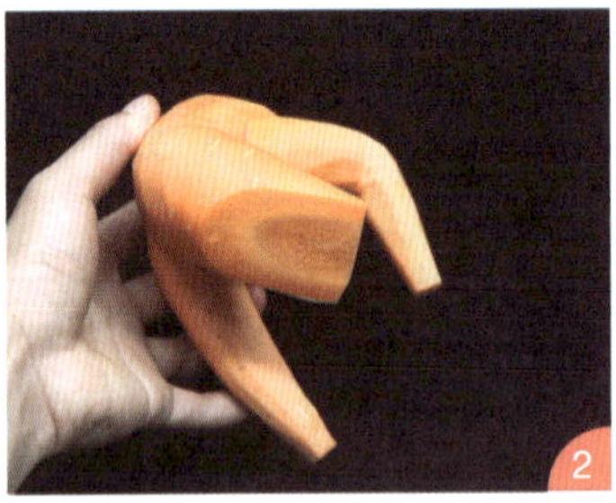

2

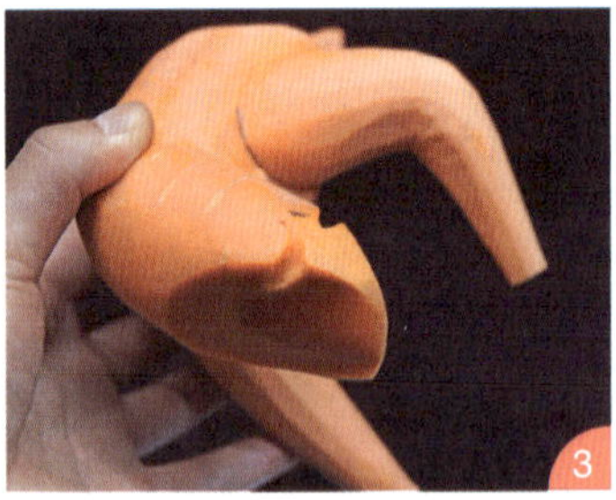

3

1　取多块胡萝卜拼接出老鹰的身体大形。

2　用主刀将头部左右两侧各斜取一刀剔除废料，呈现出一个三角形。

3　用小号U形戳刀戳除废料呈现老鹰的额头。

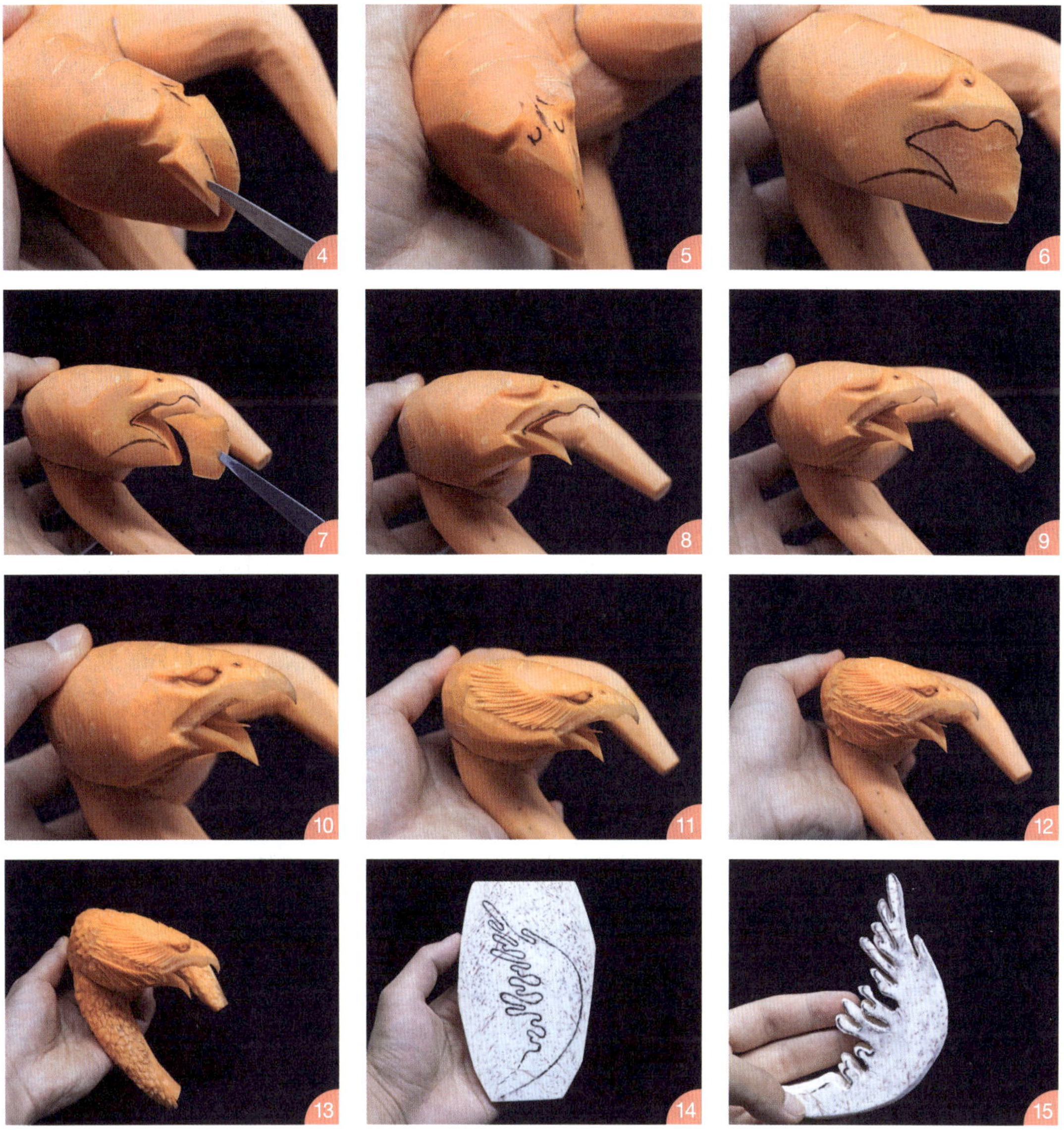

4 定出鹰嘴的中线，用主刀在左右两侧各取一刀，剔除废料。

5 用水溶性铅笔定出老鹰的鼻孔位置。

6 用水溶性铅笔画出老鹰嘴的大形。

7 用主刀剔除废料呈现出老鹰嘴的大形。

8 用小号U形戳刀戳出老鹰的嘴角。

9 用小号V形戳刀戳出老鹰的舌头，并用主刀雕刻嘴部细节。

10 雕刻出老鹰的眼睛。

11 用拉线刀拉出老鹰耳羽纹路。

12 运用拉线刀结合主刀雕刻出老鹰颈羽。

13 用主刀雕刻老鹰腿部和身体翎羽。

14 取一块香芋用水溶性铅笔画出水浪的轮廓。

15 用主刀沿轮廓将水浪剔出。

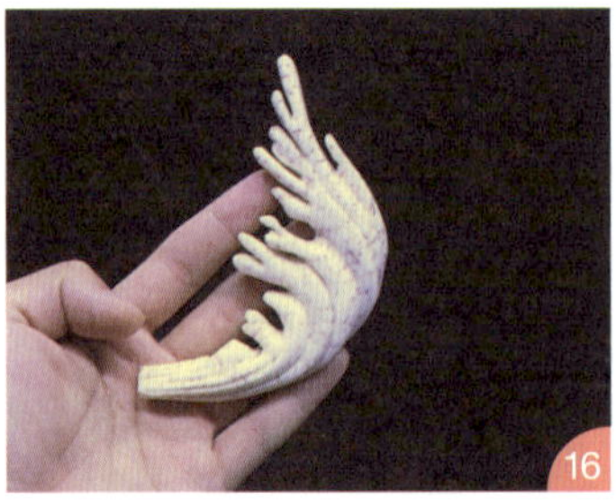

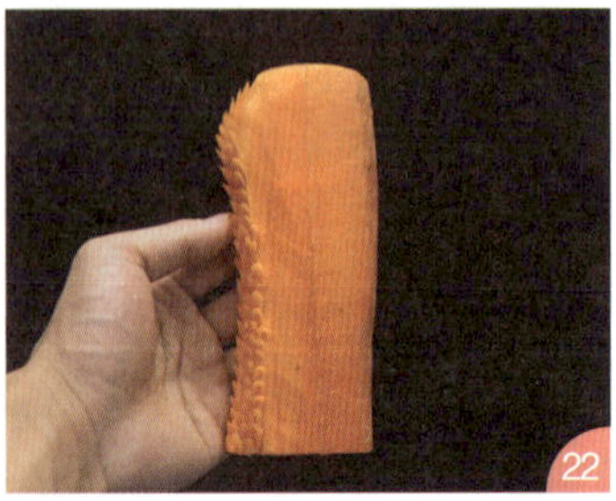

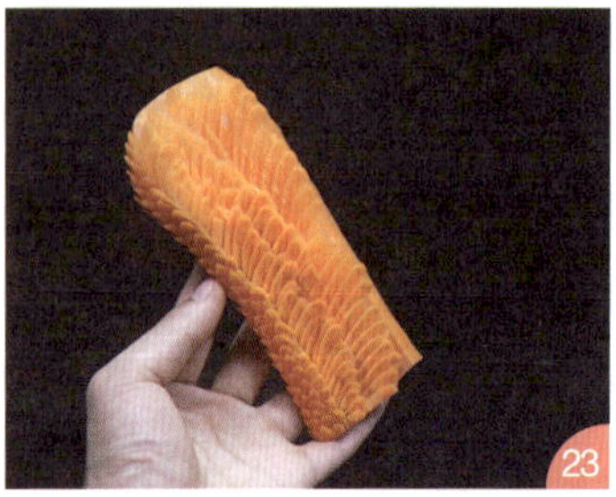

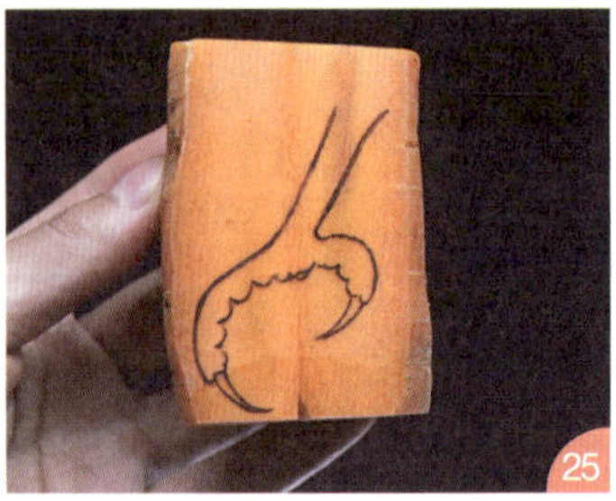

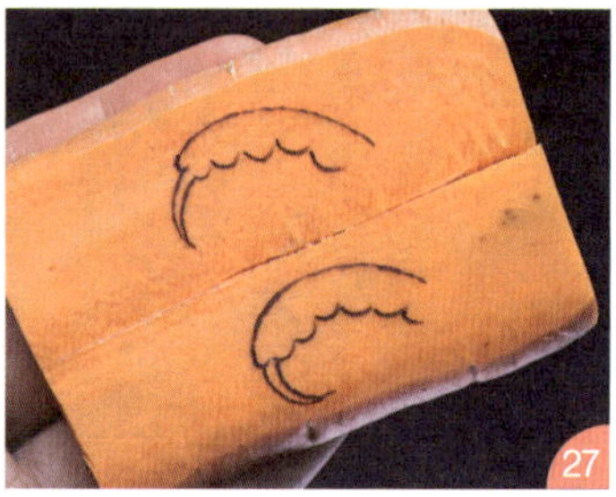

16 用主刀结合小号U形戳刀和小号V形戳刀雕刻出水浪的细节。

17 用雕刻好的水浪组装出底座。

18 将雕刻好的老鹰组装在底座上。

19 用木刻戳刀结合拉线刀和主刀雕刻出老鹰的尾羽。

20 将雕刻好的尾羽粘接在老鹰的尾部，并粘接上腿部的羽毛。

21 取一块拼接的原料。

22 用主刀分别雕刻出翅膀的覆羽。

23 雕刻出飞羽并粘接在覆羽外侧。

24 用木刻戳刀结合拉线刀和主刀雕刻出羽毛并粘接在翅膀上。

25 取一块原料画出鹰爪的大形。

26 雕刻出鹰爪的中趾和后趾。

27 分别画出鹰爪的外趾和内趾。

28 将外趾和内趾粘接于中趾的两边。

29 将雕刻好的翅膀和鹰爪进行组装。

雕刻的要领和注意事项

- 雕刻老鹰时形态要生动、逼真，整体造型比例适当。
- 雕刻时老鹰的头、爪子和翅膀可以进行适当的夸张。
- 注意在雕刻羽毛时要做到错落有致、长短结合。去废料时干净利落，无明显刀痕。
- 雕刻翅膀时可以选择零雕组装的方式，会显得翅膀更逼真。
- 鹰眼雕刻要控制在额头与嘴角的1/2处，会显得老鹰更凶猛。

实例10　仙鹤

主要原料

香芋、南瓜、胡萝卜、白萝卜等。

雕刻工具

主刀、U形戳刀、拉刀、掏刀等。

制作步骤

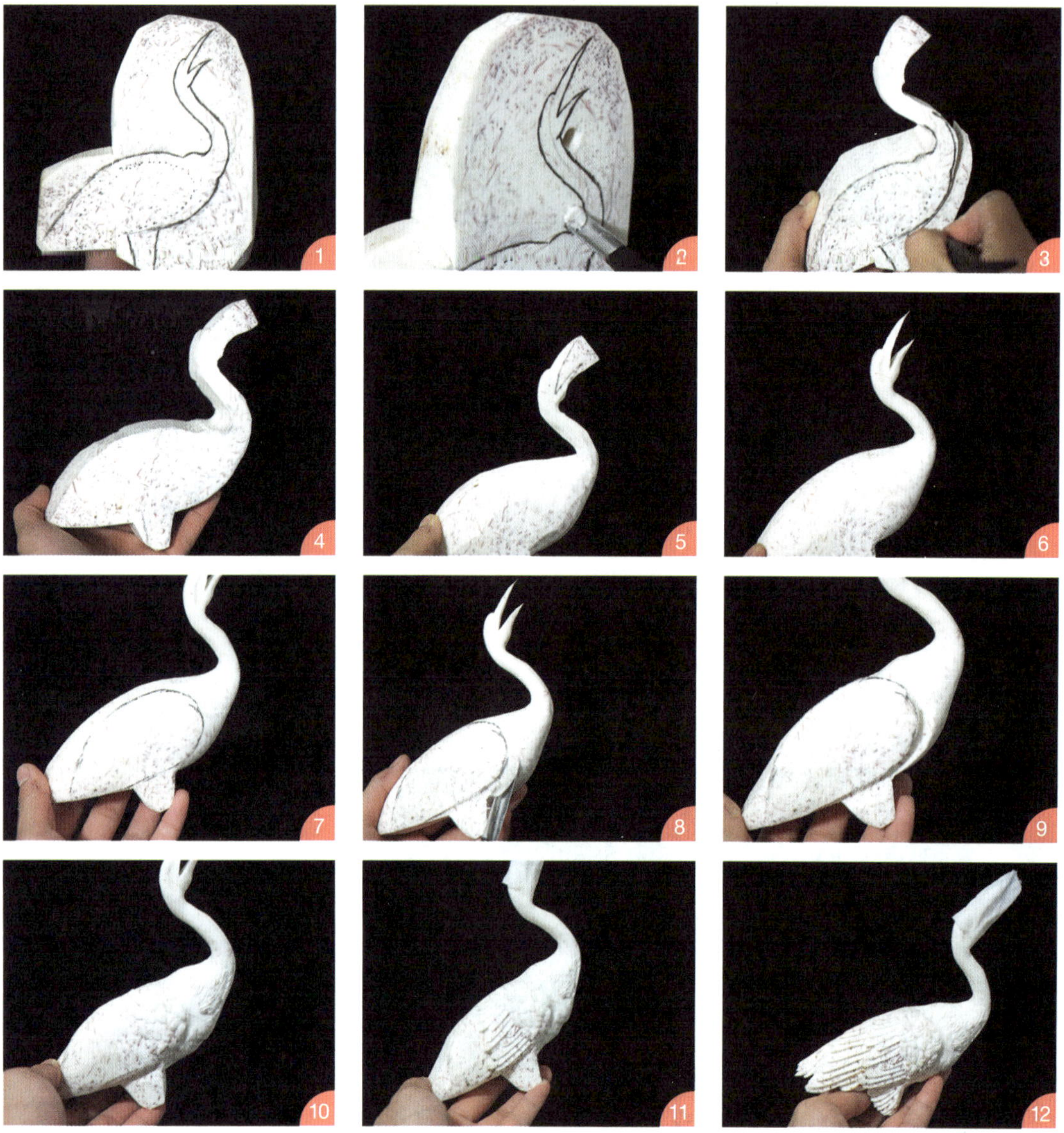

1 取一块原料并勾画出仙鹤的轮廓。

2 用U形戳刀沿仙鹤脖子线条戳除废料。

3 用主刀剔除废料呈现出仙鹤身体基本轮廓。

4 剔除多余废料。

5 用主刀将仙鹤脖子修整光滑，并修出嘴部大形。

6 用主刀剔除废料，呈现出仙鹤额头和嘴部细节。

7 勾画出仙鹤的翅膀轮廓。

8 用中号U形戳刀戳除废料，定出翅膀大形。

9 戳除废料，呈现出翅膀基本轮廓。

10 用拉刀拉出仙鹤颈羽和小覆羽。

11 用主刀雕刻出仙鹤的小覆羽。

12 雕刻出大覆羽，呈现出整片鹤羽。

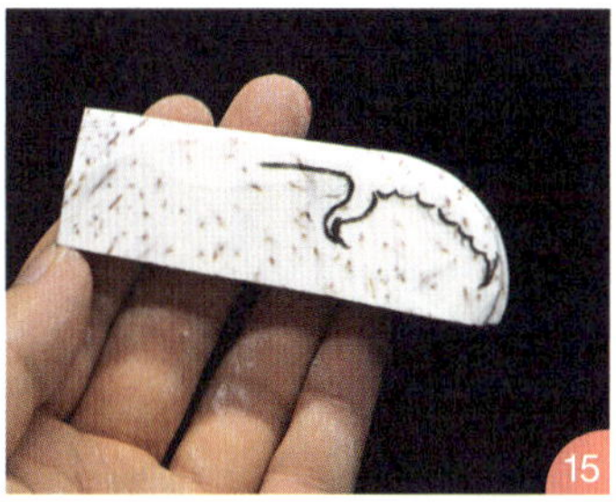

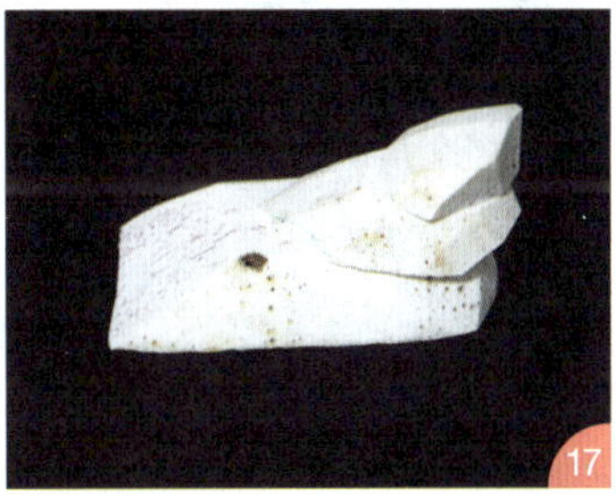

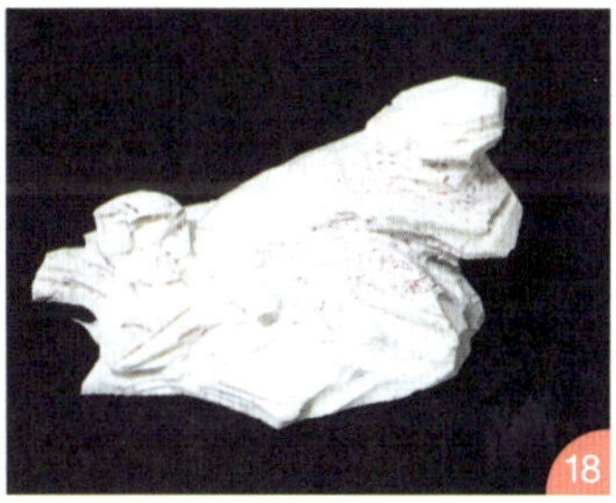

13 取一原块料用水溶性铅笔勾画出仙鹤爪的大形。

14 用U形掏刀定出鹤爪宽度。

15 用水溶性铅笔画出仙鹤趾足。

16 用主刀剔除废料，取下仙鹤的整只趾足。

17 取多块原料拼接出底座大形。

18 用掏刀、拉刀做出仙鹤底座的细节，注意凸显层次感。

19 将上色的仙鹤调整位置组装在底座上。

20 组装上雕刻出的仙鹤尾羽，并用小草进行点缀。

雕刻的要领和注意事项

- 仙鹤的脖子可适当弯曲，展现仙鹤的灵动。
- 注意仙鹤的身体结构比例。
- 羽毛处理要自然美观、大小各异，突出仙鹤神韵。

实训11 凤凰

主要原料

胡萝卜、南瓜、香芋等。

雕刻工具

主刀、木刻戳刀、圆形掏刀、拉线刀、U形戳刀等。

雕刻步骤

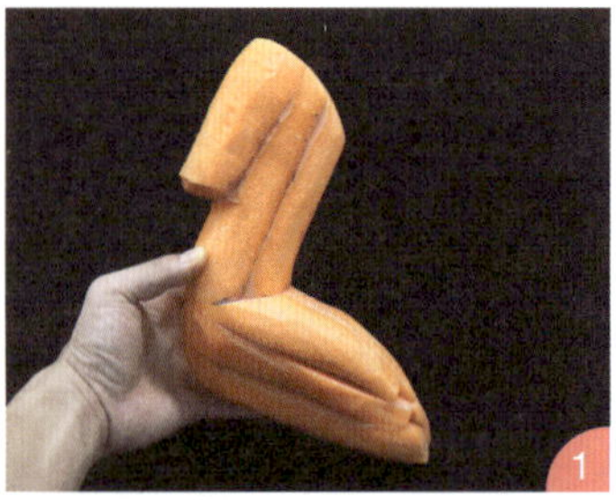

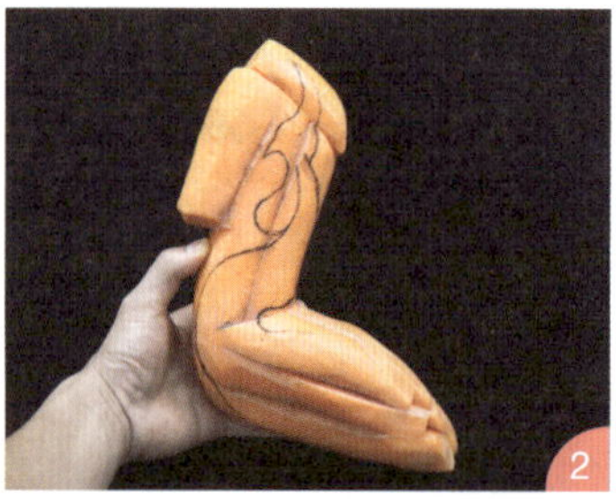

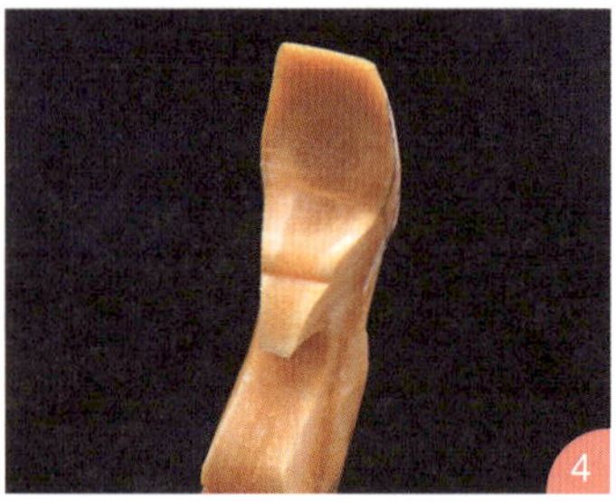

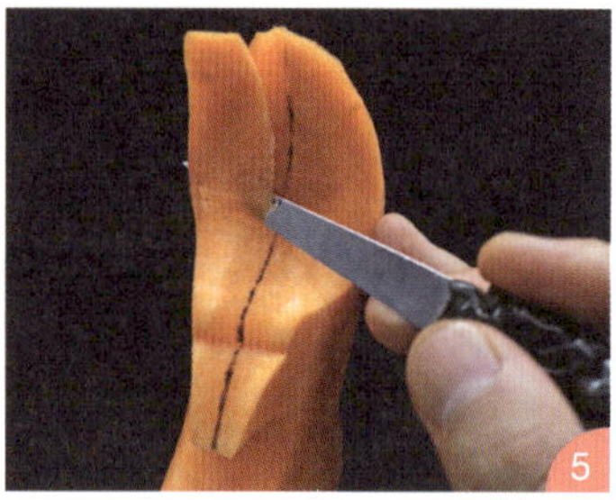

1 取多块胡萝卜粘接出凤凰头部和身体的大形。

2 用水溶性铅笔画出凤凰头部轮廓。

3 用主刀剔除废料，呈现出凤凰的大形。

4 用主刀将凤凰头部两侧修窄。

5 定出凤凰头翎的中心位置，并用主刀斜取废料。

6 雕刻出凤凰的头翎。

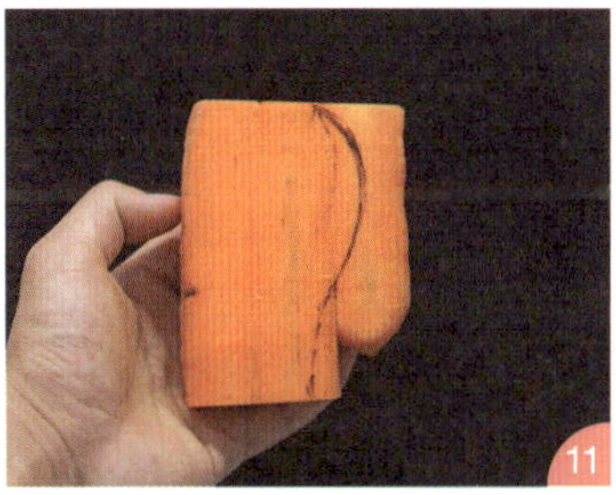

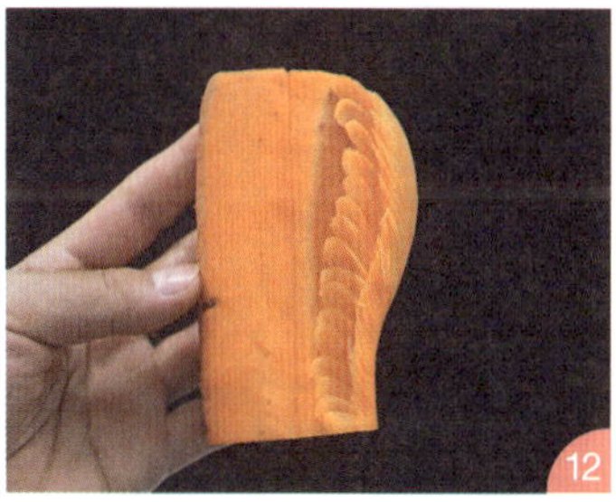

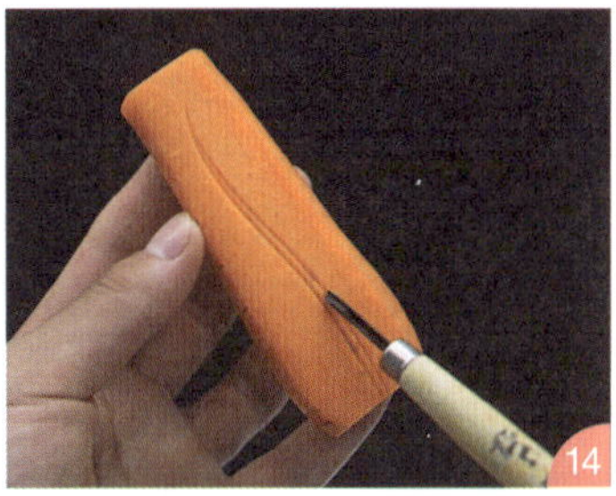

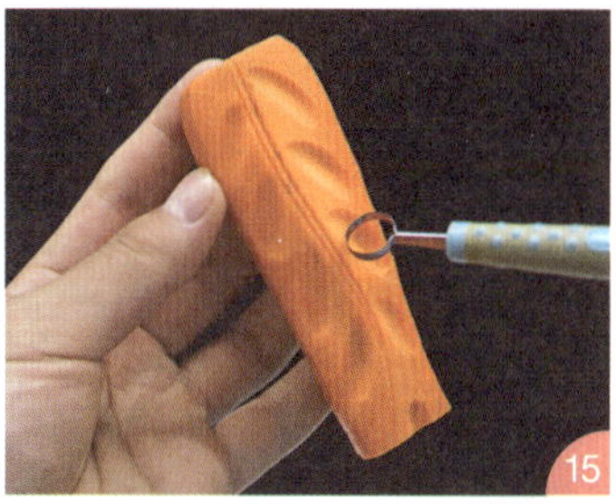

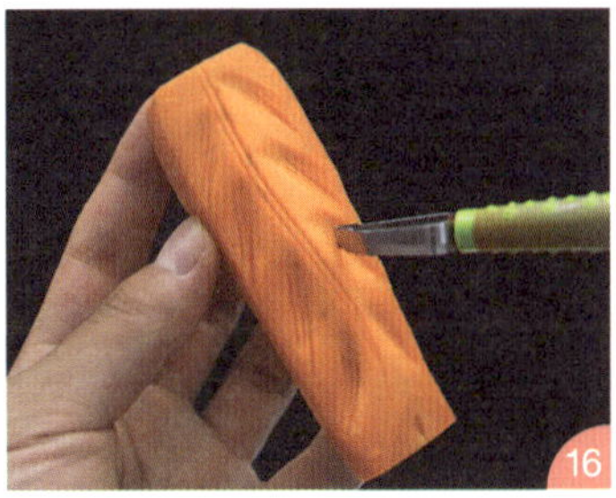

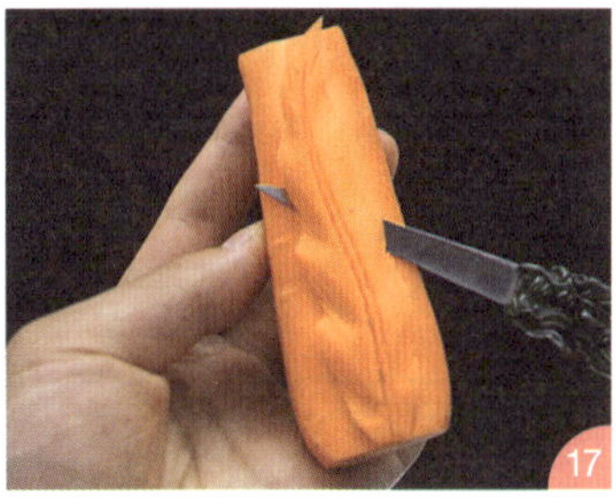

7　雕刻出凤凰头部的细节和凤坠。
8　取一块原料拼接出凤凰的腿部。
9　用拉线刀雕刻出凤凰颈羽和腿羽。
10　用拉线刀雕刻出身体的鳞片羽。
11　用胡萝卜粘接一块原料，定出凤翅的位置。
12　用拉线刀雕刻凤翅边缘的飞羽。
13　用主刀片出凤翅的羽毛。
14　取一块胡萝卜用木刻戳刀定出羽轴。
15　用圆形掏刀掏出尾羽的弧形凹槽。
16　用拉线刀拉出羽毛的细节。
17　用主刀剔出羽毛。
18　将羽毛粘接在凤翅上，完成整个翅膀。

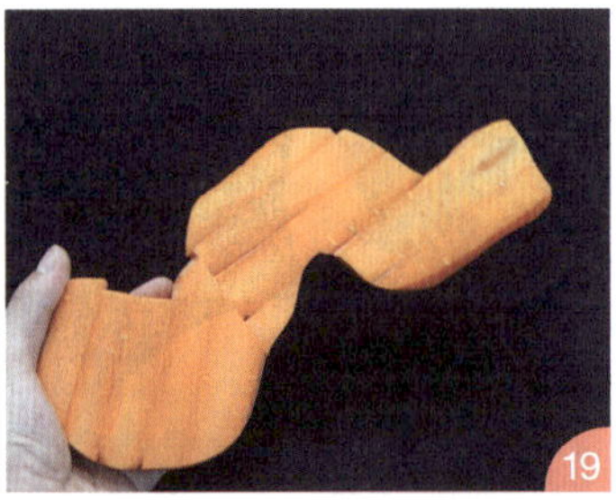

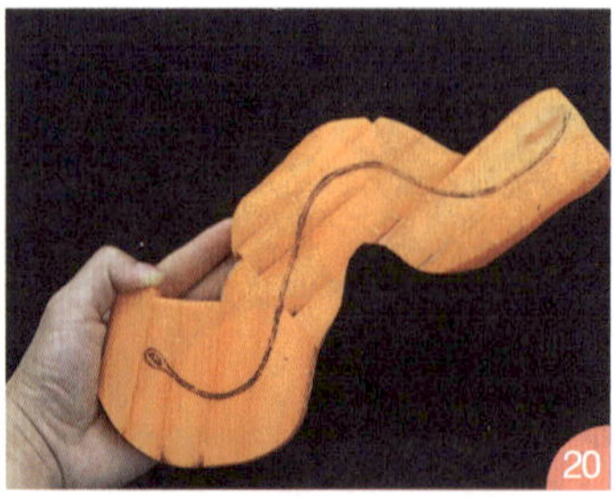

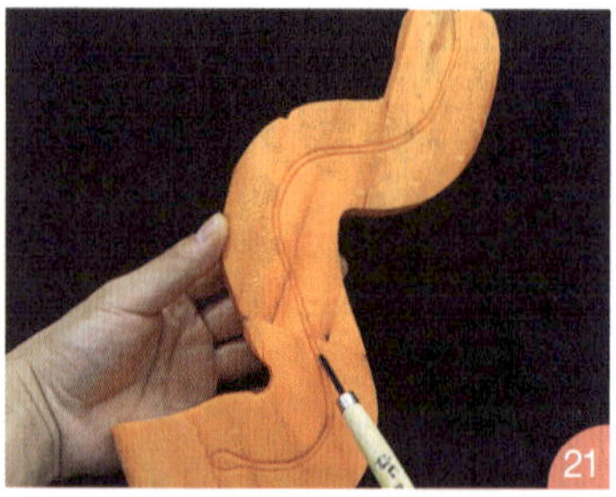

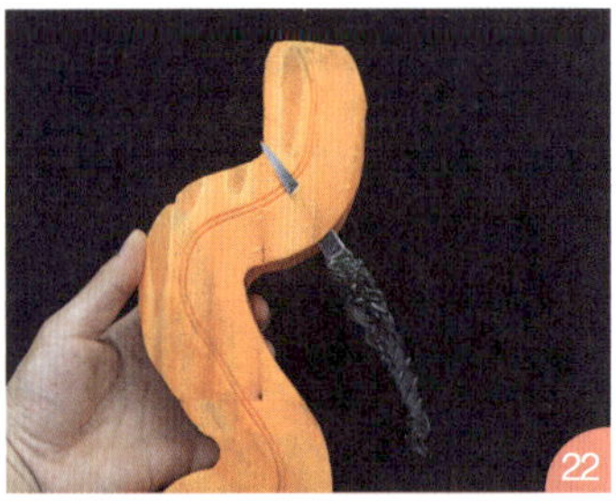

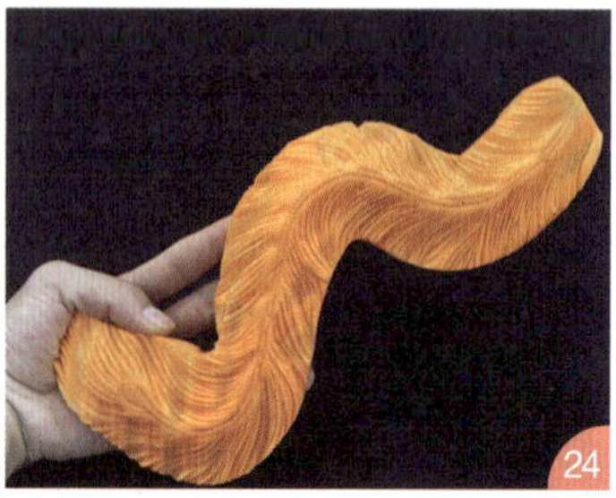

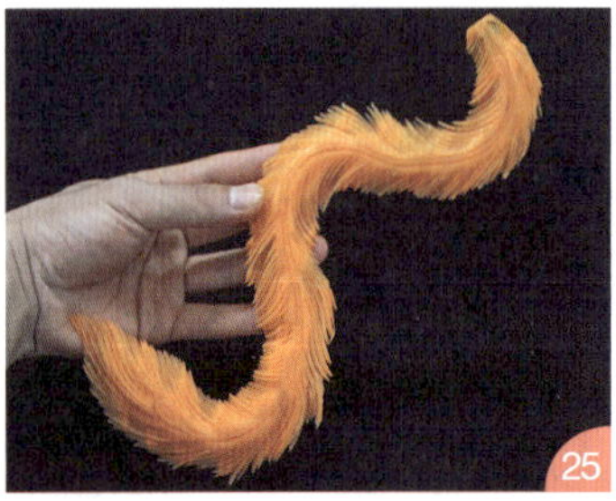

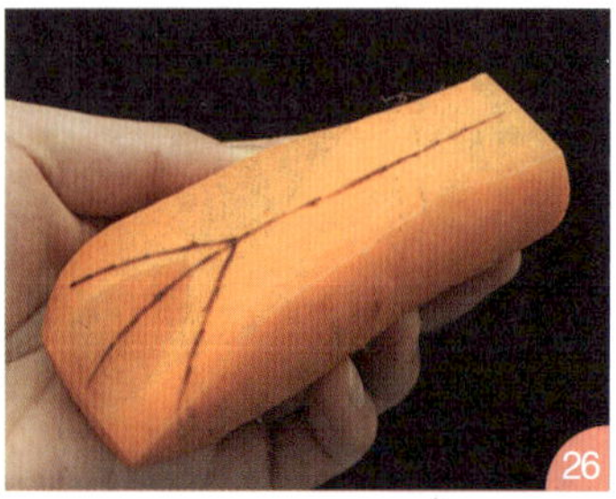

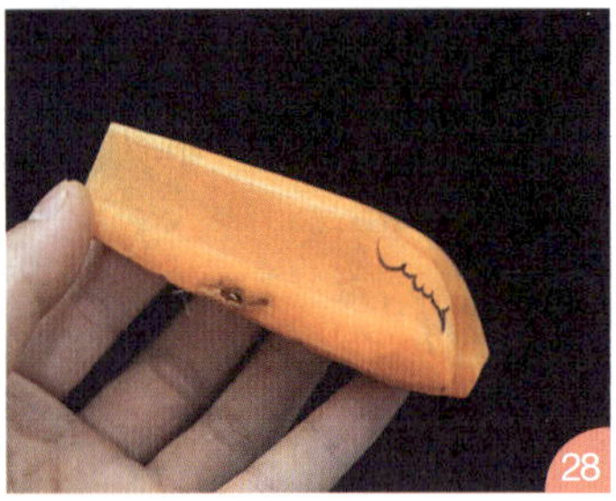

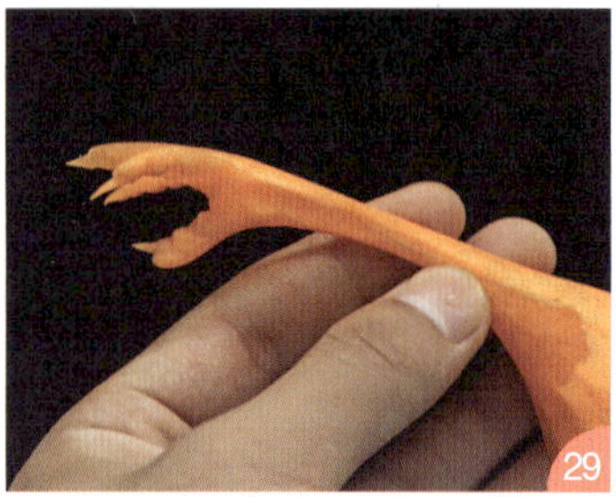

19 取多块胡萝卜粘接出尾巴的大形。

20 用水溶性铅笔画出尾巴的轮廓走向。

21 用木刻戳刀戳出尾巴走向。

22 用主刀斜取两侧废料，展现凤尾灵韵。

23 用圆形掏刀雕刻尾羽细节，定出尾羽走向。

24 呈现出凤尾大体形态。

25 用主刀剔除废料，呈现出整体凤尾。

26 取一段胡萝卜用水溶性铅笔画出凤爪线条。

27 用U形掏刀掏出凤爪的宽度。

28 用水溶性铅笔画出凤爪前趾。

29 雕刻出完整凤爪。

30 取胡萝卜粘接原料，雕刻出底座。

31

32

33

34

31 将凤凰的身体组装在底座上。

32 将雕刻好的凤尾调整好角度粘接在凤凰的尾部。

33 将雕刻好的凤翅和凤爪与身体进行组装。

34 在凤凰身上组装上火苗进行点缀修饰。

雕刻的要领和注意事项

- 凤凰的整体形态生动逼真，富有神韵。
- 在雕刻凤凰前可以在纸上描画出凤凰的大形。
- 雕刻凤尾时要注意尾巴的宽度和长度的比例适当。
- 在粘接凤尾时应注意粘接的角度变化，要显得自然美观、飘逸潇洒。

三、人物类雕刻

在中国悠久的绘画历史进程中，历代画家总结出了许多画人物的规律，而这些规律在食品雕刻中同样可以借鉴，并加以运用，这对我们学好人物类的食品雕刻有非常大的帮助，是必须掌握的基础知识。

1. 三庭五眼看头型，高矮再照脑袋衡；罗汉神怪不在内，再除娃娃都能行

这句话的意思是说，正常人头部的五官比例关系可以用“三庭五眼”来概括。而对于

人的身高比例则可以用头的长度来衡量。具体来讲就是，“三庭”就是自发际线开始到眉毛、自眉毛到鼻尖、自鼻尖到下巴这3部分的距离是相等的。“五眼”指的是从正面看，左耳边缘到右耳边缘的距离正好是5个眼睛的长度。两只眼睛的位置在整个头部高度1/2横线上，两眼之间的距离正好是一个眼睛的间隔。但是，小孩子和罗汉神怪要除外。比如，小孩子的眼睛位置就在头高1/2横线的下边，他们的五官距离比较短。

2. 头分三庭，肩担两头；一手能捂半张脸，立七坐五盘三半

这句话的意思是说，一个成年男人的两肩宽度正好是其头部宽度的三倍（女人的肩部宽度要稍窄一些）。一个人手的大小与其半张脸的大小相仿。成年人站立的身体高度大约为3个半头长。但是，这个比例使人显得比较矮小，因此，在雕刻绘画中已经很少采用，一般都是按照8个头长的比例来雕刻绘画。特别是女性的身高，这样的比例可以使女性看起来更加苗条和漂亮。

3. 古人关于人物绘画方面的比例关系描述

①面分三庭五眼，身分腰膝肘肩。先量头部大小，再量肩有多宽。再看手放何处，袖口必搭外臀。袖内上臂贴肋，肘前必对肚脐。腰下突出是肚，肚下至膝两数，再往下数是脚跗。正看腹欲出，侧看臂必凸。立见膝下纹，仰见喉头骨。手大脚大不算坏，脑袋大了才发呆。

②三庭五眼看头型，横宽竖长好定位。人体比例头为尺，站七坐五蹲三半。肩宽能容三个头，一手能捂半张脸。双手垂直至股中，袖口必然搭外臀。肩肘腰膝是关键，切勿轻心要记准。袖内上臂贴肋骨，肘弯正与肚脐平。腹部位置在腰下，至膝还有两个头。再往下数是脚跗，站立地面稳又稳。眼角下弯嘴上翘，笑口常开乐陶陶。嘴角下弯眉紧皱，愁苦人儿免不了。心情畅然手拈须，春风得意喜气扬。气怒狠者眼拱张，霸气必然在脸上。手抱头者心惊慌，心虚胆怯鬼祟相。若想画作能传神，画好眼睛是根本。人体比例须掌握，基本常识要记牢。观察生活多实践，深入钻研必有效。

4. 古人关于人物表情绘画方面的技巧总结描述

①若要人脸笑，眼角下弯嘴上翘。若要人脸愁，嘴角下弯眉紧皱。

②怒相眼挑把眉拧，哀容头垂眼开离，喜相眉舒嘴又俏，笑样口开眼又眯。

③威风杀气是武将，舒展大气是文官。窈窕秀气是少女，活泼稚气是顽童。

实训 寿星

主要原料

红薯、白萝卜等。

雕刻工具

主刀、U形戳刀、圆形掏刀、拉线刀、V形戳刀等。

制作步骤

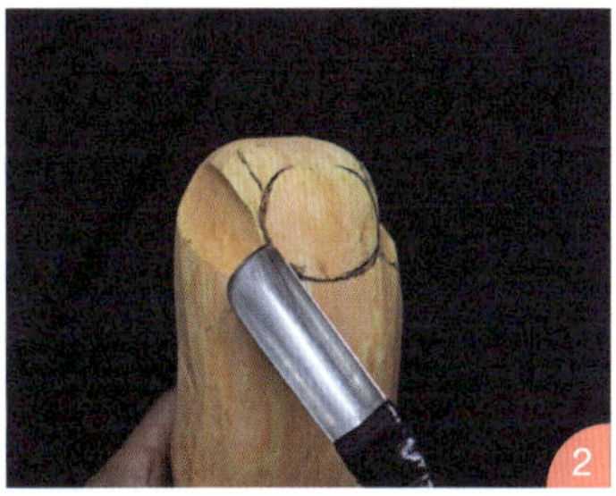

1 选一块红薯用水溶性铅笔定出寿星的额头轮廓。

2 用大号U形戳刀戳除废料呈现出额头大形。

3 用小号U形戳刀戳出寿包。

4 用主刀将额头修整圆滑，并剔除废料呈现出寿包。

5 用小号圆形掏刀掏出废料突出寿包。

6 用大号U形戳刀将上脑顶修窄。

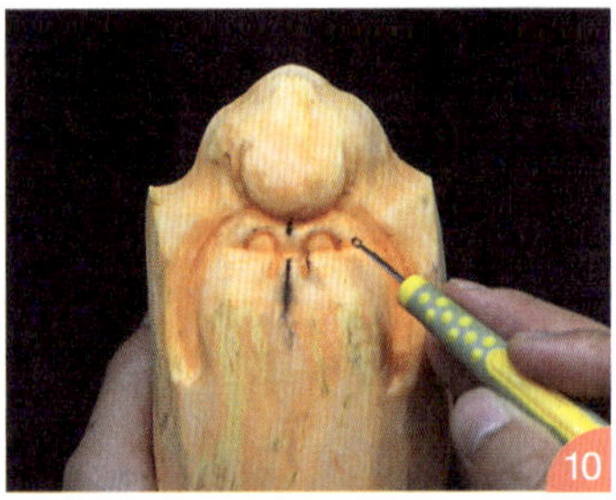

7 将寿星头部修圆后用水溶性铅笔定出脸部宽度。

8 用中号圆形掏刀掏出废料。

9 用中小号圆形掏刀定出眼部位置并修整光滑。

10 用小号圆形掏刀定出眼部和鼻子的大形。

11 用小号圆形掏刀定出脸蛋位置，并剔除废料。

12 用主刀结合圆形掏刀、拉线刀雕刻出脸部的细节并定出胡须的位置。

13 取原料粘接出寿星的身体大形。

14 用主刀、圆形戳刀、V形戳刀雕刻出寿星的额头细节。

15 用主刀结合圆形戳刀、圆形掏刀、V形戳刀，拉线刀雕刻寿星的袖子和胡须细节。

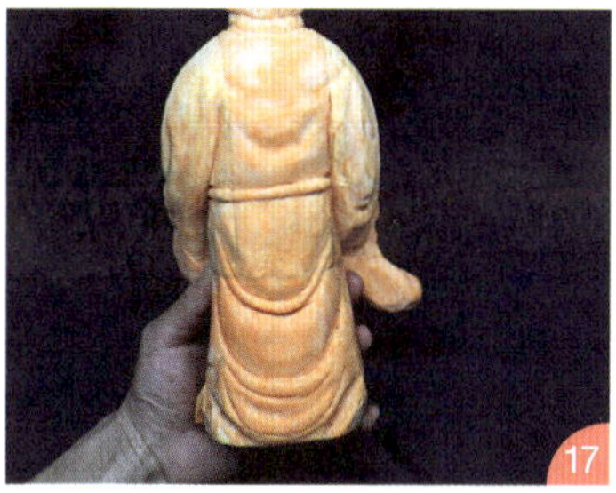

16 雕刻出寿星衣服的大形，定出脚的位置。

17 雕刻出衣服背面纹路。

18 将拐杖、葫芦、寿桃与寿星主体进行粘接，粘接完成后组装在底座上。

19 组装上云朵点缀即可。

雕刻的要领和注意事项

- 掌握好寿星的整体造型比例，形象生动逼真。
- 雕刻衣袖时注意要显得自然美观，飘逸潇洒。

四、畜兽类

畜类、兽类动物大多形体较大，其雕刻的难度大于禽鸟类。因为在食品雕刻中，畜、兽的身体比例难于掌握，更不用说肌肉纹理的表达。所以初学者出现“四不像”的雕刻作品就不足为奇。当然，细心观察畜、兽的运动形态和不断地勤学苦练，加之适度的雕刻技巧可以逐渐地把握畜、兽动物的神态，达到形神兼备的境地。

畜兽类的种类很多，但是与人类关系密切的主要有两大类。一类是人类为了经济或其他目的而驯化和饲养的兽类，如猪、牛、鹿、羊、马、骆驼、猫、狗等；一类是猛兽和传说中的吉祥神兽，如老虎、狮子、麒麟、龙等。人类饲养家畜的起源历史较早，这是人类走向文明的重要标志之一，家畜为人类提供了较稳定的食物来源，为人类的发展进步作出了重大贡献。“畜”最初是兽类，现在的主要家畜都被认为是由史前的野生动物驯养而来的。狗是最古老的驯养动物，从旧石器时代起就已经有了。中国人古代所称的“六畜”是指马、牛、羊、鸡、狗、猪，即中国古代最常见的6种家畜。但是，鸡在现在一般不再称为家畜。

畜兽和人类的关系密切，有些和人类还有很深的感情，在我国的传统文化中还被赋予很多吉祥的含义。因此，一些畜兽类题材的艺术作品往往能得到人们的喜爱。

畜兽类的形态结构特征复杂，畜兽类的雕刻在食品雕刻中难度是很大的。畜兽类雕刻主要的题材有马、牛、羊、兔、鹿以及老虎、狮子、麒麟、龙等。畜兽类的动物种类很多，身体结构上主要分为头部、颈部、躯干和四肢四部分。在体形和结构上主要有以下共同特征。

①所有动物的脊椎都是弯曲的，不是直线的。当动物的头处于正常位置时，脊椎会从头部向下弯曲直到尾部。

②所有动物的胸腔部位都占据身体一半以上的体积。

③所有动物的前腿都要比后腿短。前腿的腿形接近直线形，和后腿相比，前腿就像支撑身体的柱子。

④不同种类动物之间形态区别很大。其中头部的区别最大，而身体躯干等部位的结构特征却比较相似。

⑤去除头颈部和四肢的身体躯干，几乎所有动物的身长都是身宽的两倍。因此，可以看成是一个宽1、长2的长方形。

在本章畜兽类雕刻的学习中，主要是把马作为畜兽类雕刻的典型代表来学习。通过对马的雕刻学习，可以举一反三，比较容易地学会对公牛、鹿、羊、虎、狮等动物的雕刻。

由于所刻画的形象不同，造型特点不同，畜、兽类动物的雕刻应注意以下几点。

①畜类、兽类食品雕刻应掌握“先方后圆”的原则，即先用直线条将原料勾画出来，再进行细加工。

②一般情况下雕刻应先从兽头开始，继而是躯干，最后是四肢。

③对细腿的畜类、兽类，如马、鹿、羊等，一定要留有辅助性的支柱，保证原料的稳定性。

④畜类、兽类雕刻不同于禽鸟类，一般可以粗犷些，显得作品有一定的力度。

实训1 骏马

主要原料

胡萝卜、香芋、南瓜、白萝卜等。

雕刻工具

主刀、圆形掏刀、U形戳刀、V形戳刀、拉线刀等。

制作步骤

1　取一块梯形原料，用水溶性铅笔分成三等份，在中间部分定出眼睛的位置。

2　用主刀修出马嘴部位的棱角原料。

3　用小号圆形掏刀定出眼睛的位置。

4　用小号U形戳刀戳出马鼻梁的位置。

5　用小号U形戳刀戳出马鼻翼的位置。

6　用大号U形戳刀戳除嘴部两侧废料，将其修窄并打磨光滑。

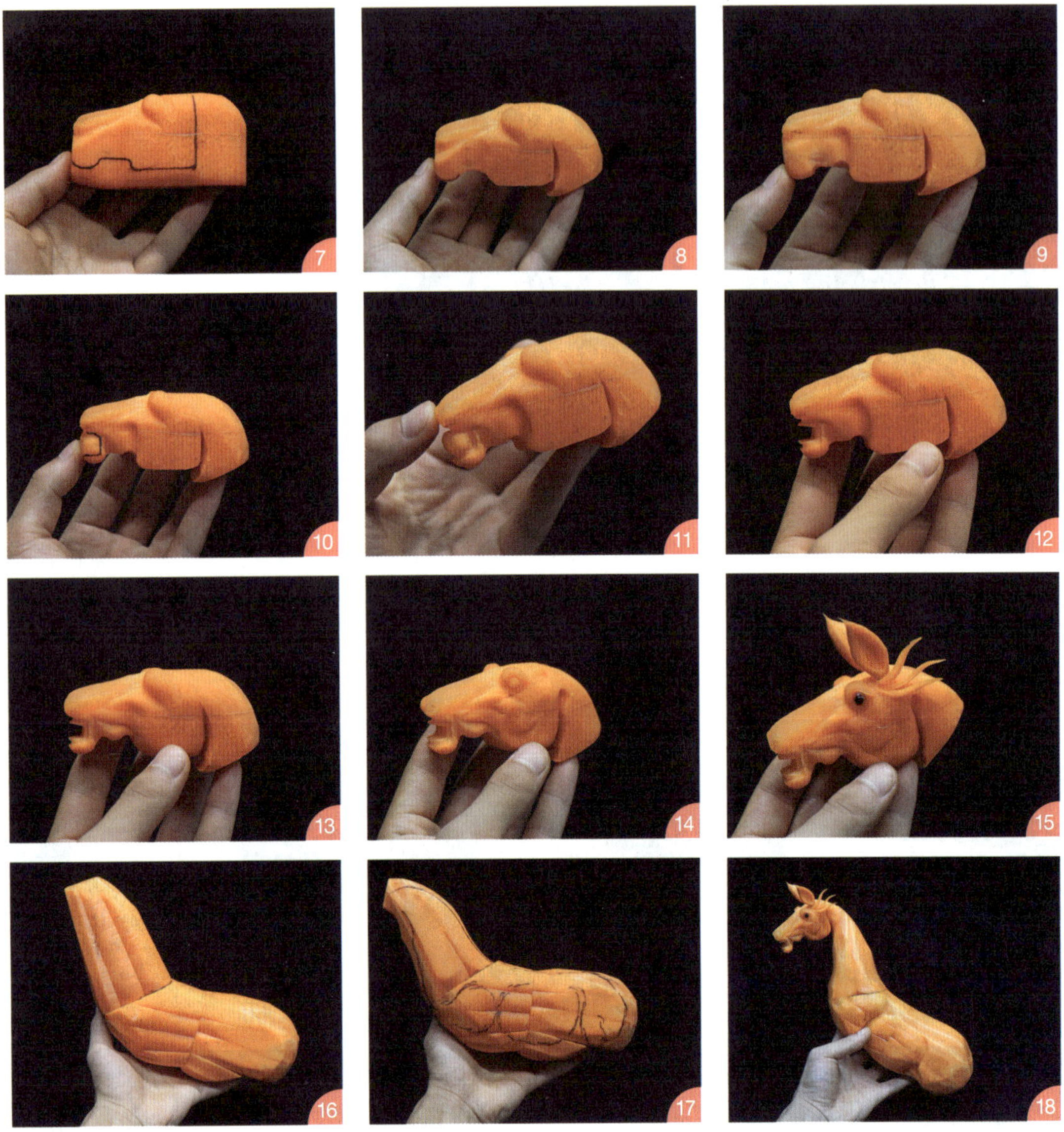

7 用水溶性铅笔画出马头的大小比例。

8 用主刀剔除废料呈现出马头的大形。

9 用小号U形戳刀或小号圆形掏刀定出马头颊肌的位置。

10 用水溶性铅笔定出马嘴张开的嘴线。

11 取小号圆形掏刀掏出嘴线。

12 用主刀雕刻出马嘴细节。

13 用拉线刀结合主刀定出马的牙齿及长脸颊的肌肉。

14 雕刻出马的眼睛和脸部肌肉。

15 雕刻出马耳朵，粘接在马的头顶上。

16 取胡萝卜原料拼接出躯干的大形部位。

17 用水溶性铅笔定出马身体的大形结构位置。

18 用主刀剔除废料，呈现出躯干大形，并粘接上马头。

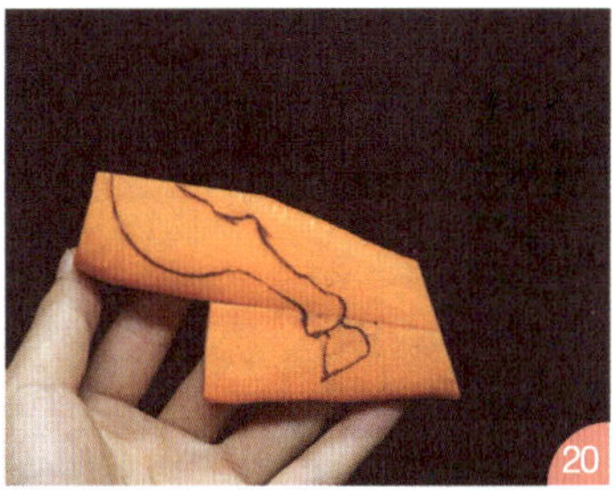

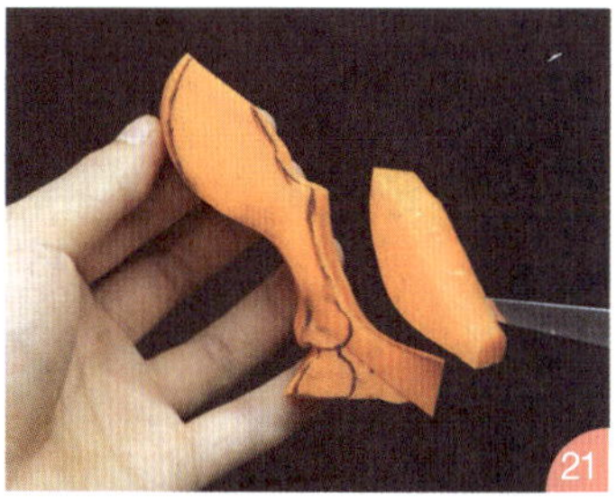

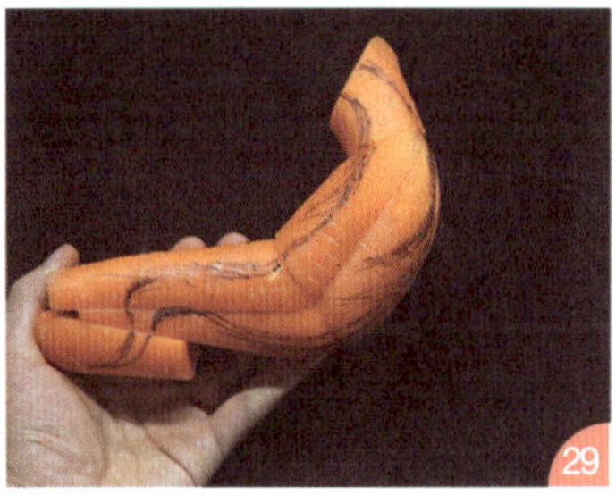

19 用主刀结合拉线刀和圆形掏刀雕刻出躯干的肌肉纹理。

20 拼接一块原料，并用水溶性铅笔画出马腿的大形。

21 用主刀剔除废料呈现出马腿。

22 粘接上雕刻好的前腿和后腿。

23 用同样的方法雕刻出其余的马腿，并粘接在马的躯干上。

24 取多块原料用主刀修圆，并粘接出假山大形。

25 雕刻出假山的细节，凸显层次感。

26 将雕刻好的马调整角度与假山进行组装。

27 将假山进行上色，使效果更加逼真。

28 用主刀结合拉线刀雕刻出鬃毛，并组装在马的躯干上。

29 取多块原料，拼接出马尾大形。

30 用主刀剔除废料，呈现出尾巴轮廓，并用圆形掏刀结合拉线刀雕刻出尾巴的弧度。

31 可以用拉线刀或小号V形戳刀雕刻出马尾巴的纹路。

32 将雕刻好的马尾调整好角度粘接在马的躯干上。

33 组装上雕刻好的小草进行点缀装饰。

雕刻的要领和注意事项

- 雕刻时要把握好马的形态结构和各部位的大小比例。
- 雕刻前可通过手绘的方法先描绘出骏马的整体形象。
- 雕刻时注意骏马的眼睛位置，大约位于头部的1/3处。
- 马的肌肉和鬃毛可以进行适度夸张，更能凸显出马的神韵。

实训2 公牛

主要原料

胡萝卜、白萝卜、南瓜、香芋等。

雕刻工具

主刀、拉线刀、U形戳刀等。

制作步骤

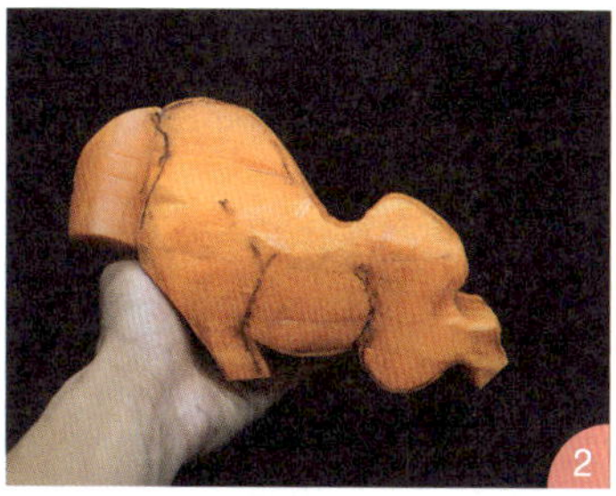

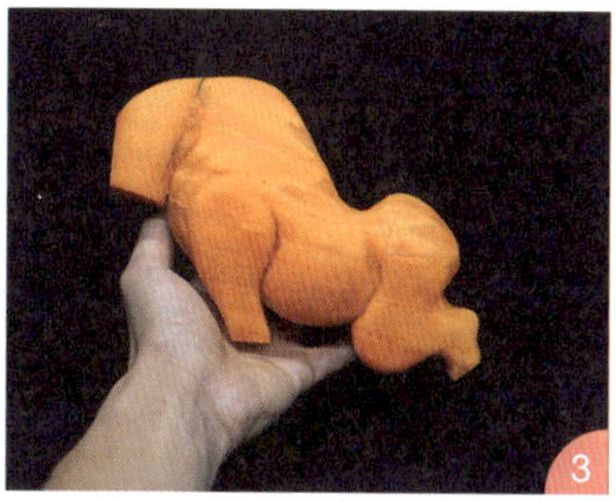

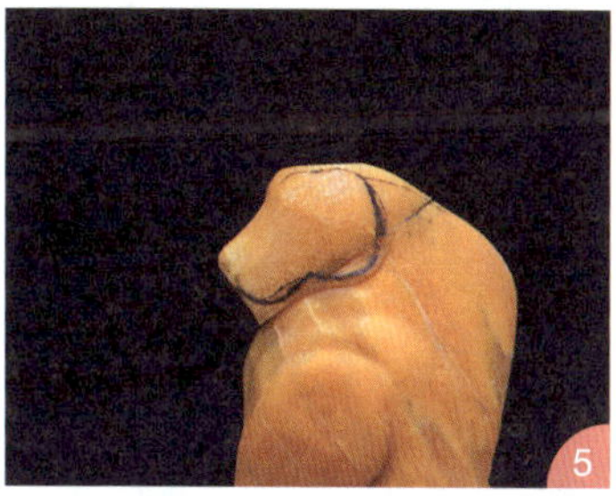

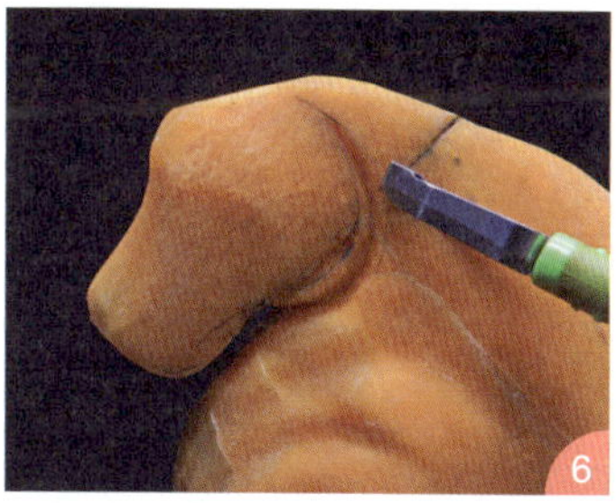

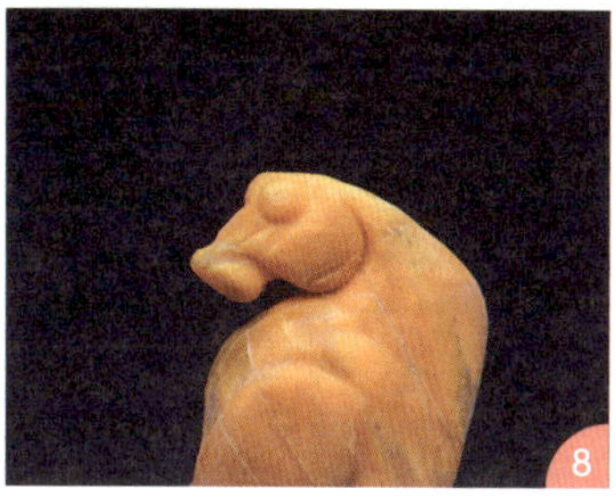

1　取多块原料拼接出牛的身体大形，并用水溶性铅笔画出身体轮廓。

2　根据画的身体轮廓，用主刀剔除废料。

3　用主刀结合拉线刀雕刻公牛前腿和后腿的大形。

4　用水溶性铅笔定出牛头的位置。

5　用主刀剔除头部废料，并将脸部两侧修窄。

6　用主刀结合拉线刀雕刻出公牛下颌。

7　用小号U形戳刀雕刻出牛的鼻子和眼眶。

8　用U形戳刀戳出嘴部与脸部的分界线，并用主刀修出眼包。

9　用主刀雕刻出公牛眼睛和嘴部，并用拉线刀拉出脸部肌肉。

10　雕刻出牛角和耳朵并粘接在牛头上。

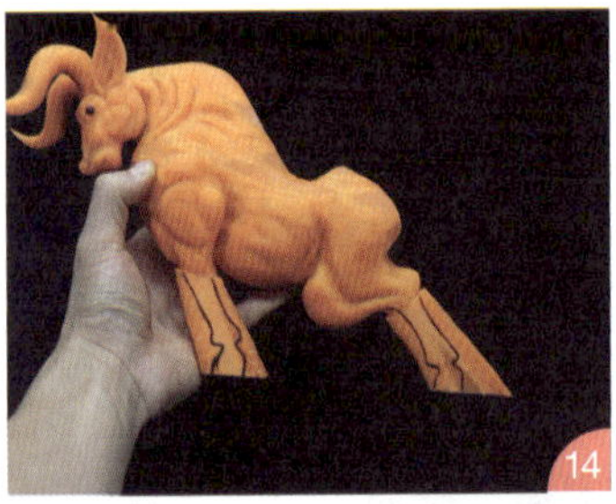
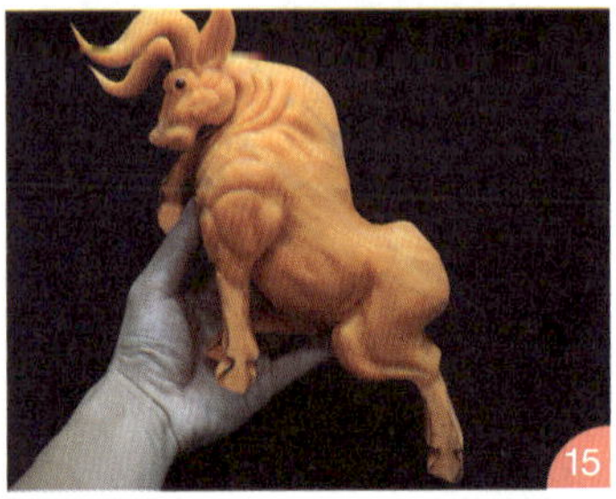

11 用拉线刀拉出脖子部位的线条纹路。

12 主刀结合拉线刀雕刻出前腿和后腿的肌肉。

13 取原料粘接出前腿和后腿的位置。

14 用水溶性铅笔画出小腿轮廓。

15 用主刀剔除废料呈现出公牛腿部大形。

16 雕刻出腿部细节，并粘接雕刻出的牛尾。

17 取一块萝卜原料雕刻出底座的轮廓。

18 取白萝卜和胡萝卜原料雕刻出八卦图案，并与底座进行组装。

19 将雕刻出的牛调整角度粘接在底座上。

雕刻的要领和注意事项

- 雕刻前要把握牛的形态结构和身体比例来进行原料的拼接。
- 牛的整体姿态优美雄壮，每个部位的结构比例协调。
- 在对牛的肌肉进行雕刻时可进行适当的夸张，更能凸显出牛的雄壮。

五、实用鱼虾类雕刻

鱼虾类的动物，栖居于地球上几乎所有的水生环境——从淡水的湖泊、河流到咸水的海洋。鱼虾类的动物终年生活在水中，也有少部分可以离开水短暂地生活。鱼虾是用鳃呼吸，用鳍辅助身体平衡与运动的动物。鱼虾类的动物大都生有适于游泳和适于水底生活的流线型体形。有些鱼类（如金鱼、热带鱼等）体态多姿、色彩艳丽，还具有较高的观赏价值。鱼虾类富含优质蛋白质和矿物质等，营养丰富、滋味鲜美，易被人体消化吸收，对人类体力和智力的发展具有重大作用，是重要的烹饪食材。

在中国，很多鱼类都以吉祥的内涵表现在传统文化上，比如利用“鱼”与“余”的谐音，来表达“连年有余”“吉庆有余”的祥瑞之兆。年画中也有很多以鱼为内容的。另外，鱼也是激流勇进、聪明灵活、美好富有、人丁兴旺等美好内涵的象征。人们还用鱼和水难以分开的关系来代表恋人、夫妻之间的爱情。其中，鲤鱼和金鱼特别受到大家的喜爱。

鱼虾类的雕刻作品小巧玲珑，趣味十足，雕刻方法相对简单，而烹饪中很多重点的主料就是一些鱼虾类原材料。因此，应用在这类菜点的装饰中效果非常好，往往能起到画龙点睛、锦上添花的作用。

在雕刻的过程中，要把每种鱼虾的基本特征和特点表现出来，不同鱼虾类的区别主要是整体形态的不同，头部的变化以及鱼鳍形状上的差异。而在具体的雕刻刀法和方法上基本上是一样的。

鱼类在姿态造型上主要有张嘴、闭嘴，摇头摆尾、弹跳等。虾类的比较简单，就是身体的自然弯曲，但是不能把虾身雕刻成卷曲状。对于鱼虾类，有些部位的雕刻也可以适当地变形和适度地夸张。如鱼尾、鱼鳍以及虾的颚足、步足等。

鱼类的基本结构：鱼的种类很多，在外形上差别很大，但是结构上的区别较小。鱼的身体可以分为鱼头、鱼身、鱼尾三部分。

鱼的头部主要有鱼嘴、鱼眼、鱼鳃、鼻孔，一部分鱼类在唇部还长有触须。鱼头所占身体的比例会因为鱼的种类不同而有所变化。鱼眼位于头部前方偏上的位置，不能闭合。鱼鳃是鱼的呼吸器官，鱼鼻孔很小，不易发现。鱼身部分主要有鱼鳞、鱼鳍等。鱼尾比较灵活，有的像燕尾形，有的像剪刀形等。

实训1 鲤鱼

主要原料

香芋、白萝卜、胡萝卜等。

雕刻工具

主刀、U形戳刀、V形戳刀、拉线刀等。

制作步骤

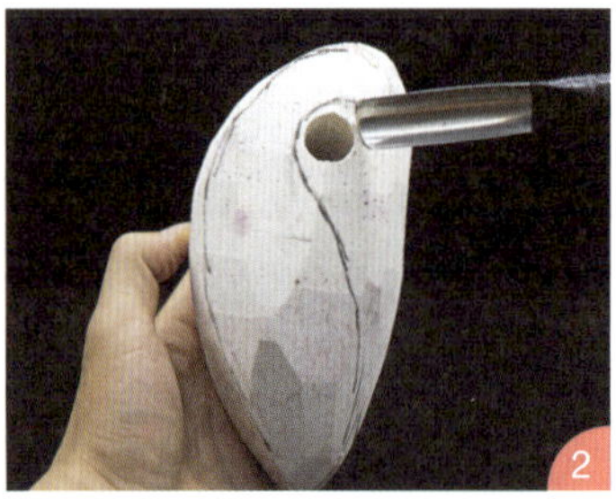

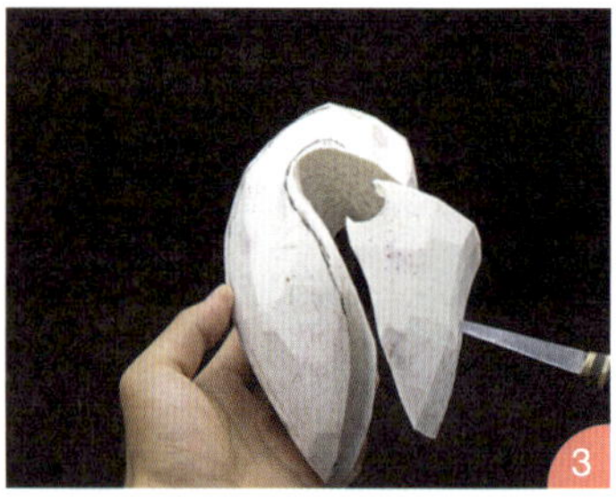

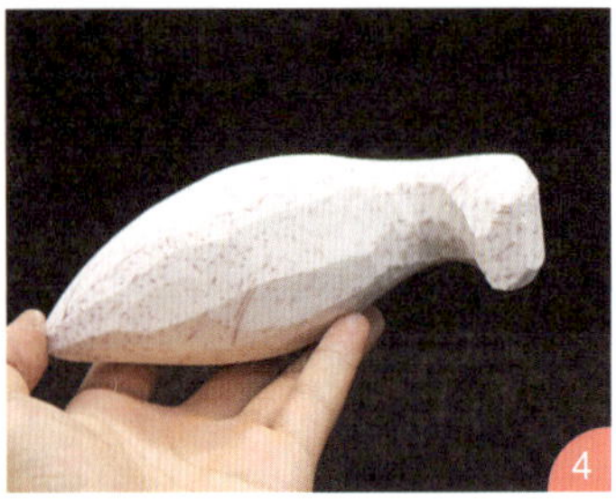

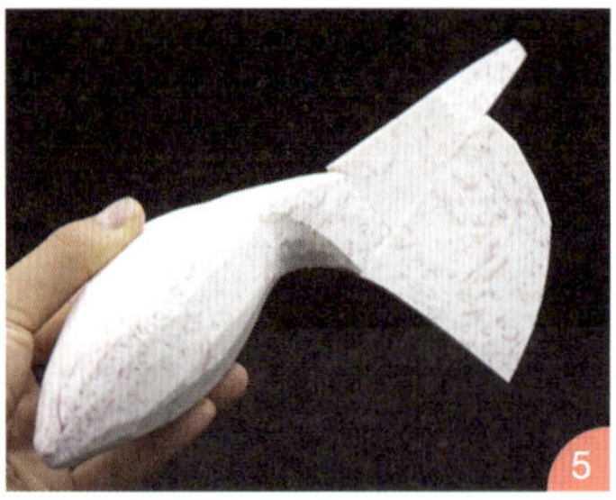

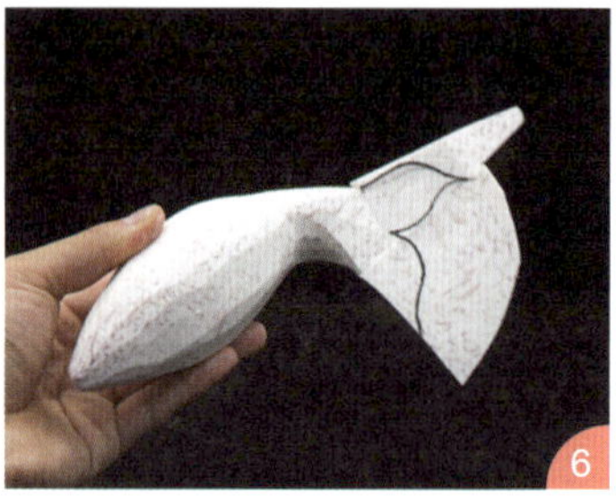

1 选一块香芋，用水溶性铅笔画出鲤鱼身体的轮廓。

2 用中号U形戳刀沿腰部线条戳出废料。

3 用主刀剔除废料呈现出腰部弧度。

4 用主刀将鲤鱼身体修整圆滑。

5 取原料粘接出鱼尾。

6 用水溶性铅笔画出鱼尾的基本轮廓。

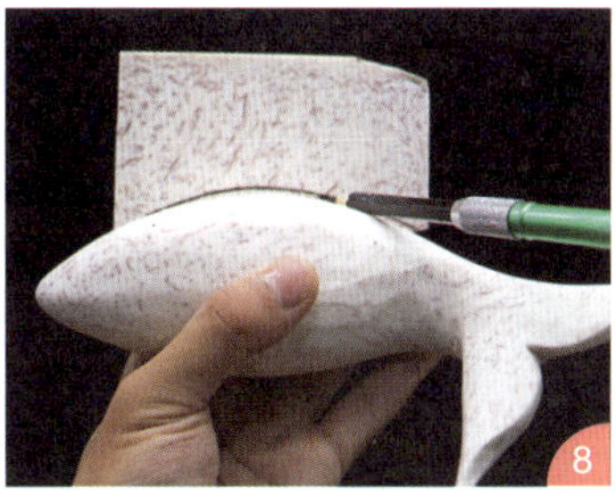

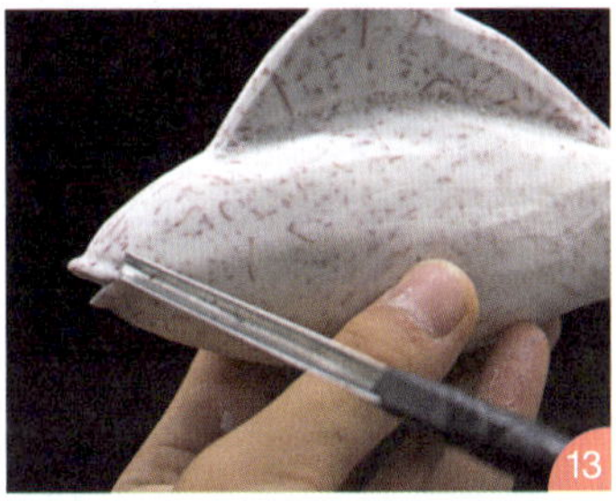

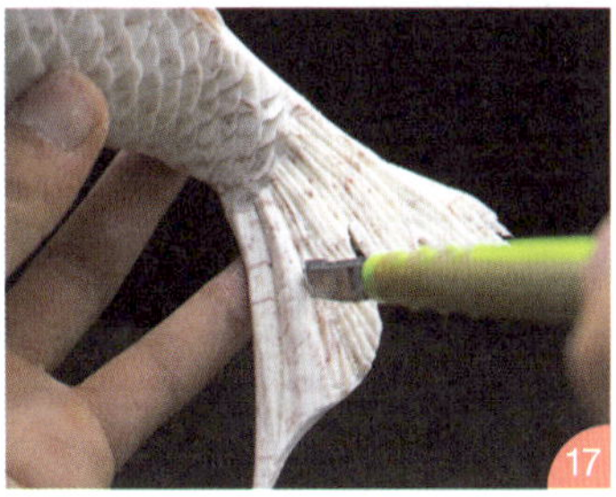

7　用主刀剔除废料呈现出鱼尾大形。

8　取一块长方形原料，用水溶性铅笔画出背鳍弧度。

9　粘接上鱼的背鳍。

10　用主刀剔除背鳍的废料。

11　用中号U形戳刀戳出背鳍与身体的分隔线。

12　用水溶性铅笔画出鱼嘴轮廓。

13　用主刀剔除废料呈现出鱼嘴，用小号U形戳刀戳出鱼的背鳍的弧度，并用主刀将原料修窄。

14　用主刀雕刻出鱼鳃。

15　用中号U形戳刀戳出鲤鱼肚皮。

16　用主刀雕刻出鱼鳞。

17　用拉线刀拉出鱼尾、鱼鳍细节线条。

18　雕刻出鱼的胸鳍和尾鳍，并进行组装。

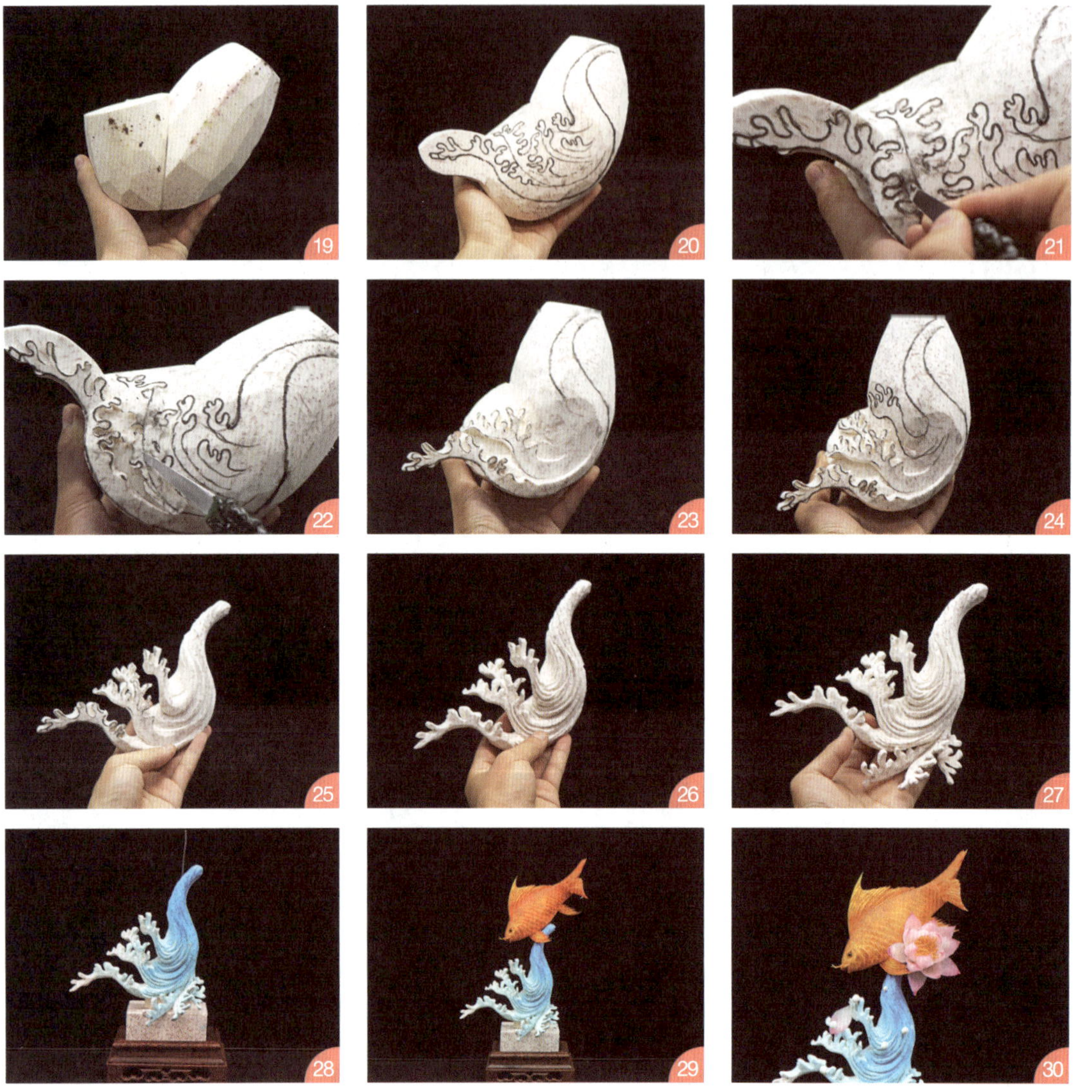

19 拼接出一块原料。

20 用水溶性铅笔画出水浪的大形。

21 用直刀法下刀定出水浪大形。

22 用主刀剔除废料。

23 用同样方法雕刻出第二个水浪。

24 再用水溶性铅笔画出第三个水浪基本轮廓。

25 雕刻出整个水浪的大形。

26 用拉线刀拉出每一个水浪的纹路。

27 组装上小型水浪。

28 将水浪上色并组装在底座上。

29 将鲤鱼调整好角度与水浪进行组装。

30 组装上雕刻出的荷花和小水滴进行点缀。

雕刻的要领和注意事项

- 雕刻刀法熟练，剔除废料干净利落，无明显刀痕。
- 鲤鱼的鳞片大小均匀一致，位置前后交错。
- 雕刻鱼鳞时应注意进刀与去废料的角度。
- 雕刻水浪时应注意是从大到小，由整体到局部。

实训2 金鱼

主要原料

香芋、南瓜、胡萝卜、心里美萝卜等。

雕刻工具

主刀、U形戳刀、拉线刀、掏刀等。

制作步骤

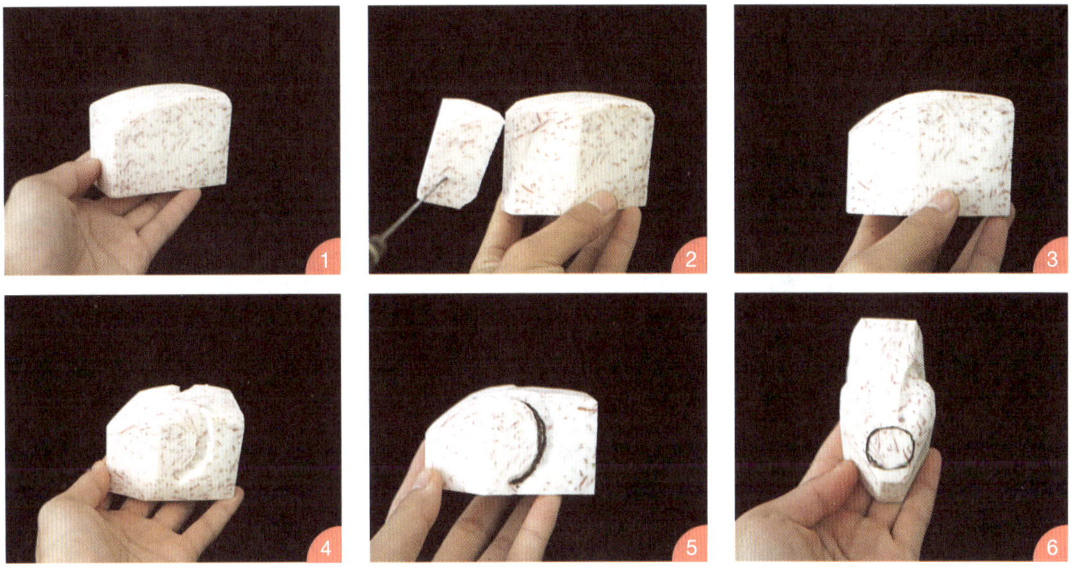

1 取一块大小适中的原料。

2 将原料一端两侧的废料剔除并将两侧修窄。

3 从上至下剔除废料，修出金鱼的头部。

4 用中号U形戳刀戳出金鱼的身体。

5 剔除多余废料，定出金鱼身体大形。

6 用水溶性铅笔画出鱼的额头轮廓。

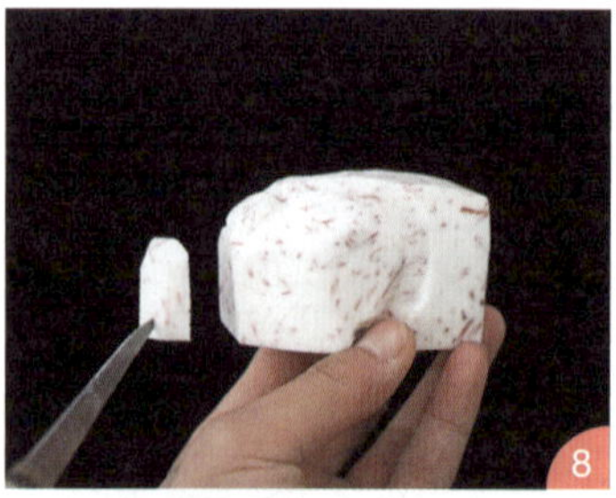

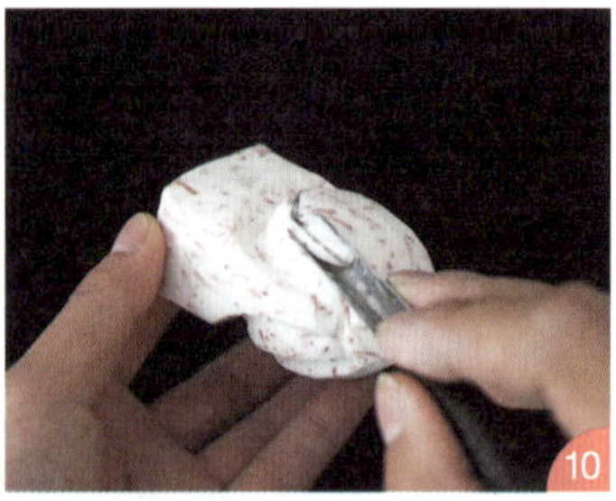

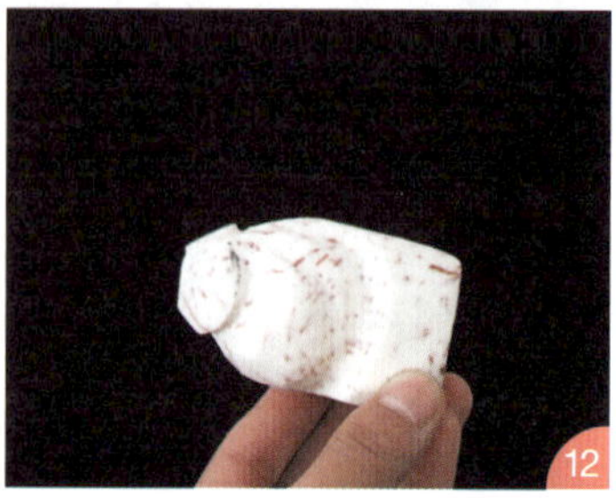

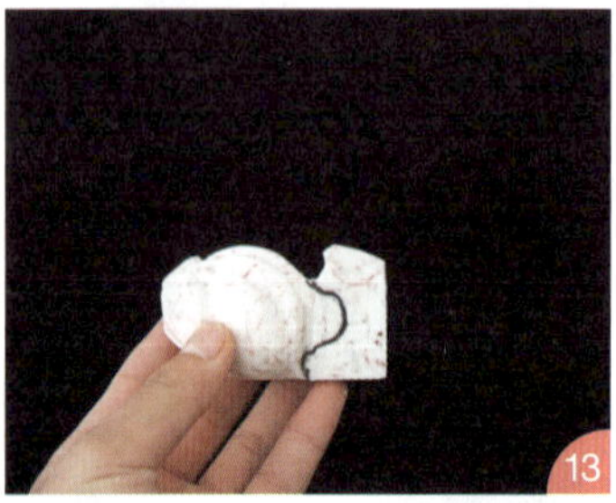

7 用小号U形戳刀戳出金鱼的额头。

8 将额头下方多余废料剔除，修出鱼嘴。

9 将鱼嘴下方多余废料剔除。

10 用中号U形戳刀戳出鱼背。

11 用水溶性铅笔画出鱼鳃轮廓。

12 用主刀剔除废料，呈现出鱼鳃基本轮廓。

13 用水溶性铅笔画出鱼的腰线，并剔除多余废料。

14 用水溶性铅笔定出鱼嘴宽度。

15 用小号U形戳刀戳除废料，呈现出鱼嘴宽度。

16 用水溶性铅笔画出鱼嘴形状。

17 用主刀雕刻鱼嘴细节。

18 取一块原料进行拼接，雕刻出鱼的背鳍。

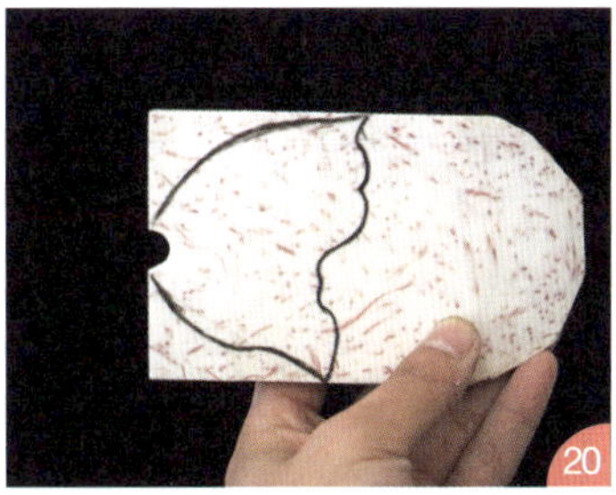

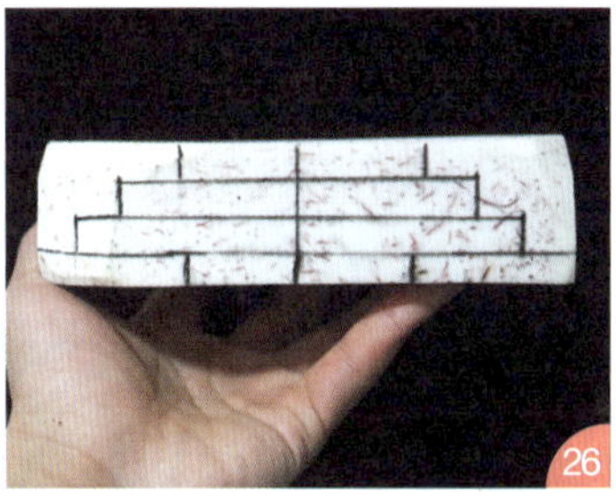

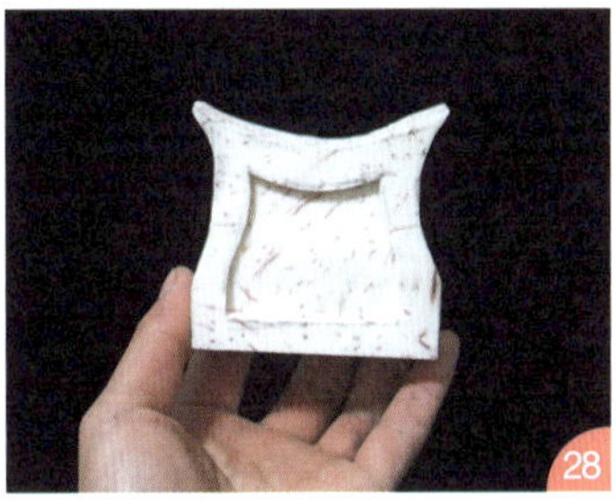

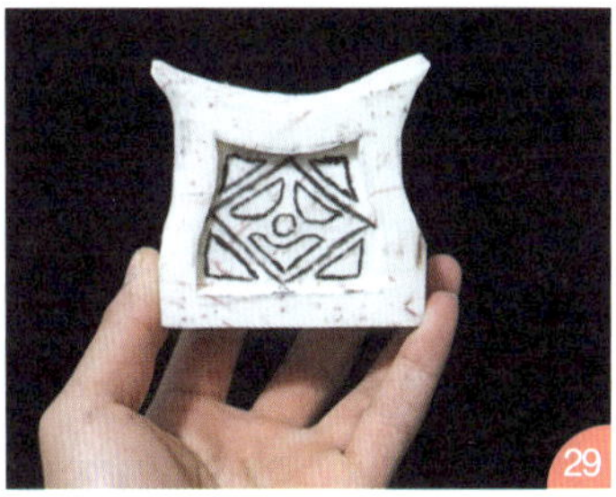

19 用主刀雕出金鱼的鳞片。

20 取一块原料画出鱼尾的基本轮廓。

21 用主刀剔除多余废料，呈现出鱼尾大形。

22 用中号U形戳刀戳出鱼尾的弧形纹理。

23 将鱼尾打磨光滑。

24 用拉线刀拉出鱼尾的纹理细节。

25 粘接出整条金鱼，并进行上色。

26 取一块原料画出底座的大形。

27 剔除废料，呈现出底座层次。

28 雕刻出底座的另一部分。

29 用水溶性铅笔描绘出底座中间图案。

30 沿线条剔除底座废料。

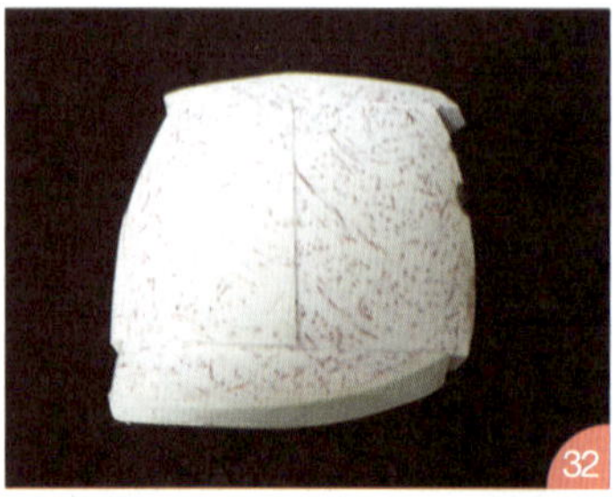

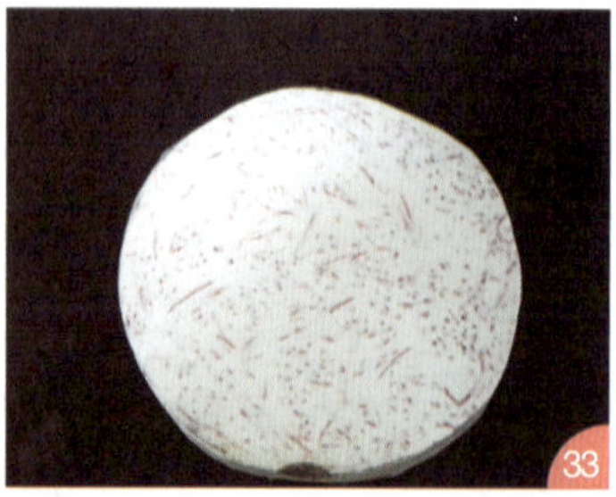

31 粘接出底座下层。

32 取多块原料进行拼接。

33 用圆规在拼接原料表面画出一个圆形，沿线条剔除多余废料。

34 剔除圆形中间多余原料。

35 粘接出完整底座。

36 将雕刻出的水草、荷花、荷叶进行组装。

37 将金鱼调整角度进行组装，呈现完整作品。

雕刻的要领和注意事项

- 金鱼整体形象生动逼真。
- 注意身体和尾巴的比例协调。
- 金鱼眼睛位置准确，呈圆球形突出。
- 金鱼的尾巴纹理要凸显层次感。
- 注意金鱼的肚子要光滑圆润，显得大而鼓。
- 雕刻好的金鱼要有灵动飘逸的感觉。

实训3　金龙鱼

主要原料

胡萝卜、青萝卜、心里美萝卜、白萝卜、南瓜等。

雕刻工具

主刀、U形戳刀、V形戳刀、圆形掏刀、拉线刀等。

制作步骤

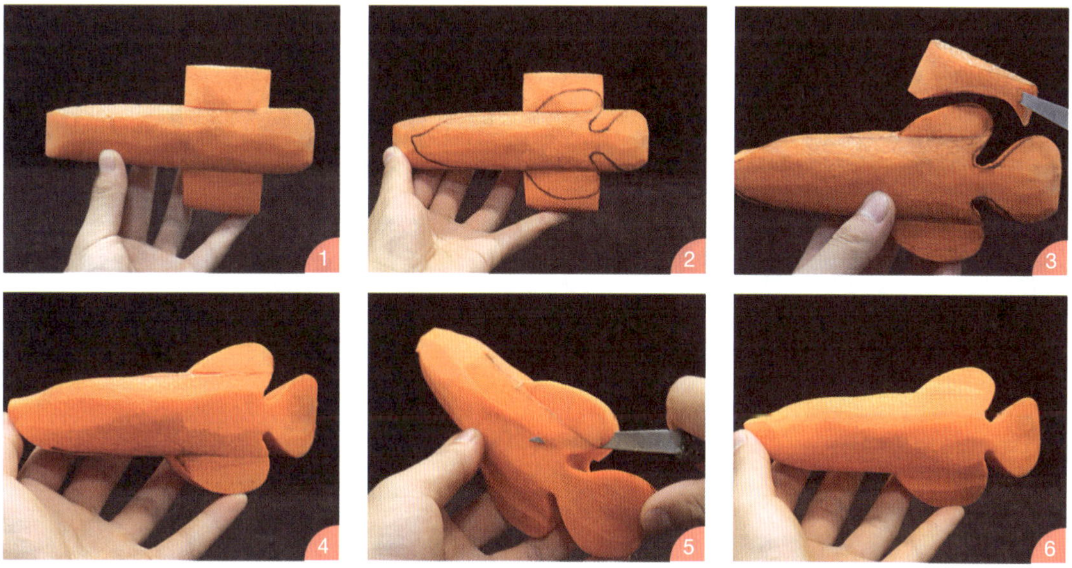

1　选三块胡萝卜粘接出金龙鱼身体初坯。

2　用水溶性铅笔画出金龙鱼的基本轮廓。

3　用主刀剔除废料，呈现出金龙鱼的身体形状。

4　用主刀修整出金龙鱼身体摆动的弧度。

5　用主刀将金龙鱼背鳍进一步修窄。

6　将金龙鱼身体修整圆滑。

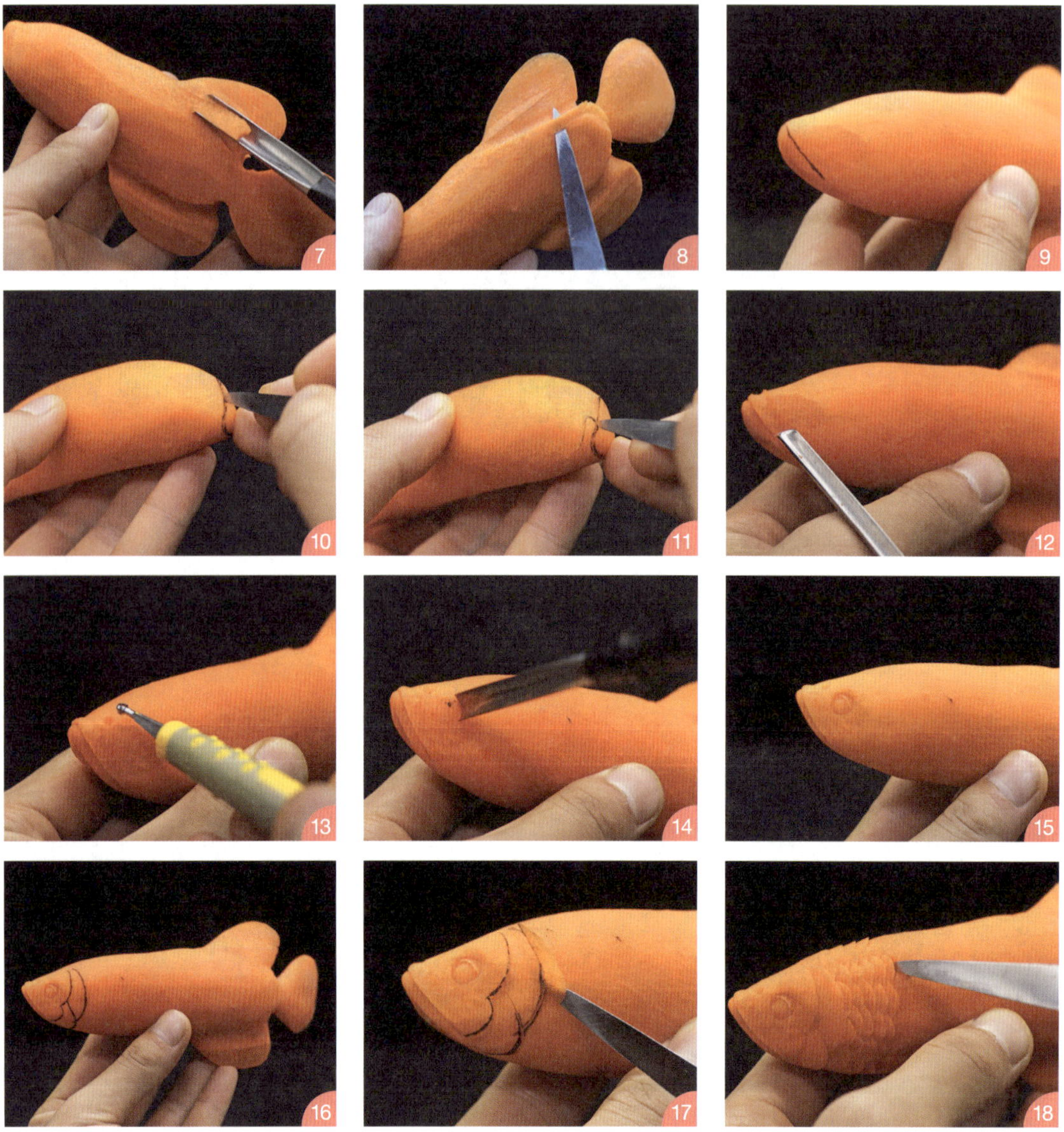

7 用中号U形戳刀戳出金龙鱼背鳍与身体连接的分隔线。

8 用主刀将棱角多余的原料修整圆滑。

9 将金龙鱼整体打磨光滑，并用水溶性铅笔画出鱼嘴的位置。

10 以直刀法定出鱼嘴位置。

11 用主刀以斜刀法剔除废料，开出鱼嘴。

12 用小号U形戳刀戳出鱼嘴唇的弧度。

13 用小号圆形掏刀掏出鱼的鼻孔。

14 用小号U形戳刀定出眼睛位置。

15 用主刀雕刻出金龙鱼的眼睛。

16 用水溶性铅笔画出鱼鳃的轮廓。

17 用主刀剔除废料，呈现出鱼鳃。

18 用主刀依次雕刻出鱼鳞。

19 运用同样的方式雕刻出全部鳞片。

20 用拉线刀拉出金龙鱼背鳍、尾鳍的纹路。

21 取青萝卜原料，用水溶性铅笔画出水浪的大形，并用主刀剔出。

22 取一段青萝卜，用主刀剔除3块废料，呈现出叶子的大形。

23 用小号V形戳刀戳出叶子的叶脉。

24 用主刀将叶子棱角部位修圆。

25 用水溶性铅笔画出叶子的基本轮廓。

26 用主刀剔除叶子边缘废料。

27 雕刻出整片叶子。

28 用青萝卜粘接出一整块原料。

29 用圆规画出一个大小合适的圆。

30 用主刀剔除废料，呈现出圆形。

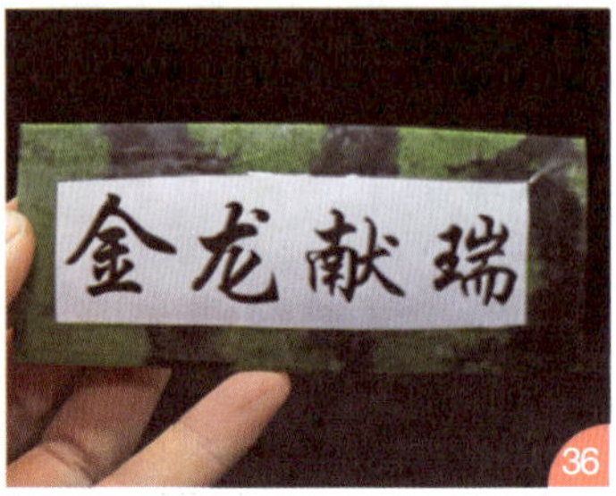

31 用水溶性铅笔画出铜钱的轮廓。

32 用主刀剔除废料，呈现出来铜钱大形。

33 将铜钱与底座进行组装。

34 把雕刻好的水浪调整好角度组装起来。

35 将牡丹花调整角度进行组装。

36 把打印出的字体粘在西瓜表皮上并进行雕刻。

37 雕刻出的字体与铜钱进行组装。

38 将雕刻出的金龙鱼调整角度与铜钱进行组装。

雕刻的要领和注意事项

- 金龙鱼整体形象生动逼真，各部位比例协调。
- 雕刻刀法熟练，取废料干净利落，无明显刀痕。
- 雕刻鱼鳞时，鳞片大小均匀一致，位置前后交错。
- 雕刻鱼鳞时一般是从头至尾，从背往肚进行雕刻。

实训4 孔雀鱼

主要原料

香芋、胡萝卜、南瓜、红薯等。

雕刻工具

主刀、U形戳刀、掏刀、拉线刀等。

制作步骤

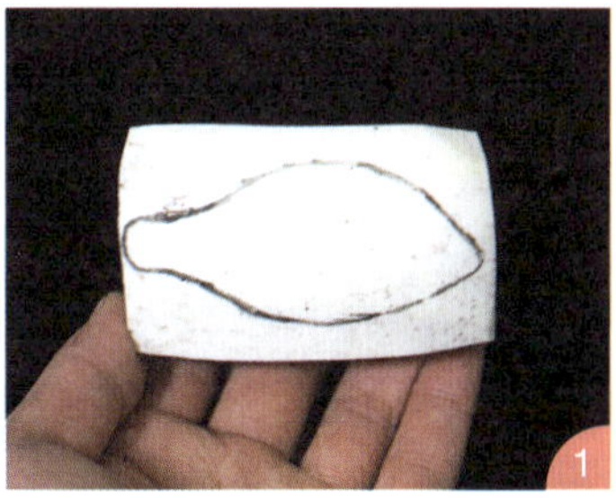

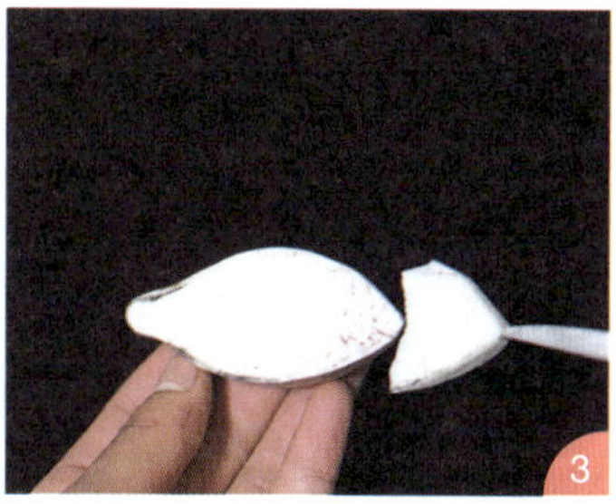

1 取一块原料画出孔雀鱼的轮廓。
2 剔除废料，呈现出孔雀鱼身体大形。
3 用主刀将头部两侧修窄。
4 取一块原料拼接出孔雀鱼的背鳍。
5 用水溶性铅笔画出背鳍的轮廓。
6 沿轮廓线条剔除废料，雕刻出背鳍，并用中号U形戳刀戳出孔雀鱼背部。

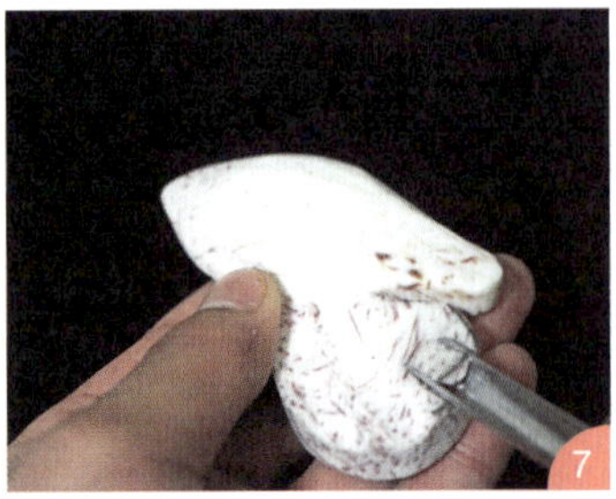

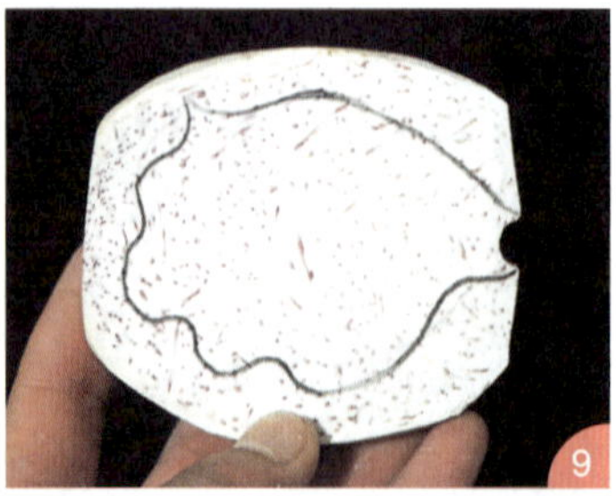

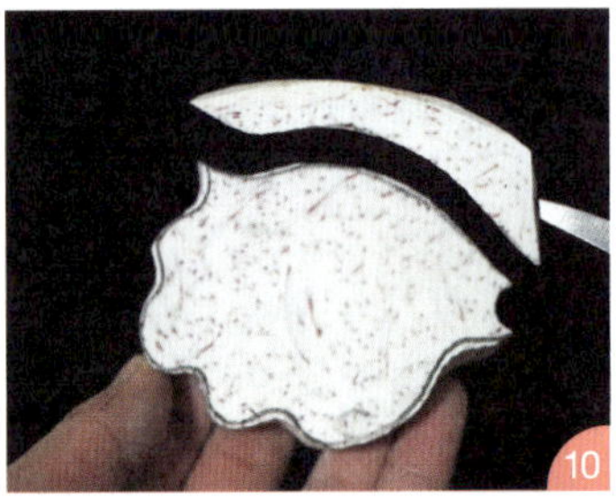

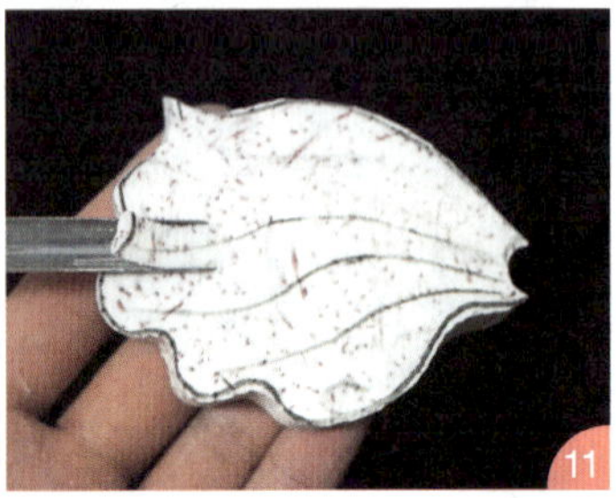

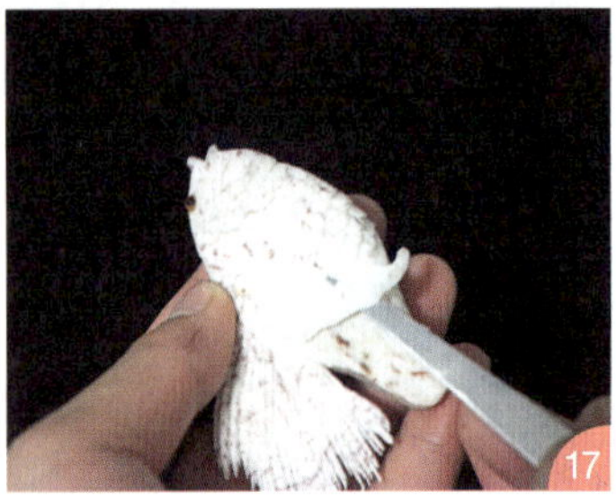

7 用中号U形戳刀戳出孔雀鱼背鳍的弧形凹槽。

8 用拉线刀拉出背鳍的纹理，并用主刀剔除废料。

9 取一块原料，画出孔雀鱼尾部的形状。

10 用主刀剔除废料，呈现出孔雀鱼尾部大形。

11 用水溶性铅笔勾画出鱼尾的走向，并用U形戳刀戳出鱼尾的弧形线条。

12 将孔雀鱼的尾部打磨光滑。

13 用拉线刀拉出鱼尾的细节纹理。

14 剔除废料，取下鱼尾。

15 用主刀剔除废料，呈现出鱼嘴。

16 用主刀雕刻出鱼鳃。

17 用主刀依次雕刻出鱼鳞。

18 粘接雕刻出的鱼尾和胸鳍，呈现出整条孔雀鱼。

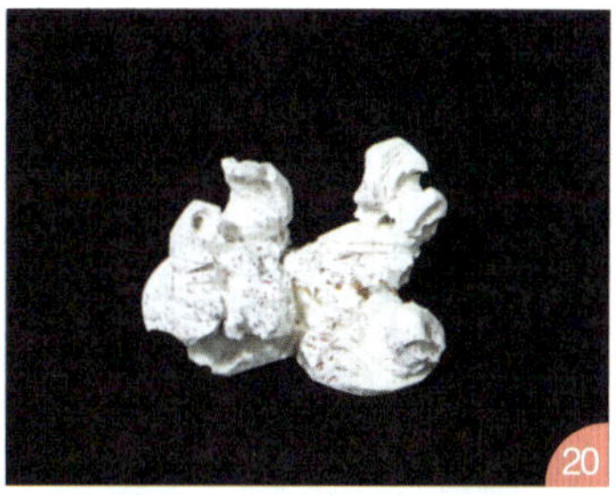

19 取部分原料拼接出假山的大形。

20 雕刻出假山的细节纹路。

21 取一块原料用拉线刀拉出水草的形状，并取下水草。

22 将水草组装在假山上。

23 将孔雀鱼调整好角度与假山进行组装并粘接小草。

雕刻的要领和注意事项

- 注意孔雀鱼整体结构协调和尾巴重点突出。
- 在雕刻背鳍和鱼尾时应注意凸显弧度，使孔雀鱼整体飘逸灵动。
- 雕刻鱼鳞时要大小一致，重叠有序。
- 雕刻孔雀鱼尾部时要使用拉线刀拉出尾部细节线条。

实训5　神仙鱼

主要原料

南瓜、白萝卜、胡萝卜。

雕刻工具

主刀、U形戳刀、掏刀、拉线刀等。

制作步骤

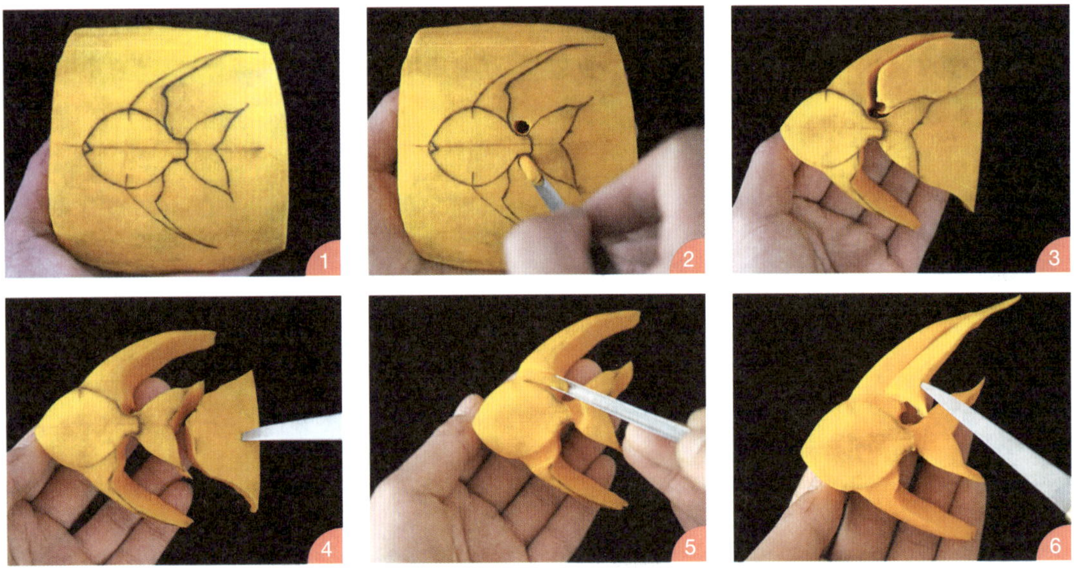

1　取一块南瓜用水溶性铅笔描画出神仙鱼的基本轮廓。

2　用小号U形戳刀在鱼尾和鱼身交会处取下圆孔废料。

3　雕刻出神仙鱼的背鳍、臀鳍大形。

4　剔除废料，呈现出鱼尾大形。

5　用小号U形戳刀戳除鱼身、背鳍和腹鳍的多余废料。

6　用主刀修整细节，凸显层次感。

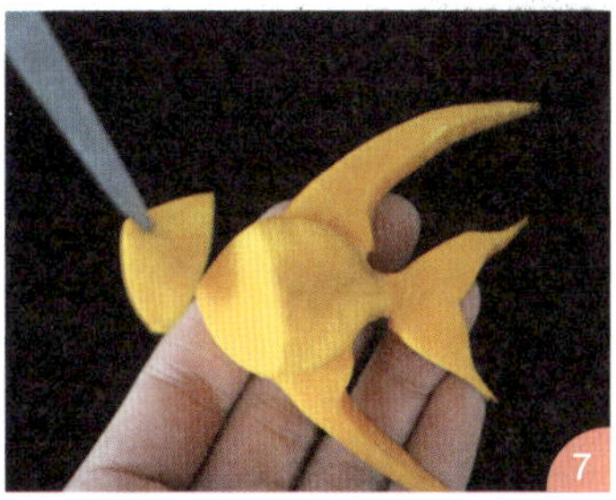

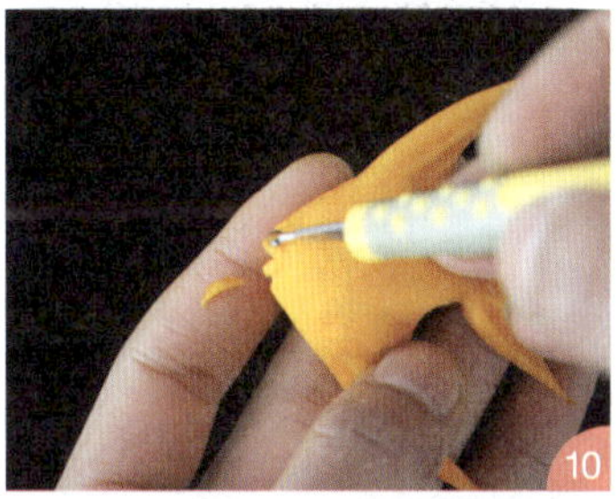

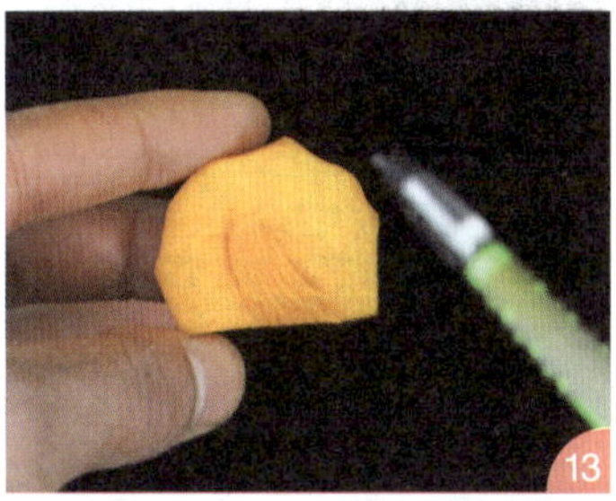

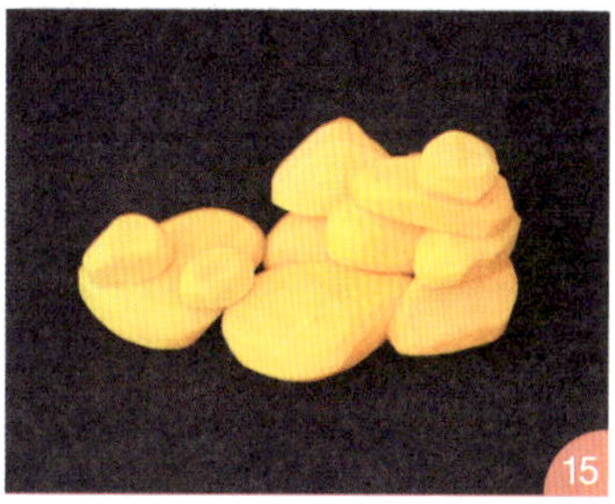

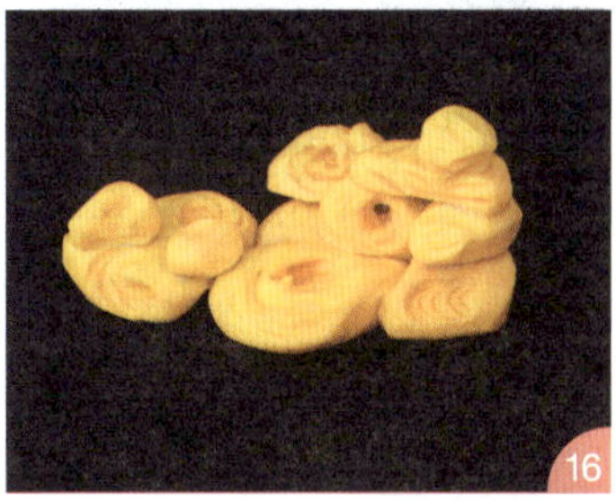

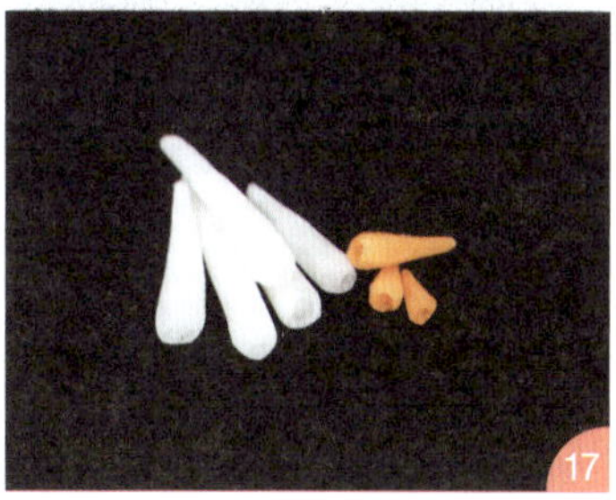

7　将鱼头两侧修窄。

8　用主刀将神仙鱼身体修整圆润。

9　用主刀雕刻出鱼嘴大形。

10　用掏刀掏出神仙鱼的嘴角线。

11　用主刀剔出鱼鳃和眼睛轮廓。

12　用拉线刀拉出神仙鱼背鳍、尾鳍、臀鳍条纹。

13　取一块原料雕刻出胸鳍。

14　将雕刻出的胸鳍组装在鱼鳃下部。

15　用废料拼出假山的大形。

16　运用掏刀、拉线刀雕刻出假山的纹理细节。

17　取白萝卜和胡萝卜雕刻出珊瑚条。

18　将雕刻出的水草和珊瑚与假山进行组装。

19　将神仙鱼调整角度粘接在珊瑚上呈现作品。

雕刻的要领和注意事项

- 神仙鱼姿态优美，各部位结构比例协调，自然美观。
- 雕刻前，可运用手绘方法先画出神仙鱼的整体形象。
- 雕刻鱼嘴应注意，神仙鱼嘴部整体结构。

六、其他类食品雕刻

实训1　草莓

主要原料

香芋、青萝卜等。

雕刻工具

主刀、圆形掏刀、拉线刀等。

制作步骤

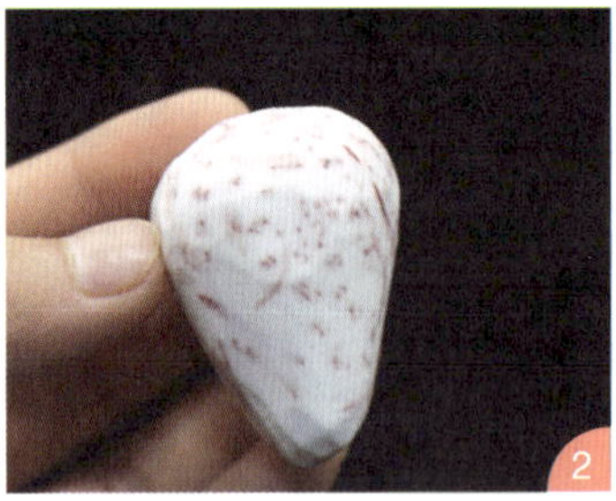

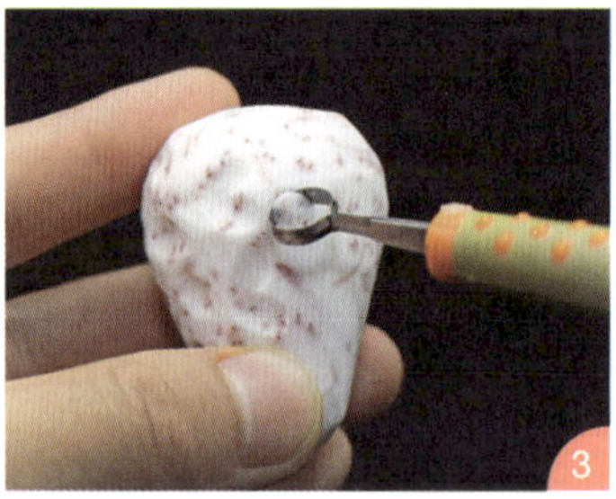

1　取一块大小适中的方形香芋原料。

2　剔除废料呈现出草莓大形。

3　用中号圆形掏刀掏除废料，呈现出草莓表面凹凸感，并将棱角打磨光滑。

4　用小号掏刀掏出草莓表面的凹陷。

5　将草莓凹陷处用砂纸打磨光滑。

6　用拉线刀在青萝卜表面拉出叶脉，并用主刀剔除两侧废料，突出叶脉纹路。

7　用水溶性铅笔画出叶子的大形。

8　再用拉线刀拉出叶子的细节。

9　用主刀剔出叶子，并将叶子边缘修薄。

10　用主刀在青萝卜表面雕刻出草莓的萼片。

11　用水溶性铅笔在青萝卜表面画出草莓新茎轮廓。

12　用主刀雕刻出草莓新茎。

13　使用喷枪将草莓上色。

14　取香芋雕刻出草莓的支架。

15　将雕刻好的草莓组装在支架上。

16　将草莓组装上叶片，呈现出完整作品。

雕刻的要领和注意事项

- 草莓整体造型自然美观，色彩鲜艳。
- 草莓的大小比例合适。
- 注意雕刻草莓表面的小凹凸时下刀不要太深，注意运刀时的角度。

实训2 葡萄

主要原料

白萝卜、南瓜、青萝卜等。

主要工具

主刀、圆形掏刀、V形戳刀、拉线刀。

制作步骤

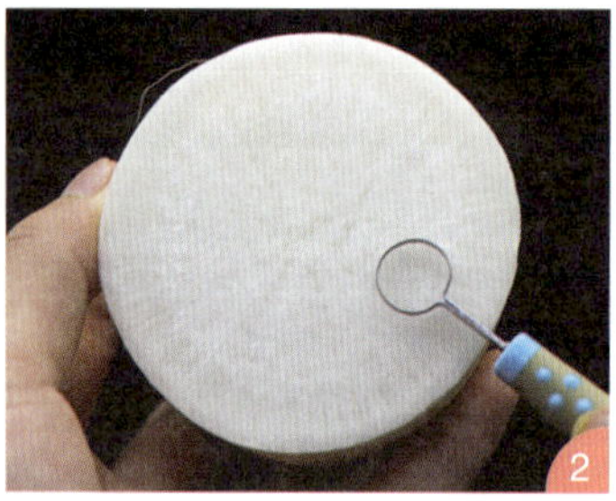

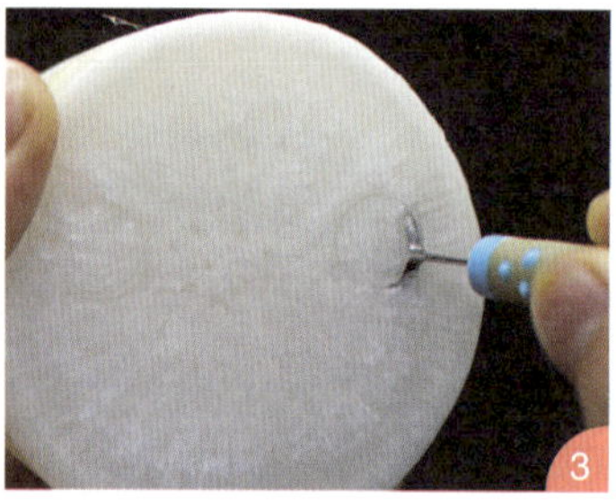

1 取一段大小适中的白萝卜。

2 将圆形中号掏刀口平放于白萝卜表面。

3 将圆形掏刀压入原料。

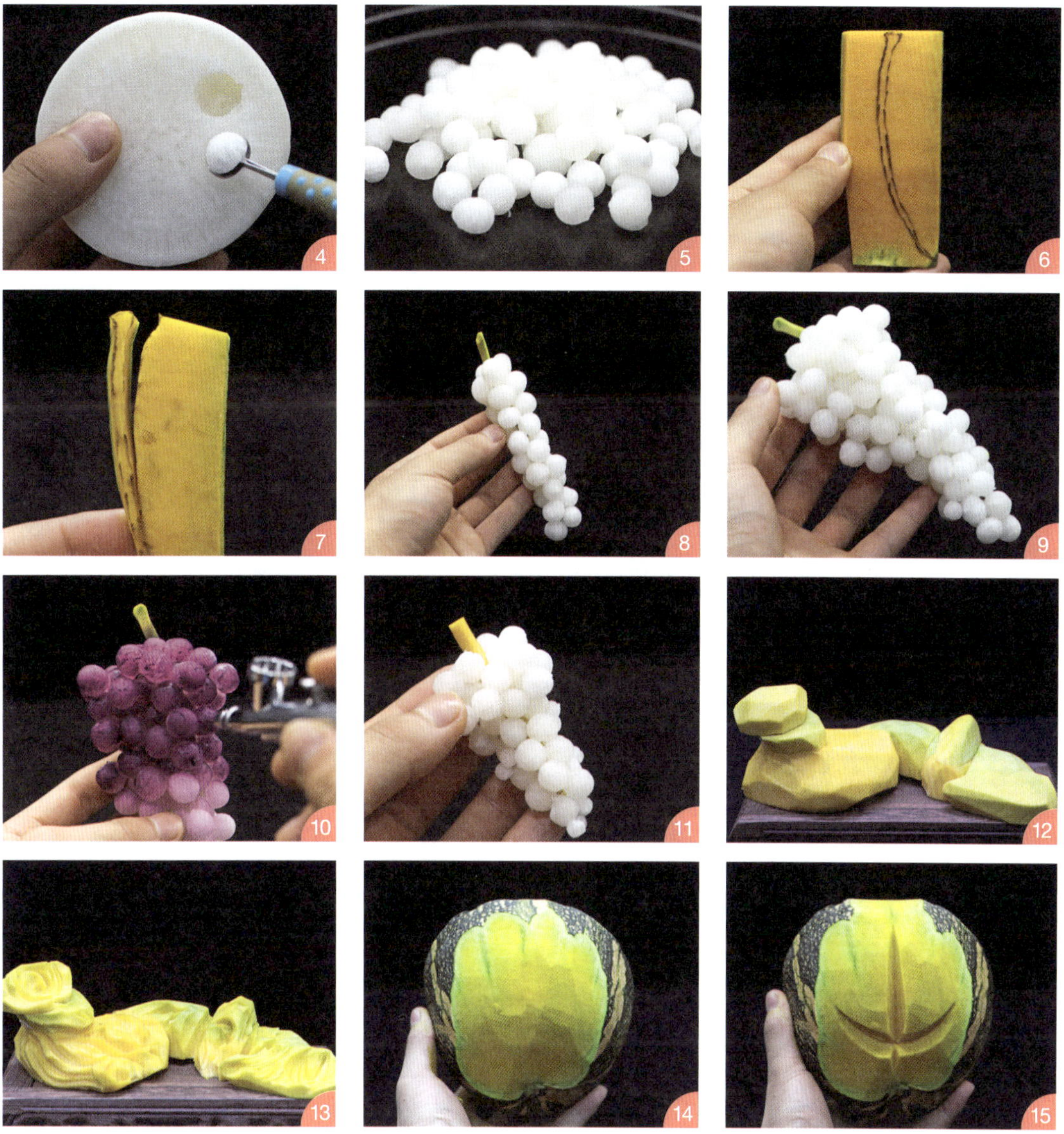

4　使用圆形掏刀旋转一圈取出圆球。

5　用同样方法掏出若干圆球。

6　取一块南瓜画出葡萄枝干轮廓。

7　用主刀雕刻出枝干。

8　将掏出的小圆球粘接在枝干上。

9　继续粘接，呈现出整串葡萄。

10　将葡萄串使用上色机进行上色。

11　用同样方法雕刻出另一串葡萄。

12　取多块南瓜拼接出底座的大形。

13　用主刀、圆形掏刀和拉线刀雕刻出底座的细节。

14　取一块弧形南瓜去除表皮。

15　用大号V形戳刀定出葡萄藤叶的大形。

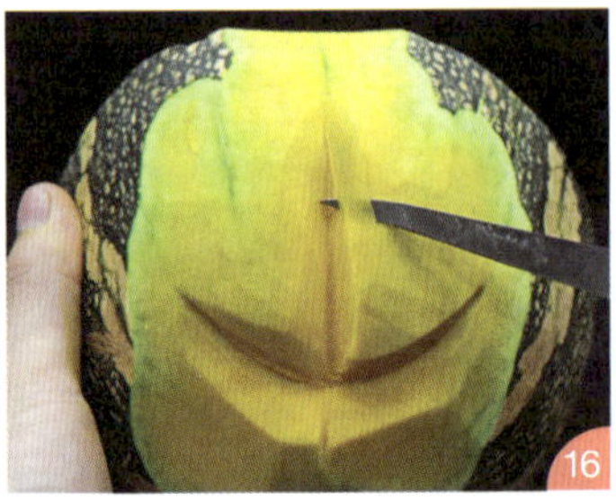

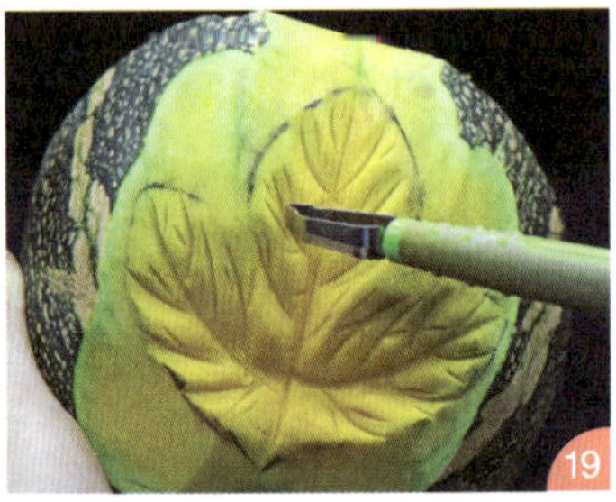

16 用主刀将藤叶棱角修整圆滑。

17 将棱角打磨光滑并用水溶性铅笔勾画出藤叶边缘轮廓。

18 用中号圆形掏刀掏出藤叶的弧形凹槽。

19 用拉线刀拉出叶脉的细节。

20 用主刀雕刻出叶子。

21 将葡萄调整好角度组装在树枝上。

22 组装上葡萄叶，呈现完整作品。

雕刻的要领和注意事项

- 葡萄整体结构层次分明，造型自然美观。
- 雕刻葡萄时注意掏刀的使用，注意下刀的角度与深度。
- 葡萄粒的大小比例均匀一致。

实训3　杨桃

主要原料

青萝卜等。

雕刻工具

主刀、V形戳刀、U形戳刀等。

制作步骤

1　取一段青萝卜用水溶性铅笔分成五等份。

2　用中号V形戳刀沿圆面标线竖直运刀。

3　戳除多余废料。

4　用主刀将凹槽两侧修薄，突出中部高度。

5　用圆形掏刀在原料底部掏除圆形废料。

6　用V形戳刀进一步剔除废料。

7 用中号U形戳刀沿凸起左侧戳除废料。

8 用中号U形戳刀沿凸起右侧戳除废料，呈现出杨桃棱角。

9 呈现出杨桃大形。

10 将雕刻出的杨桃打磨光滑。

11 在青萝卜表面用V形戳刀戳出叶片的叶脉。

12 用水溶性铅笔画出叶片的轮廓。

13 用拉线刀拉出叶片的细小叶脉，并用主刀剔出叶片。

14 将雕刻出的杨桃调整角度并进行组装。

雕刻的要领和注意事项

- 杨桃整体形态自然美观，色彩鲜艳。
- 运用V形戳刀戳凹槽时，注意戳除废料均匀一致。
- U形戳刀型号要求大小适中。

实训4 蘑菇

主要原料

香芋、青萝卜、胡萝卜等。

雕刻工具

主刀、圆形掏刀、拉线刀等。

制作步骤

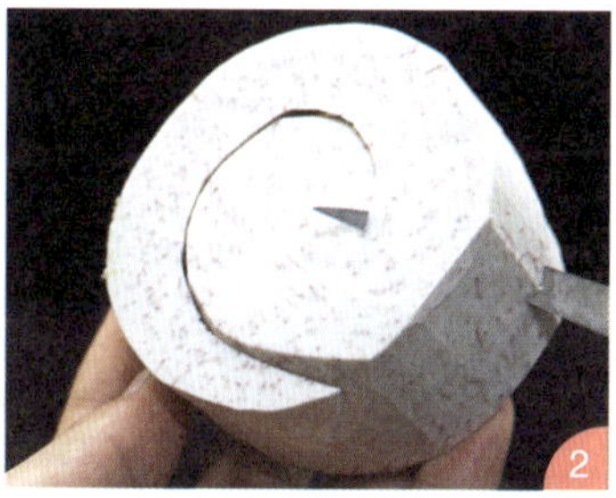
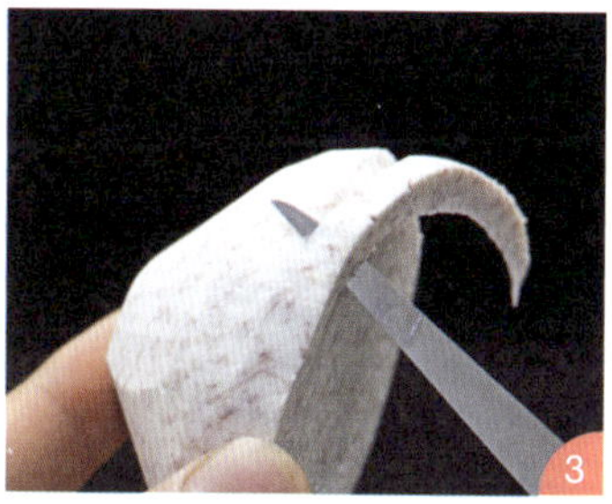

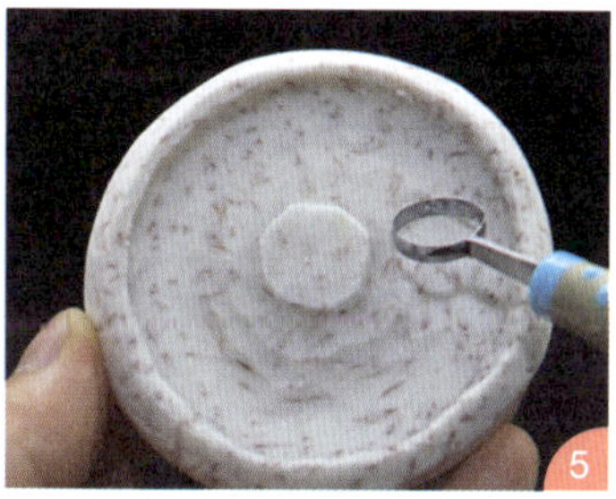

1 选取一块大小合适的原料。
2 用主刀以斜刀法雕刻出菌盖的大形。
3 用主刀剔除菌盖边缘的废料。
4 将菌盖修整光滑。
5 用圆形掏刀掏除菌盖内侧的废料。
6 用拉线刀拉出菌盖内侧的菌褶纹路。

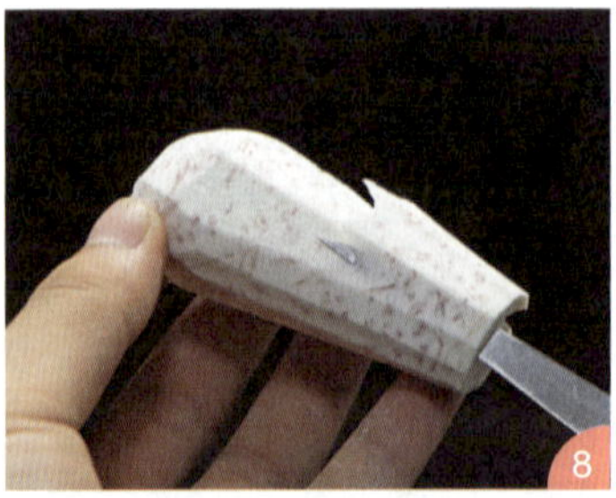

7 选一块大小适中的长方体原料。

8 用主刀修出菌柄的大形。

9 将雕刻好的菌盖和菌柄进行组装。

10 使用青萝卜原料雕刻出简易石头底座。

11 运用同样方法雕刻出其余两朵蘑菇，并将蘑菇调整好角度组装在底座上。

12 使用主刀在萝卜皮表面雕刻出小草进行点缀。

13 将蘑菇进行上色，呈现完整作品。

雕刻的要领和注意事项

- 蘑菇整体造型自然美观，色彩鲜艳。
- 使用圆形掏刀掏除蘑菇内侧废料时，要控制好下刀的深度及角度。
- 注意菌盖和菌柄的整体大小比例。

实训5　丝瓜

主要原料

香芋、青萝卜、南瓜、胡萝卜等。

雕刻工具

主刀、V形木刻戳刀、拉线刀、圆形掏刀等。

制作步骤

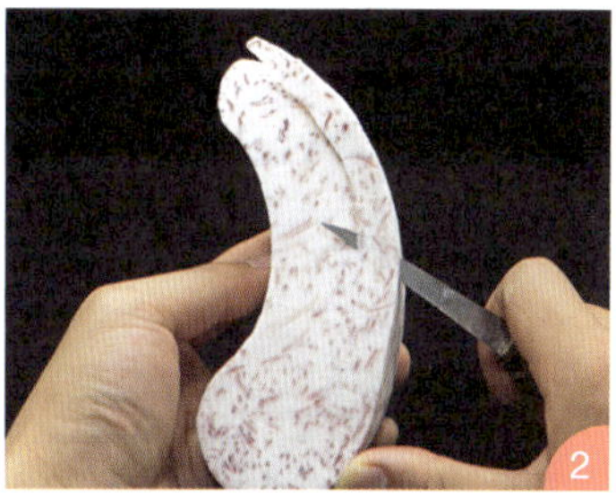
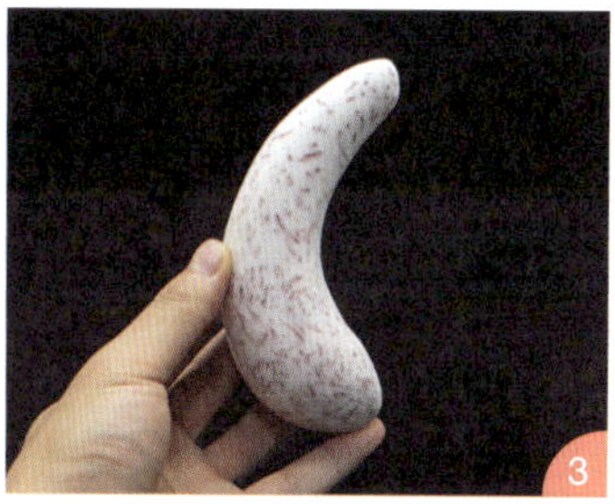
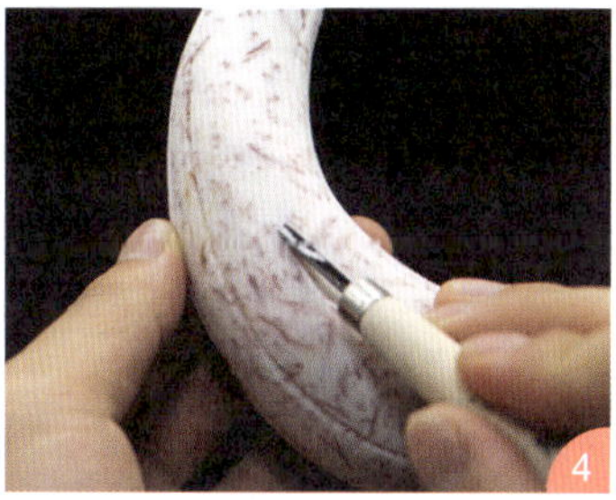

1　取一块香芋，用水溶性铅笔画出丝瓜的轮廓。
2　用主刀沿轮廓线条剔除多余废料。
3　用主刀将丝瓜修整圆润并打磨光滑。
4　用V形木刻戳刀戳出丝瓜表皮的纹路。
5　将丝瓜进行上色。
6　用同样方法雕刻出另一个丝瓜。

7 取一块青萝卜用水溶性铅笔画出丝瓜藤，并用主刀剔出。

8 用南瓜切条粘接出栅栏，并用拉线刀拉出细节纹路。

9 将丝瓜调整角度与底座进行组装。

10 粘接上用U形戳刀戳出来的花瓣和丝瓜藤。

11 组装上蘑菇和小草进行点缀。

雕刻的要领和注意事项

- 丝瓜整体结构完整，形态自然美观。
- 注意丝瓜头部略细，尾部稍粗。
- 使用主刀剔除丝瓜废料时，干净利落无明显刀痕。

实训6　玉米

主要原料

胡萝卜、青萝卜等。

雕刻工具

主刀、U形戳刀、拉线刀等。

制作步骤

1

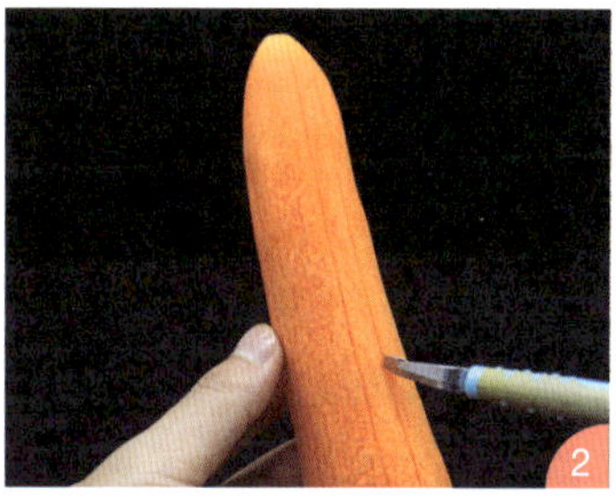
2

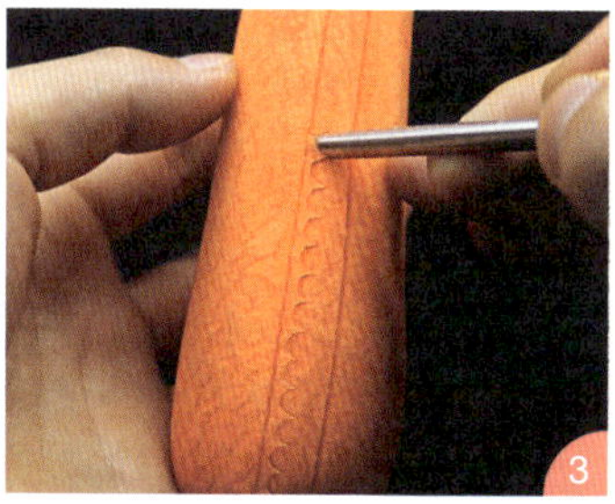
3

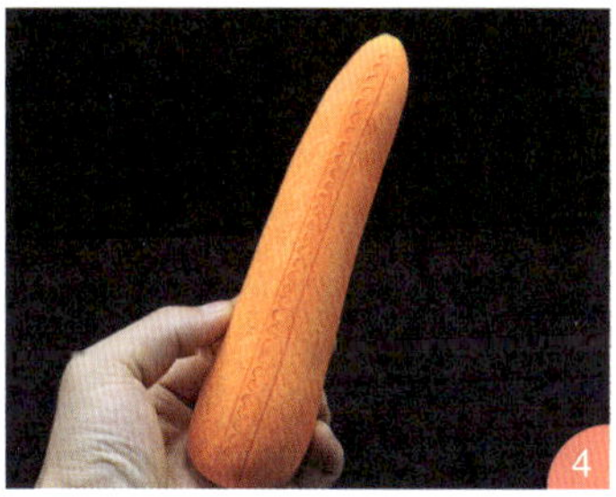
4

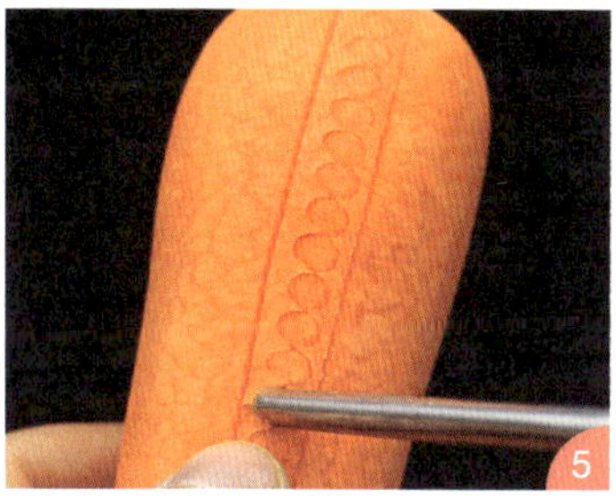
5

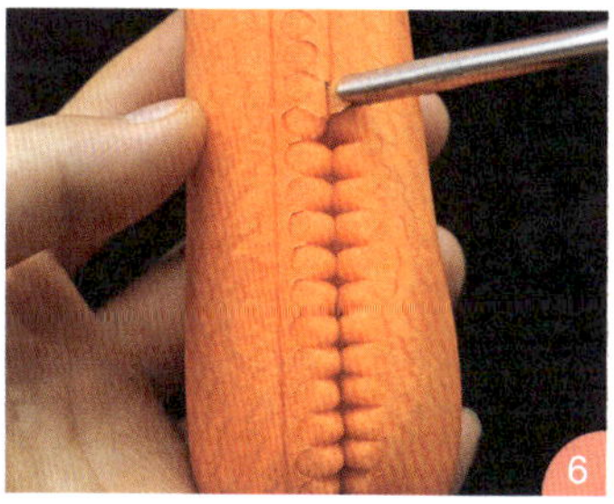
6

1 取一根粗细均匀的胡萝卜，去皮后打磨光滑。

2 用拉线刀定出玉米粒的宽度。

3 用小号U形戳刀戳出玉米粒左侧轮廓。

4 戳出整列玉米粒左侧大形，接近头部时玉米粒逐渐变小。

5 再用小号U形戳刀戳出相邻玉米粒右侧轮廓。

6 戳除中间废料。

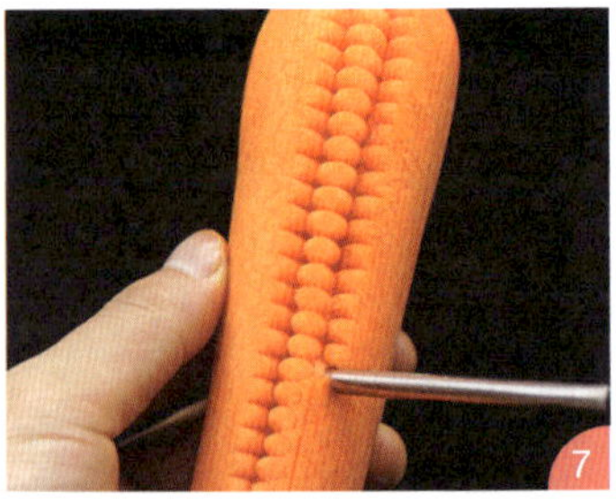

7 运用同样方法戳出玉米粒大形，戳除废料呈现出整列玉米粒。

8 运用同样方法戳出剩余的玉米粒。

9 呈现出玉米整体造型。

10 将胡萝卜切片雕刻出玉米叶的大形，并用拉线刀拉出线条纹路。雕刻好后组装在玉米表面并做出玉米须。

11 组装上石头和小草进行装饰点缀。

雕刻的要领和注意事项

- 玉米整体形态自然美观，色彩鲜艳。
- 雕刻时注意下刀角度准确一致，取料干净利落。
- 玉米粒整体排布均匀一致，顶部偏小。

实训7　葫芦

主要原料

胡萝卜、青萝卜、香芋、南瓜。

主要工具

主刀、V形戳刀、U形戳刀等。

制作步骤

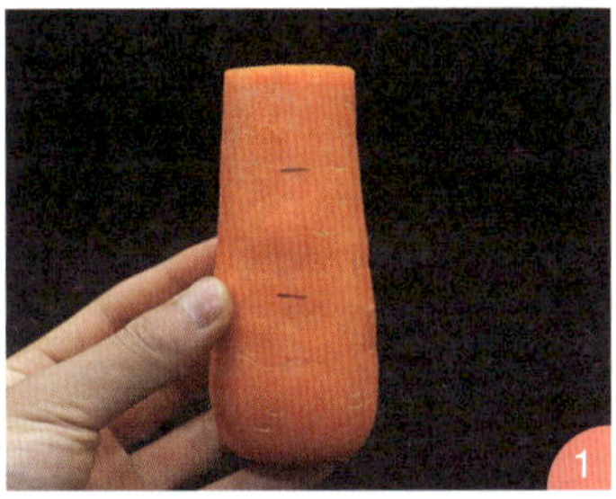

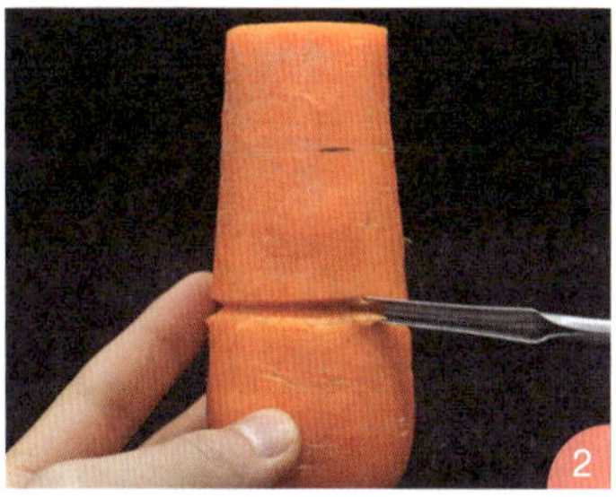

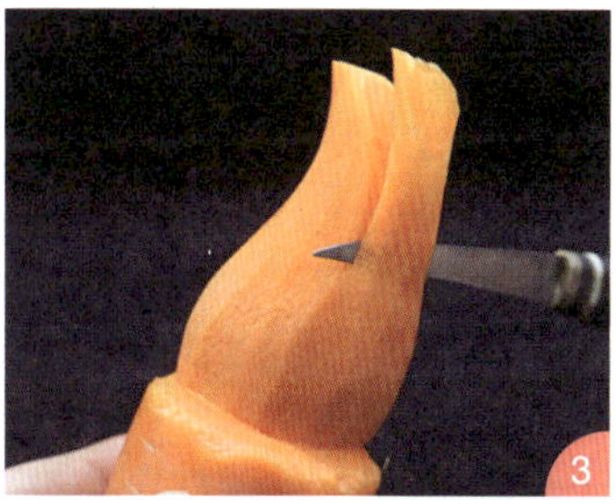

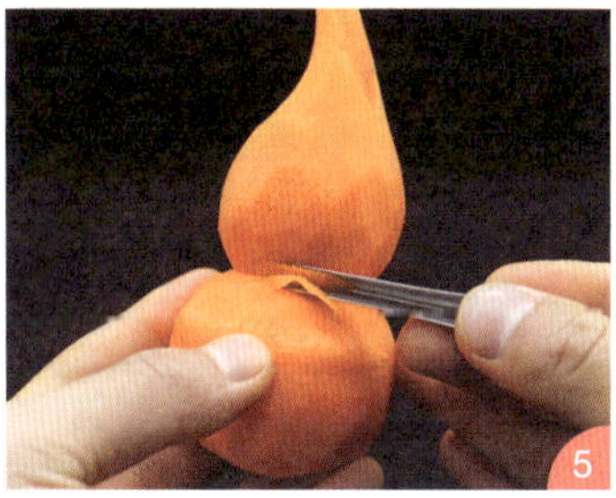

1 取一段胡萝卜，用水溶性铅笔画出葫芦中部的分隔线。

2 用小号V形戳刀戳出葫芦的腰线。

3 用主刀雕刻出葫芦头大形。

4 雕刻出葫芦的整体轮廓。

5 用小号V形戳刀加深葫芦腰线。

6 将葫芦用主刀修整光滑。

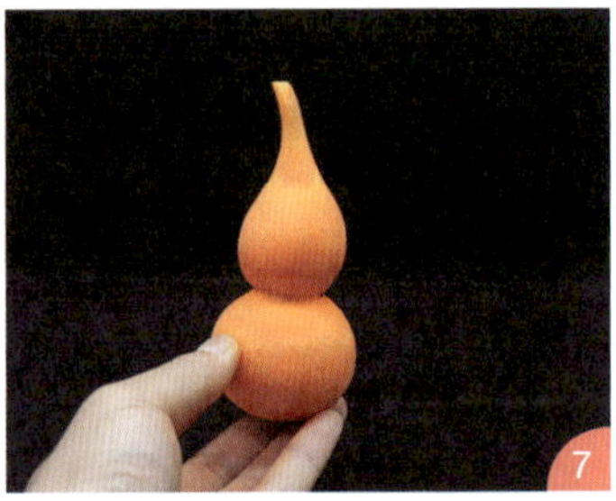

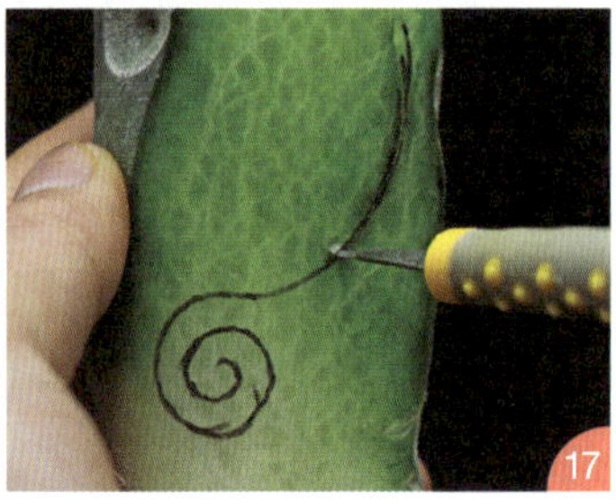

7 雕刻整个葫芦并打磨光滑。
8 取一块香芋雕刻出葫芦的底座。
9 用喷枪将底座上色。
10 将雕刻好的葫芦调整好角度组装在底座上。
11 用同样的方法雕刻出一个小葫芦，并与大葫芦进行组装。
12 用小号V形戳刀戳出叶脉。
13 用水溶性铅笔画出叶片轮廓。
14 用小号V形戳刀戳出叶脉细节。
15 用主刀取下叶片。
16 用水溶性铅笔画出葫芦藤。
17 用小号圆形掏刀掏出葫芦藤。
18 取小号U形戳刀在南瓜表面戳出小花。
19 组装出整个作品。

雕刻的要领和注意事项

- 葫芦的整体形状自然美观，色彩鲜艳。
- 葫芦的整体结构比例合适。
- 用V形戳刀戳葫芦的腰线时注意把握深度，不宜过深。

第二节　特殊食品雕刻工艺实训

一、泡沫雕刻

泡沫雕刻取材方便，价格相对便宜；用其制作的泡沫雕刻作品制作周期短，使用时间长，成本低，便于搬运，其艺术效果强，喷上颜色后以假乱真，极具观赏性。此外，泡沫雕刻可大可小，特别适用于一些餐饮展台、店庆和其他商业活动及广告宣传活动。

（一）泡沫雕刻的基本工具

（1）平口刀　用于作品的细致雕刻。

（2）电热丝　用于切割泡沫和雕刻作品的大形。

（3）电胶枪和胶棒　用于粘接泡沫，相对于泡沫胶，用胶棒粘接原料的优点是粘接效果好，凝固速度快。

（4）丙烯颜料和白乳胶　用于作品的颜色。

（5）喷枪和毛刷　用于给作品上色。

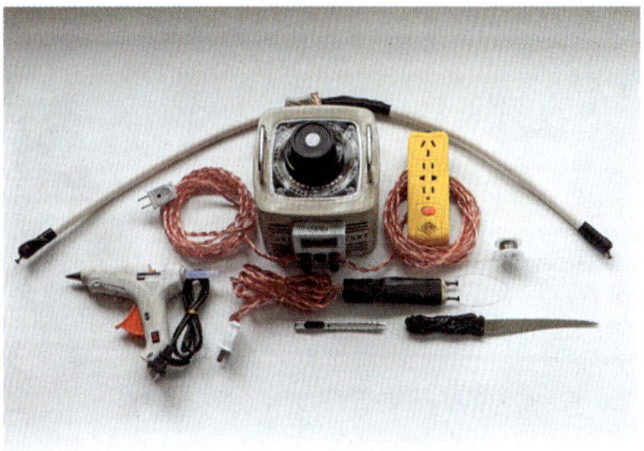

泡沫雕刻工具套装

（二）泡沫雕刻实训

实训1　孔雀朝阳

主要原料

泡沫板等。

雕刻工具

美工刀、电切刀等。

制作步骤

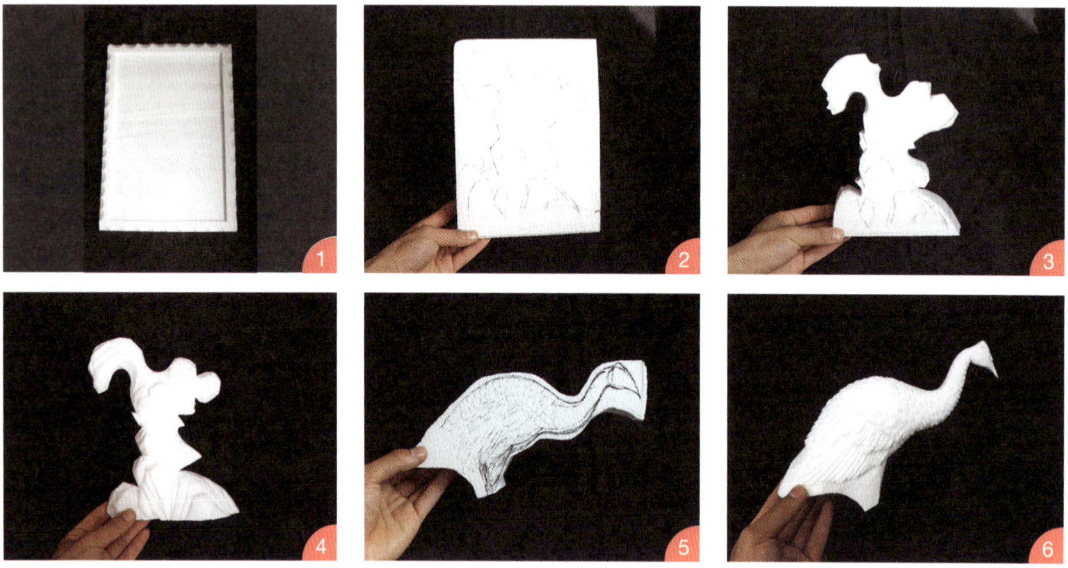

1　选用泡沫板制作出画框大形。

2　在泡沫板表面画出假山基本轮廓。

3　用电切刀切除废料。

4　用泡沫雕刻刀雕刻出假山层次。

5　取一块料画出孔雀身体轮廓并用电切刀切出大形。

6　雕刻出孔雀的身体细节。

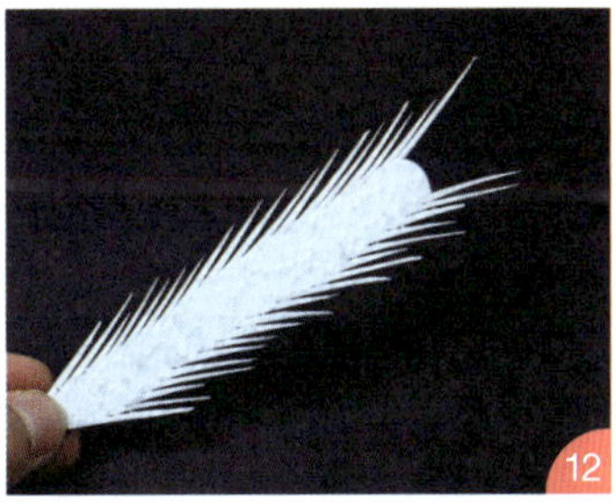

7　将假山和孔雀身体粘接在画框里。

8　取一块长方形原料。

9　用雕刀片出薄片。

10　用美工刀雕刻出孔雀尾羽纹路。

11　雕刻出孔雀另一尾羽纹路。

12　呈现出孔雀尾羽细节。

13　运用同样方法雕刻出不同长短的尾羽。

14　将尾羽调整好角度粘接在孔雀尾部。

15　粘接上小草进行点缀。

雕刻的要领和注意事项

- 注意孔雀尾羽较长，可进行适度夸张。
- 注意孔雀的整体形象，与作品主题相呼应。
- 注意美工刀的运用。

实训2　海底世界

主要原料

泡沫板等。

雕刻工具

美工刀、电切刀、上色机等。

制作步骤

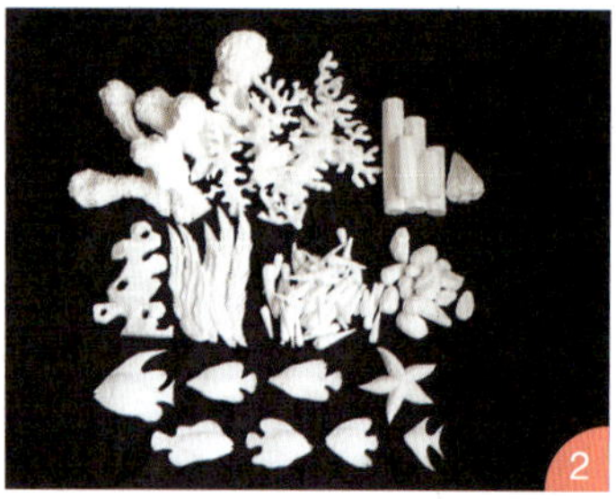

1 选用泡沫板制作出70厘米长、50厘米宽的长方形框架，并喷洒上浅蓝色背景。

2 分别用电切刀、泡沫刀、美工刀雕刻出珊瑚、石头、水草、海星、鱼等形状。

3 用上色机喷洒上颜色。

4 将石头、水草、珊瑚分别粘接在不同的位置。

5 把小鱼粘接在不同的位置即可。

雕刻的要领和注意事项

- 注意电切刀、泡沫刀、美工刀合理使用。
- 注意各类装饰物的合理摆放及上色技巧。

二、琼脂雕刻

（一）琼脂雕刻基础知识

1. 琼脂雕刻原料加工

（1）琼脂雕刻　要选用质量较好的琼脂，用清水在常温下浸泡90～100分钟，使其充分吸收水分。然后取出用清水洗净，沥干水分备用。浸泡的时间和琼脂的数量没有关系，无论琼脂量多量少，只需浸泡90余分钟即可。

（2）将泡好的琼脂放于铁质容器中，入蒸笼中大火蒸至融化　首先，在蒸制的过程中要用手勺搅打琼脂，加快融化的速度。其次，蒸制的时间没有具体的要求，只要全部融化即可取出。

（3）如果要在琼脂中添加色素，就要在此时进行　先将色素加入适量的清水稀释，然后倒入蒸好的琼脂中搅拌均匀，放入长方形的容器内晾凉，使之凝成块状即可使用。选择容器时要考虑一点，就是琼脂的体积要足够大，留有充分的取舍空间，因为琼脂雕刻出来的大型部位不可以粘贴，容易碎裂。

2. 琼脂雕刻成形

琼脂的质地比较柔软，容易碎裂，所以雕刻时动作要轻，下刀要准。雕刻之前，要先在表面画出人物、花等所要雕刻物体的大致轮廓，然后逐一雕刻成形。

3. 琼脂雕刻成品保存

琼脂雕的作品表面容易脱水干燥，导致表面皲裂。所以一定要时常向其表面喷洒清水，这样可以延长保存的时间。成品展览后要放在冰箱中保存，温度以4～5℃为佳，这样可以保存一周的时间。如果整雕出现形态变样，可以将其重新蒸化二次使用，使用次数可达十几次。

4. 琼脂雕刻优缺点

（1）琼脂雕刻的优点

①方便快捷。琼脂雕刻能先凝固成大块后再行雕刻，也可将融化的琼脂胶倒入模具冷却后即是成品，故具有方便快捷的特点。并且琼脂食雕作品可以重复使用。

②成品美观。琼脂雕刻作品透明度好，有玉雕的质感和光泽，作品晶莹剔透，色彩变化丰富，造型可大可小，将其运用于各种宴会和美食展台上，雕刻神武、威猛的龙，富贵、吉祥的凤，以及吉祥人物、花鸟鱼虫等题材，有着十分强烈的视觉冲击力，非常美观大气。

③雕刻省力。凝固的琼脂质地非常脆，轻轻下刀即可雕刻，雕刻时省力。

（2）琼脂雕刻的缺点　琼脂雕刻是新兴的食品雕刻方法，虽然雕刻省力，但事实上对于雕刻者的雕刻技术具有非常大的考验，每一刀必须都雕刻得精确。因为热化凝固后的琼脂质地非常脆，用力不当很容易刻断其他部位。

5. 琼脂雕刻的注意事项

琼脂太软一般是因为加水过多，如果要制作大原料，琼脂要多加点，水要适量，也可以加些鱼胶粉。最好先把琼脂泡软，以保证一定浓度的琼脂满足作品的韧度。

（二）琼脂雕刻实训

实训 琼脂白菜

主要原料

琼脂。

雕刻工具

主刀、圆形掏刀、小号U形戳刀、拉线刀等。

制作步骤

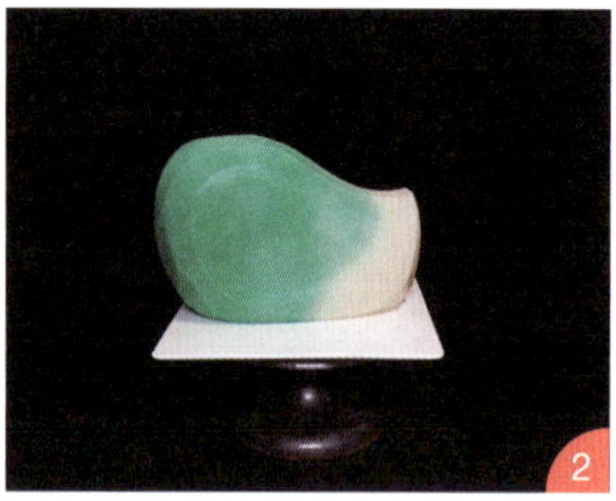

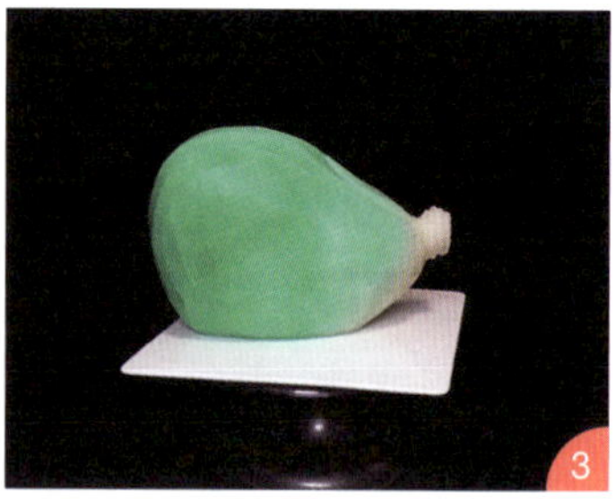

1 取一块凝固的琼脂原料。

2 将原料放在转盘上。

3 用主刀修出白菜大形。

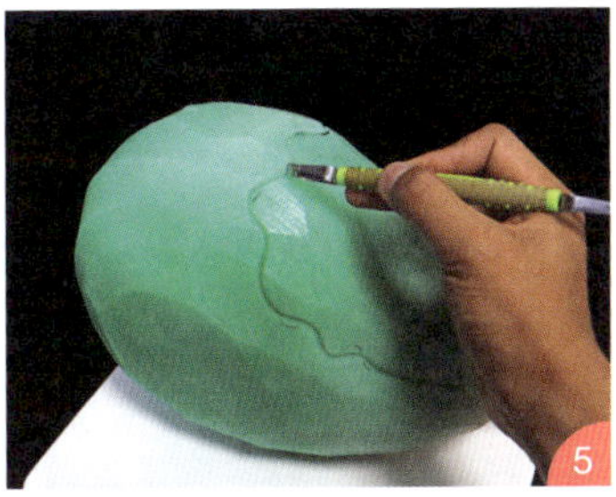

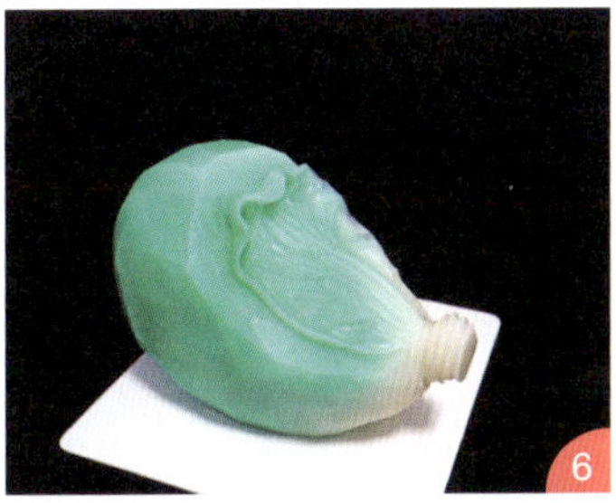

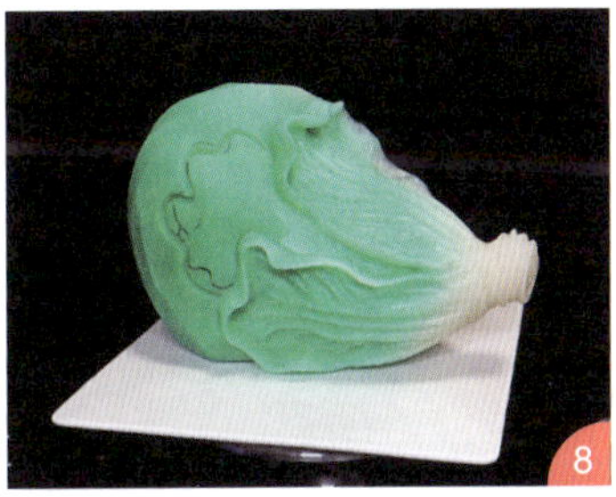

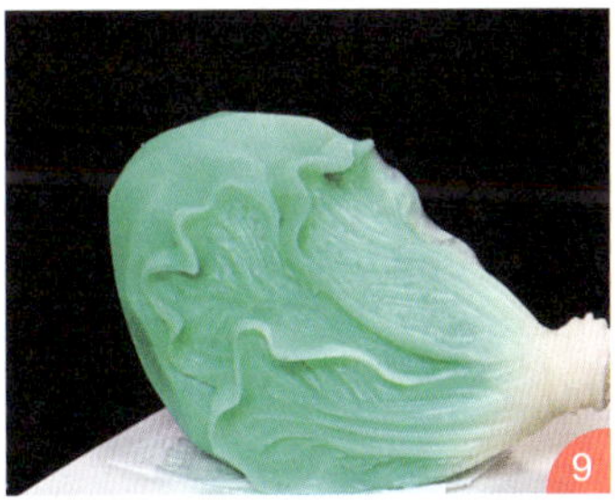

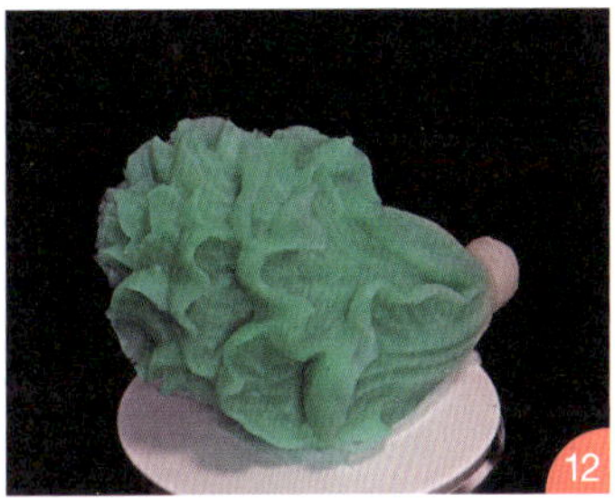

4　用主刀结合小号U形戳刀雕刻出白菜根部。
5　用水溶性铅笔勾勒出白菜叶大形。
6　用拉线刀拉出叶片线条。
7　用圆形掏刀结合主刀雕刻出叶片弧度。
8　用同样方法雕刻出第二片白菜叶。
9　在两个叶片中雕刻出第三片白菜叶轮廓。
10　雕刻出第三片白菜叶。
11　用同样方法在两片白菜叶之间雕刻出另一片白菜叶。
12　雕刻出剩余白菜叶。
13　剔除废料，呈现出白菜心。
14　用小号圆形掏刀掏出白菜细节。
15　呈现出整个白菜。

第三节 中西雕刻工艺实训与赏析

一、中西雕刻工艺实训

实训1 茶

主要原料

香芋、青萝卜、心里美、西瓜皮。

雕刻工具

主刀、V形戳刀、U形戳刀。

制作步骤

1

2

3

4

1 取一块香芋，用水溶性铅笔描绘出茶壶轮廓。

2 用主刀剔除废料。

3 用主刀将茶壶表面修整光滑。

4 将茶壶上色后组装在平盘上。

5 雕刻出茶杯和茶托并调整角度组装在平盘上。

6 组装上细节装饰物。

7 组装上西瓜皮雕刻的“茶”字。

实训2 咖啡

主要原料

香芋、青萝卜、心里美、西瓜皮。

雕刻工具

主刀、U形戳刀、圆形掏刀等。

制作步骤

1 粘接一块香芋原料，画出咖啡杯轮廓。

2 用主刀剔除多余废料。

3 将咖啡杯修整光滑。

4　采用圆形掏刀将咖啡杯掏空。

5　雕刻出杯托并组装在平盘上。

6　组装上细节装饰物。

7　将雕刻好的咖啡豆粘贴在平盘表面。

8　组装上西瓜皮雕刻的“咖啡”字样。

实训3　石斛

主要原料

青萝卜、白萝卜、西瓜皮。

雕刻工具

主刀、圆形掏刀。

制作步骤

1　用中号掏刀掏出石斛茎。

2　用中号圆形掏刀掏出石斛叶片。

3　将叶片粘接于石斛茎上。

4　依次组装其余石斛。

5　将石斛调整位置粘贴在平盘表面。

6　用小号圆形掏刀掏出石斛根并组装。

7　组装上雕刻好的石斛花。

8　呈现出整株石斛。

9　组装上西瓜皮雕刻的“石斛”字样。

实训4　江南韵

主要原料

青萝卜、心里美萝卜。

雕刻工具

主刀、拉线刀、圆形掏刀、V形戳刀。

制作步骤

1　取一块心里美萝卜。

2　用主刀雕刻出第一层花瓣的弧面。

3　用同样方法雕刻出第一层花瓣五个弧面。

4　画出荷花花瓣轮廓。

5　运用直刀法沿花瓣边缘进行雕刻。

6　用主刀片出第一片花瓣。

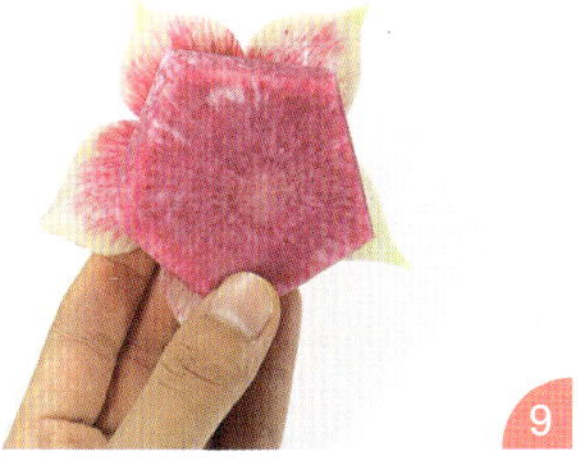

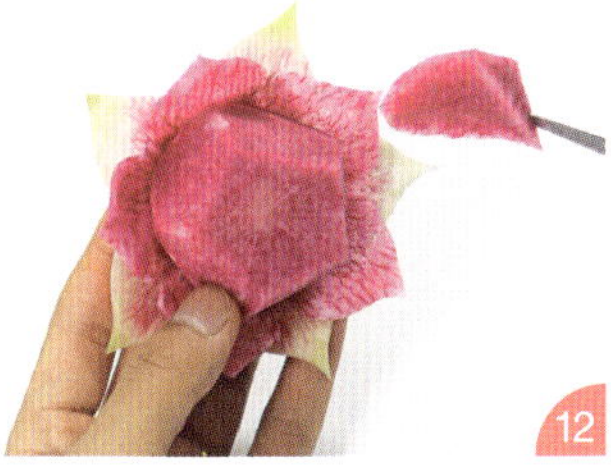

7　用同样方法片出第一层剩余花瓣。

8　在两个花瓣间取出第二层花瓣弧面。

9　用同样方法取出第二层花瓣五个弧面。

10　运用直刀法沿花瓣边缘进行雕刻。

11　用主刀雕刻出第二层花瓣。

12　在第二层两个花瓣间取出第三层花瓣弧面。

13　运用直刀法沿花瓣边缘进行雕刻并雕刻出第三层花瓣。

14　用主刀剔除废料呈现出花芯。

15　用V形戳刀戳出花蕊大形。

16　用主刀剔除废料呈现花蕊。

17　用主刀平剔除废料呈现出莲蓬。

18　用圆形掏刀在青萝卜表面取出莲子。

19 将莲子粘于莲蓬上呈现出荷花。

20 取青萝卜皮雕刻出荷叶。

21 用圆形掏刀掏出荷叶茎。

22 将荷花、荷叶调整角度粘接于底座。

23 粘接水草进行点缀。

实训5 上善若水

主要原料

白萝卜、胡萝卜、青萝卜、心里美萝卜等。

雕刻工具

主刀、小号U形戳刀、拉线刀等。

制作步骤

1　取一块白萝卜，用水溶性铅笔画出底座轮廓。

2　用主刀剔除废料，呈现底座大形。

3　用主刀结合U形戳刀，雕刻出底座细节。

4　取一块胡萝卜原料分别用小号U形戳刀戳出三个孔洞。

5　将胡萝卜用刀切成厚薄均匀的片。

6　用胶水粘出扇面形。

7　将扇面调整角度粘接于底座上。

8　将雕刻好的月季花粘接到底座正上方。

9　取青萝卜原料，画出叶片轮廓，用拉线刀拉出叶片边缘。

10　用拉线刀拉出叶脉。

11　用主刀沿着边缘轮廓取下叶片。

12　用笔画出藤蔓轮廓。

13 用直刀法雕刻出藤蔓。

14 用主刀取出藤蔓。

15 将藤蔓粘接于月季花上下两侧。

16 粘接好叶片，呈现出完整作品。

实训6 云中白鹤

主要原料

白萝卜、青萝卜、心里美萝卜、胡萝卜等。

雕刻工具

主刀、中号U形戳刀、拉线刀等。

制作步骤

1　用青萝卜粘接出假山大形。

2　用主刀将假山修整光滑。

3　用拉线刀拉出假山细节，凸显假山层次。

4　拼接一块原料，画出仙鹤轮廓。

5　沿轮廓线条剔除多余废料。

6　呈现出仙鹤身体并修整光滑。

7　用主刀剔除废料呈现仙鹤腿部。

8　用笔画出仙鹤尾部羽毛并进行雕刻。

9　将雕刻出的仙鹤固定于假山顶部。

10　取白萝卜画出翅膀轮廓。

11　用主刀结合U形戳刀雕刻出翅膀。

12　将翅膀与仙鹤身体进行组装。

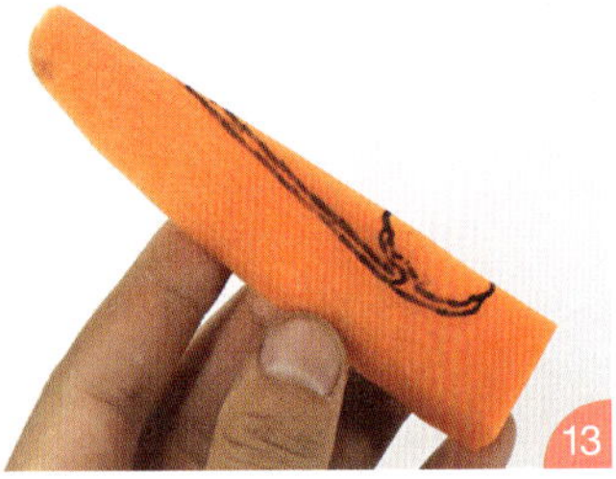

13 取一块胡萝卜画出仙鹤爪轮廓。

14 雕刻出鹤爪并粘接于腿部。

实训7 甜蜜日记

主要原料

青萝卜、心里美萝卜、胡萝卜。

雕刻工具

主刀、中号U形戳刀、大号U形戳刀、拉线刀等。

制作步骤

1 选用两块青萝卜粘接成书本大形。

2 用主刀雕刻出书页纹路。

3 取胡萝卜用拉线刀拉出羽毛中线。

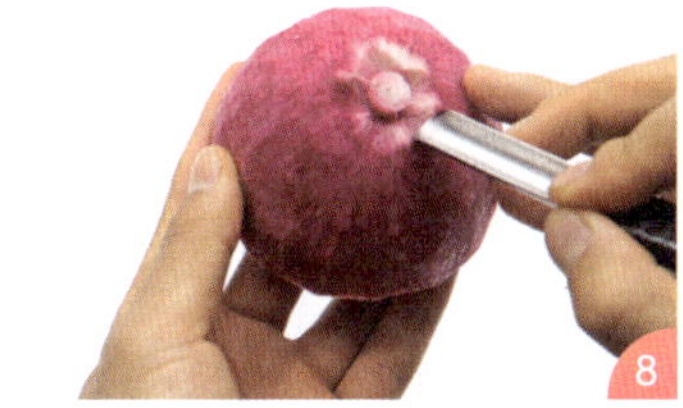

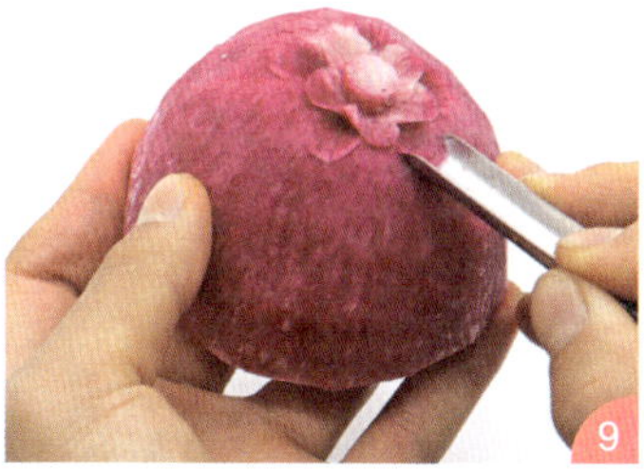

4　用拉线刀分别拉出中线两侧羽毛的纹路。
5　用主刀取下羽毛。
6　呈现出完整羽毛。
7　取心里美萝卜并将表面修整光滑。
8　用中号U形刀戳出五片花瓣。
9　继续戳出第二层花瓣。
10　用同样方法戳出剩余花瓣。
11　用大号U形戳刀取下花朵。
12　取青萝卜用拉线刀拉出叶片轮廓。
13　用拉线刀拉出叶脉。
14　用主刀取下叶片。
15　将书本、花朵、叶片调整角度后粘接于底座上。

16

17

16 将羽毛粘接于书本左上方位置。

17 调整角度粘接其余两片小羽毛，呈现出作品。

二、中西雕刻作品欣赏

春色满园

锦绣图

镜花水月

丘比特之恋

甜蜜日记

夏之恋

第四章
瓜果雕刻工艺实训

任务描述

- ❑ 了解西瓜雕刻的概念、特点、原料等
- ❑ 掌握西瓜雕刻的基本技法，并能自主完成以西瓜为原料的简单雕刻
- ❑ 掌握南瓜雕刻工艺的基本概念及其雕刻技法

第一节　西瓜雕刻工艺实训

一、西瓜雕刻简介

最近几年，西瓜雕很流行，它不仅是一种厨艺，还逐渐演变成了一种新潮时尚的手艺，一种新颖的视觉艺术。

除了宾馆酒店，西瓜雕还经常出现于其他场合，如商场、会场、售楼中心、车展及服装展等。西瓜雕刻作品，以它鲜明艳丽的色彩、优雅高贵的造型、新鲜水嫩的质感、清新淡雅的香气，吸引着每一位看客。红白相映的月季、火红热情的玫瑰、恣意怒放的牡丹、端庄典雅的大丽花，直让人流连忘返。有时，西瓜雕刻的展示并不局限于雕好的西瓜本身，作品拍摄成视频和图片后通过社交软件流传，能够沟通情感，表达爱意，传送祝福。

近年来，在微信朋友圈、快手网、微博等网络上流传的各种精美的西瓜雕刻视频和图片，激起了很多人的学习兴趣，学西瓜雕刻的人群，不仅仅局限于厨师，学生、职场白领、家庭主妇，就连退休老人等也纷纷跃跃欲试，买刀买瓜，边雕边吃，其乐融融，很多人把学习西瓜雕刻当作一种生活中的爱好和消遣。

西瓜雕刻主要包括用西瓜的表皮雕刻西瓜花、西瓜灯、西瓜盅，也包括用西瓜瓤雕刻一些立体造型，如鱼、虾、鸟等。

近几年，西瓜雕花尤其受到人们的喜爱，人们充分利用西瓜的红瓤、白皮、绿表的特

点，雕出来的西瓜花红白绿相映衬，美观漂亮、新鲜欲滴、香气袭人，看到的人无不为之欣喜、动容。

西瓜雕花在我国早已有之，只是并不广泛，一些厨师根据我国传统的木雕和玉雕手法，在西瓜的表面雕出漂亮的牡丹花、月季花、玫瑰花等摆放在餐桌上，很受客人喜爱。而近年来受泰国西瓜雕刻（简称泰雕）的影响，我国的西瓜雕花技术在原来的基础上更向着精细、美观、普及、多样、实用、装饰性强的方向发展。

西瓜灯早在明清时期就出现在我国的扬州地区，后经厨师们发展推广，运用到了餐厅厨房。西瓜盅是既能欣赏又可做盛装菜肴的容器，所以在餐桌上很常见。

（一）西瓜雕刻的特点

（1）颜色艳丽，造型美观，红、白、绿各色相映衬，惹人喜爱。因西瓜是一种常见的水果，质地水嫩新鲜，口味甘甜，广受人们喜爱，所以和萝卜雕及南瓜雕相比，西瓜雕刻的作品让人更有亲近感。

（2）西瓜雕不仅颜色好看，而且体积较大，视觉效果好，能吸引眼球，有强烈的视觉冲击力，能很好地烘托活动现场的气氛。这一点是小型水果无法相比的。

（3）因西瓜体积较大，能在西瓜表面上刻文字、人像等，所以能表现各种主题，满足各种活动的需要，如“生日快乐”“寿比南山”“开业大吉”“百年好合”“周年庆典”等。

（4）西瓜雕刻以花朵和装饰图案为主，学习起来比较容易上手，只要多加练习，就一定能学好，不像雕龙凤、鸟兽、人物那样需要一定的美术功底。

（5）成本低廉，价钱便宜。

（6）不浪费。雕好的西瓜雕作品，展示后可以切开食用，而西瓜灯、西瓜盅作品，只是用瓜皮雕刻，瓜瓤可挖出来食用、榨汁。

（7）保存时间较短。这既是缺点也是优点，雕好的西瓜雕作品，展示的时间是几个小时，这让人感觉有点可惜，有点遗憾。但也正因为如此，才让人觉得西瓜雕是一种短暂的瞬间的艺术，所以才更让人珍惜。

（二）西瓜雕刻的原料

西瓜雕刻的原料当然是各种西瓜，从皮色上看，有带花纹的，有翠绿色的，也有墨绿色的，如花皮西瓜、蜜宝西瓜、乐宝西瓜、黑美人西瓜、无籽西瓜、麒麟瓜等。

从大小上分，有大型西瓜（8.5千克以上），中型西瓜（6千克左右）和小型西瓜（1.5～2千克）如特小凤（黄瓤）、墨童等。

从形状上分，西瓜分长圆形、椭圆形、圆形三种，也有一些经特殊培育的异形西瓜，如心形、方形等。

雕西瓜，首先要选形状规矩圆润、表皮光滑、无破损无疤痕、成熟度适中的西瓜。西瓜皮（白皮部分）应厚些，这样花瓣红白渐变效果好，不易爆裂。西瓜过生或过熟都不好，过生则瓜瓤不红，过熟则瓜瓤变软出水，不利于雕刻，也不好看。

雕西瓜灯，最好选椭圆形的，重量在7.5千克以上的西瓜，这样便于雕套环。

另外，除了西瓜，也可以用其他水果雕花，如苹果、木瓜、哈密瓜、网纹瓜、黄河蜜瓜、伊丽莎白瓜、火龙果等，雕法都是一样的。

香皂雕刻也是很流行的，其雕刻方法与西瓜雕一样，但能够长期保存，香气宜人，适合作为馈赠礼品，受到很多人的喜爱。

（三）西瓜雕刻的握刀手法

（1）笔式握刀正手，刀向内运动，用于雕花瓣，剔废料（图1）。

（2）笔式握刀反手，刀向外运动，用于雕花瓣，剔废料（图2）。

（3）横握刀正手，刀向内运动，大拇指抵住原料，用于雕花瓣、剔废料（图3）。

（4）横握刀反手，刀向外运动，主要用于削皮和切原料（图4）。

（5）笔式握戳刀，主要用于雕刻花边图案（图5）。

（6）握套环刀（挑环刀），将刀前端的小钩嵌入瓜皮，然后向前推进，从而戳出套环（图6）。

1

2

3

4

5

6

（四）西瓜雕刻常见刀法简介

在本书中，最常见到“直刀”“斜刀”字样，这是从雕刻过程中刀刃与西瓜表面所形成的角度而言的。

（1）直刀，刀尖插入西瓜后，刀刃与西瓜表面呈垂直状态运行（图7）。

（2）斜刀，刀尖插入西瓜后，刀刃与西瓜表面呈一定角度运行（图8）。

（3）平刀，刀刃平贴着西瓜皮运行（图9）。

（4）波浪刀，刀尖左右摆动呈波浪状运行的刀法（图10）。

（5）旋刀，刀尖插入原料后旋转刀尖一周（或旋转原料一周）的方法。

（6）抖刀，刀尖在运行过程中快速抖动，形成小锯齿状的刀法（图11）。

（7）瓜灯套环挑法，刀柄前端的刀钩嵌入瓜皮中，向前推动一段距离后在旁边再推转回来的刀法（图12）。

（8）外翻刀，在花瓣外侧用旋刀的方法将花瓣雕成外翻状态的方法（图13）。

（9）表面戳刀法，用U形戳刀或V形戳刀或瓜灯套环刀（挑环刀）在西瓜表面戳出各种花纹图案的方法（图14）。

（10）垂直戳刀法，用U形戳刀或V形戳刀垂直将瓜皮切开切断，或在瓜皮表面戳出圆孔、方孔、三角孔的方法（图15）。

7

8

9

10

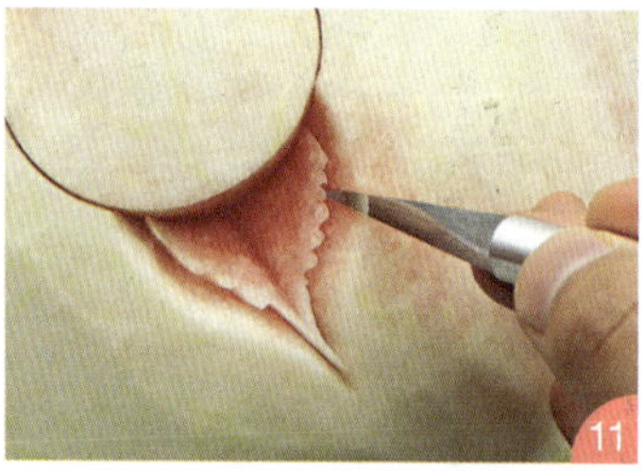
11

12

13

14

15

二、西瓜雕刻基础实训

实训1　玫瑰花

1　取一西瓜用主刀削去一部分西瓜皮。

2　用圆规画出一个圆形，并用西瓜雕刻刀雕出圆形。

3　斜刀剔下一块月牙形废料。

4　用直刀法雕刻出第一片花瓣。

5　用斜刀剔出花瓣内侧废料，呈现出花瓣。

6　再运用斜刀雕出与第一片花瓣相邻的一块废料。

7 用同样的直刀法雕出第二片花瓣，与第一片花瓣略有重叠。

8 剔除花瓣旁边的废料，呈现出第二片花瓣。

9 用如此重复的雕刻手法，雕刻出第一层的五片花瓣。

10 直刀雕刻出第二层的第一片花瓣。

11 雕刻出第二层的花瓣。

12 最后雕刻出玫瑰花的花芯。

实训2 牡丹花

1　用土刀剔除部分西瓜表层绿皮。

2　用模具按压出一个圆形。

3　斜刀剔除一块月牙形废料，并用直刀法雕刻出齿状。

4　直刀沿齿状雕刻出花瓣。

5　在相邻的位置雕刻出第二片花瓣的齿状波浪形花瓣。

6　运用如此重复的雕刻方法，雕刻出第一层花瓣。

7　如此重复，直至雕刻出花芯。

8　向外斜刀剔除波浪形的废料。

9　运用抖刀法雕刻出花瓣。

10　斜刀剔除旁边的废料，呈现出花瓣。

11　用如此重复的雕刻方法雕刻出一圈的花瓣。

12　继续剔除下一层的波浪形废料。

13　再运用同样方法雕刻出齿状花瓣。

14　如此重复地向外雕刻出多层同样的花瓣。

15　呈现出完整作品。

实训3　山茶花

1　在西瓜表面用圆规画出一个圆形。

2　用直刀法雕刻出圆形。

3　斜刀剔除一块月牙形废料。

4　用直刀法雕刻出第一片花瓣。

5　斜刀剔除一块相邻的废料。

6　用直刀法雕刻出第二片花瓣。

7　运用同样的雕刻方法，雕刻出第一层剩余的五片花瓣。

8　继续雕刻出第二层花瓣。

9　雕刻出整朵花。

10　斜刀向外剔除一块废料。

11　用直刀法雕刻出略带尖形的花瓣。

12　运用同样方法雕刻出外层的花瓣。

13　在两片花瓣之间，再雕刻出一片花瓣，并剔除多余废料。

14　运用同样方法雕刻出最外层的五片花瓣，并剔除旁边废料。

实训4　月季花

1　取一西瓜用主刀削去部分表皮。

2　用圆规或模具画出圆形，并用西瓜雕刻刀雕刻出圆形。

3　斜刀剔除一块月牙形的废料。

4　直刀雕刻出第一片花瓣。

5　斜刀剔除花瓣内侧废料，呈现出花瓣。

6　斜刀剔除与第一片花瓣相邻的一块废料。

7　直刀雕刻出花瓣，并剔除旁边废料。

8　运用同样方法如此雕刻出第一层的五片花瓣。

9　再雕刻出第二层的第一片花瓣。

10　再雕刻出第二层的其余花瓣，直至收花芯。

11　斜刀向外剔除一块废料。

12　直刀雕刻出圆形的花瓣。

13　运用如此方法雕刻出一圈的花瓣。

14　再用同样方法雕刻出最外层的花瓣。

15　剔除整圈废料呈现出完整作品。

实训5 波浪玫瑰

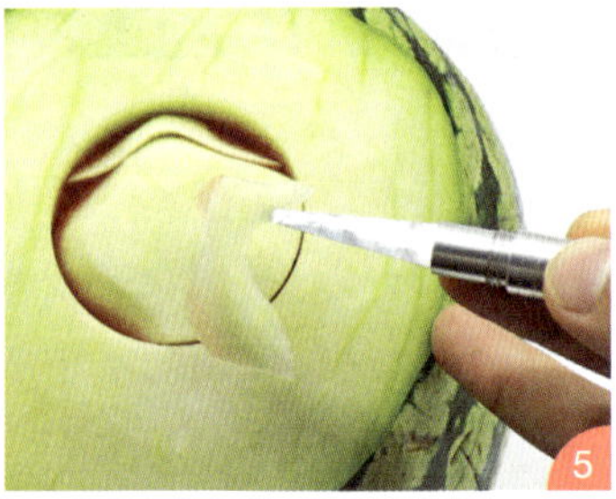

1 削去西瓜皮后用西瓜雕刻刀直刀雕刻出一个圆形。

2 斜刀剔除一波浪形的废料。

3 用直刀法雕刻出波浪形的花瓣。

4 剔除花瓣里边的一块废料，呈现出波浪形的花瓣。

5 斜刀剔除与第一片花瓣相邻的废料，使花瓣突出。

6 雕刻出第二片花瓣，并剔除旁边废料，呈现出花瓣。

7 用如此重复的雕刻手法，雕刻出第一层剩余的四片花瓣。

8 斜刀剔除第二层的第一片花瓣废料。

9 用同样方法雕刻出第二层剩余花瓣。

10 斜刀剔除第三层花瓣废料。

11 最后剔除多余废料，雕刻出花蕊。

三、西瓜雕刻提升实训

实训1 不忘初心

1 用圆规在西瓜表面画出两个同心圆。

2 用套环刀沿线条戳出两个圆圈。

3 用中号U形戳刀在略小的圆圈内戳除一圈废料。

4 将打印好的字体调整好角度粘贴在圆圈内。

5 用直刀法雕刻字体。

6 雕刻完成后撕去纸和胶带。

7 剔除圆圈内部的一圈废料。

8 剔除圆圈内部绿色表皮，呈现出字体。

9 用套环刀戳出等份纹路。

10 用套环刀戳出一圈装饰纹。

11 在圆圈内字体下方雕刻出V形镂空装饰纹。

12 运用同样方法依次雕刻出全部镂空装饰纹。

13 在字体右边雕刻出心形图案进行点缀。

实训2　红颜

1　西瓜削去皮后，用模具按压出一个圆形。

2　运用雕刻玫瑰花的方法雕刻出第一层花瓣。

3　用如此重复的方法雕刻出第二层花瓣。

4　再雕刻出剩余花瓣，直至收花芯。

5　斜刀向外剔除一块废料。

6　直刀雕刻出圆形花瓣，并剔除两侧废料，呈现出花瓣。

7 运用同样雕刻方法雕刻出剩余花瓣。

8 在花瓣边缘雕刻出V形槽口。

9 运用直刀法雕刻出V形花瓣，并剔除花瓣边缘废料。

10 再用直刀法雕出一层花瓣。

11 剔除花瓣边缘废料，并呈现出V形花瓣。

12 在两片花瓣之间用直刀法雕出V形凹槽。

13 剔除多余废料，雕刻出第二层第一片花瓣。

14 用同样方法雕刻出第二片花瓣。

15 呈现出双层V形花瓣。

16 用记号笔画出心形轮廓。

17 斜刀剔除爱心中间的废料，呈现出爱心的轮廓。

18 如此重复地雕刻出5个爱心轮廓。

19 雕刻出装饰纹路，凸显层次感。

20 呈现出完整作品。

实训3　教师节快乐

1 将打印出的字体调整角度粘贴在西瓜表面。

2 用直刀法雕刻出字体轮廓。

3 雕刻出全部字体。

4 雕刻字体完成后撕去纸和胶带。

5 用小号V形戳刀戳出字体外围边框。

6 呈现出字体。

7 雕刻全部的字体。

8 去除西瓜绿色表皮，剔除花瓣废料。

9 运用同样方法剔除上下边框两侧废料。

10 用抖刀法雕刻出花瓣大形。

11 剔除花瓣边缘废料，呈现出花瓣。

12 雕刻出全部的花瓣。

13 在两个花瓣之间雕刻出纹理，凸显层次感。

14 在两个花瓣之间用模具压出一个圆形。

15 在圆形中雕刻出玫瑰花。

16 雕刻出上下两边的玫瑰花。

17 雕刻出玫瑰花上面的花瓣。

18 雕刻出玫瑰花上下两侧的花瓣纹路，呈现出完整作品。

实训4　路灯下的爱情

1 将打印好的图案粘贴在西瓜表面。

2 用直刀法沿图案线条进行雕刻。

3 雕刻好图案后撕下打印纸。

4　剔除圆圈内侧的废料。

5　呈现出完整图案。

6　用记号笔沿圆圈轮廓画出一圈心形。

7　沿心形轮廓进行雕刻。

8　剔除两个心形之间的废料。

9　运用同样方法雕刻出整圈心形。

10　运用斜刀法雕刻出尖形的花瓣。

11　剔除多余废料，呈现完整作品。

实训5 年轮花

1 取一个西瓜削去部分表皮。

2 用直刀法雕刻出一个圆形轮廓。

3 沿圆形轮廓向内进行雕刻，并剔除多余废料。

4 再雕刻出一个圆形，剔除中间的废料。

5 运用同样的雕刻方法，雕刻出第三层、第四层的圆形。

6 直至收花芯。

7 向外剔除一圈圆形废料。

8 用抖刀法雕出圆形花瓣。

9 向外剔除尖形花瓣的废料。

10 运用抖刀法雕刻出尖形花瓣。

11 雕刻出一圈的六片花瓣。

12 在两片花瓣之间再向外剔除多余废料。

13 剔除下一层废料，凸显花瓣大形。

14 雕刻出尖形花瓣。

15 运用同样方法雕刻出整圈花瓣。

实训6　生日快乐

1　取一个西瓜，将打印好的字粘贴在西瓜表面。

2　用直刀法沿字体线条进行雕刻。

3　雕刻出“生日快乐”的整体纹路。

4　用记号笔在西瓜表面画出一个心形轮廓。

5　用直刀法雕刻出心形，剔除多余废料，呈现出“生日快乐”。

6　剔除心形周边的废料，突出心形。

7　用模具压出一圈圆形。

8　运用之前的手法雕刻出玫瑰花。

9　雕刻出全部的玫瑰花，呈现出完整作品。

实训7　寿比南山

1　取一个西瓜，将打印出来的字体粘贴在西瓜表面。

2　用直刀法沿字体边缘进行雕刻。

3　雕刻出整个字体轮廓，取下打印纸。

4　剔除字体周边多余废料。

5　剔除多余废料呈现出“寿”字。

6　在“寿”字外侧雕刻出心形轮廓纹路。

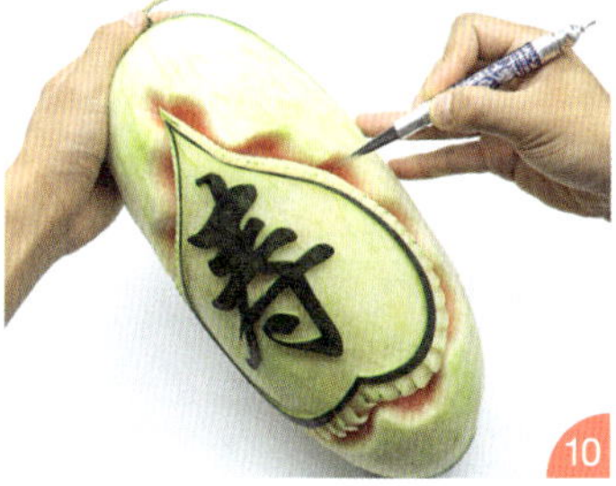

7　在两个心形之间雕刻细节，凸显层次感。

8　雕刻出整圈纹路。

9　用雕刻刀削去西瓜表皮。

10　剔除废料呈现出波浪形花纹。

11　用抖刀法雕刻花瓣，并剔除下一层的废料。

12　雕刻出作品整体花瓣。

13　剔出整圈的花瓣形状。

14　在心形轮廓中进行雕刻点缀。

15　雕刻出底座进行组装，呈现出完整作品。

实训8　太阳花

1　用圆规在西瓜表面画一个圆形，运用直刀法沿轮廓进行雕刻。

2　斜刀向外剔除一圈废料。

3　在圆圈内部，斜刀雕出一圈小花瓣。

4　斜刀向内剔除一圈废料。

5　运用同样方法雕刻出第二圈的小花瓣。

6　运用同样方法剔除一圈废料。

7 运用同样方法雕刻出其余的小花瓣，并呈现出凸起的花芯。

8 雕刻出放射状的线条。

9 向外均匀地雕刻出八个弧形凹槽。

10 雕刻出一片圆形的花瓣后剔除废料，继续雕刻出一片尖形的花瓣。

11 用同样方法雕刻出整圈花瓣。

12 剔除外层两个花瓣之间的废料。

13 运用同样方法雕刻出外层尖形的花瓣。

14 运用同样方法雕刻出一圈花瓣，并呈现完整作品。

实训9　甜蜜

1　取一个西瓜削去部分表皮，用模具按压出圆形。

2　用直刀雕刻出一片花瓣，斜刀向内剔除旁边废料。

3　用同样方法雕刻出四片重叠的花瓣。

4　将花瓣的两端削尖，使花瓣呈枣核形状。

5　沿花瓣的外侧一端运用旋刀法雕刻出外翻花瓣的一侧。

6　用同样方法雕刻出花瓣的另一侧，呈现出花瓣外翻的效果。

7　用同样雕刻方法雕刻出整圈花瓣。

8　斜刀向外雕出一个花瓣并取掉边缘废料。

9　将花瓣的两端削尖。

10　用旋刀法雕刻出一片外翻的花瓣。

11　雕刻出整圈外翻花瓣。

12　用直刀法雕刻出花芯的第一片花瓣。

13　雕刻出花芯的第一层花瓣。

14　雕刻出花芯。

15　用记号笔在圆圈外层画出多个心形。

16　用旋刀法雕刻出整圈心形。

第二节　南瓜雕刻工艺实训

南瓜品种达数百种之多，大致分为食用和观赏两种。南瓜肉色泽因品种而异，如青绿、墨绿、金黄或白色，常见的橄榄形、木瓜形品种深色中夹杂浅色。南瓜表皮颜色也会因储存时间产生变化，储存时间长，则表皮颜色会由深绿变为金黄。同一个南瓜，瓜皮外观较黄为背光面，无阳光照射瓜皮、瓜肉质地较硬且偏厚。瓜体外形起伏越大者瓜肉越厚。瓜肉接近瓜瓤一侧质地较松软，越接近瓜皮瓜肉越坚实。接近蒂头端瓜皮、瓜肉较厚，接近尾端瓜、皮瓜肉较薄。长形南瓜靠瓜梗部分呈实心，可用于制作蝴蝶或玫瑰花。

一般而言，南瓜瓜肉质地较其他瓜果类厚实耐存，很适合用于立体雕刻，而且金黄色瓜肉相当讨人喜欢，雕刻后的成品经过短暂泡水吸收水分，质地也会变得坚硬。切雕时应注意熟度的选择，过于成熟的南瓜瓜肉较软、瓜皮变硬，雕刻后的成品也不耐放，选择熟度恰当的南瓜，盘饰切雕品不泡水用保鲜膜包裹，也可以冷藏保存3～6天。

选材：南瓜越熟瓜皮越硬瓜肉越软，用于切雕的南瓜应选熟度在七八分的，熟度一般可以由外观判定，相同品种的南瓜，外皮颜色深则较生，外皮颜色中浅则较熟。选购时以瓜蒂完好不脱落，外皮光亮、无外伤或无结瘤疤痕者为佳。

雕刻实训

实训1　花篮

主要原料

南瓜。

雕刻工具

主刀、小号V形戳刀、圆形掏刀、拉线刀。

制作步骤

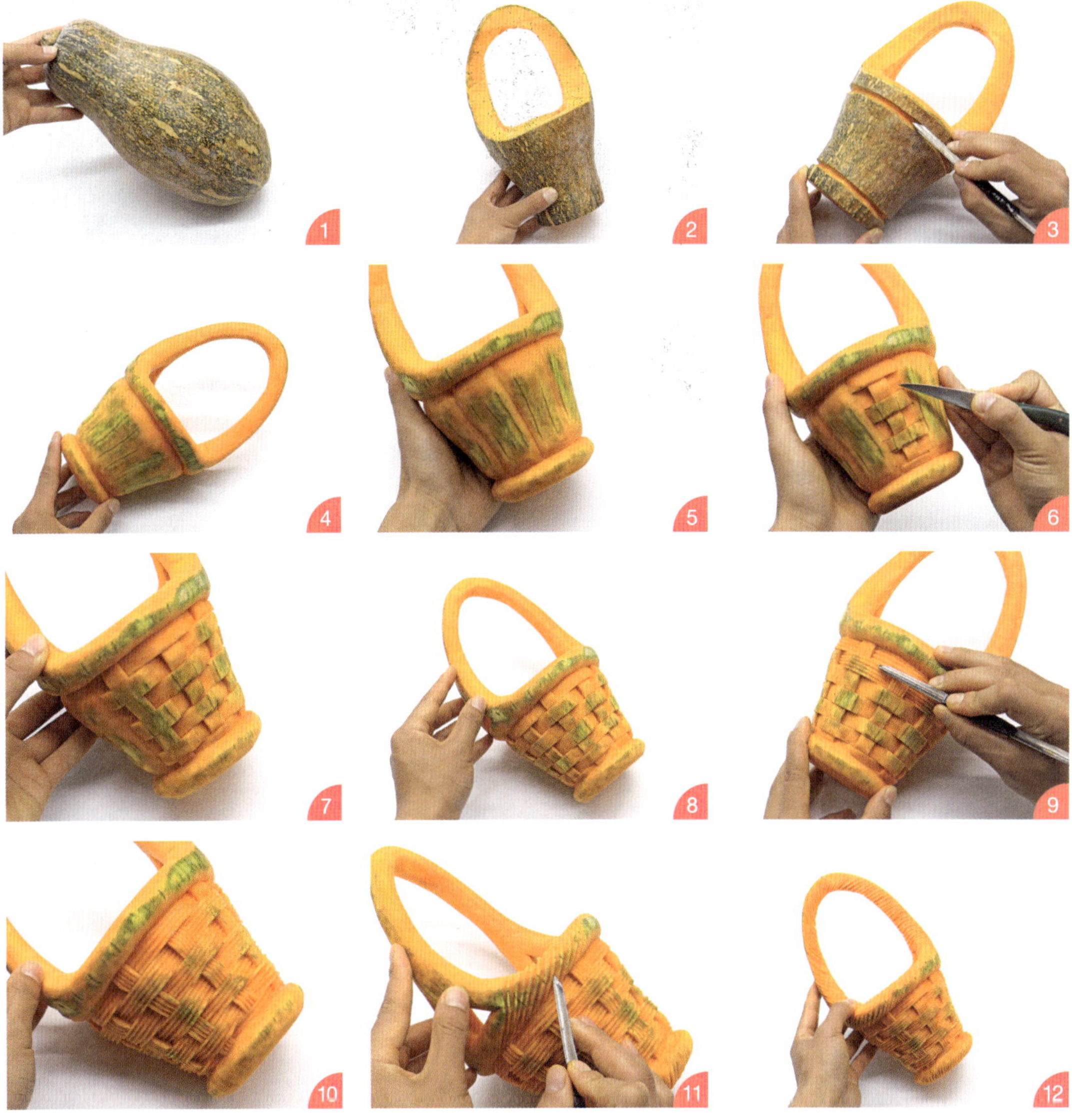

1 取一个长形南瓜。

2 用刀雕刻出花篮的提梁。

3 用V形戳刀戳出花篮上下两侧的分隔线。

4 用主刀将花篮棱角修整圆滑。

5 用主刀结合拉线刀分割出花篮纹理的宽度并修整光滑。

6 用主刀雕刻出花篮编织纹理。

7 运用同样方法进行雕刻。

8 雕刻出花篮整圈编织纹理。

9 采用小号V形戳刀戳出编织纹理细节。

10 呈现全部纹理细节。

11 用小号V形戳刀戳出花篮口纹理。

12 呈现出整个花篮。

13 将雕刻好的花卉组装于花篮中，呈现出完整雕刻作品。

实训2 金瓜盅

主要原料

小金瓜。

雕刻工具

主刀、中号U形戳刀、拉线刀、套环戳刀、小号圆形戳刀等。

制作步骤

1

2

3

4

5

6

1 准备两个同样大小的小金瓜。
2 用圆规定出瓜盖大小，结合U形戳刀取出盖子。
3 将小金瓜掏空。
4 用套环戳刀在瓜盅边缘戳出装饰纹。
5 用主刀结合小号圆形戳刀雕刻出瓜盅盖子纹理。
6 剔除纹饰以外瓜皮，并打磨光滑。

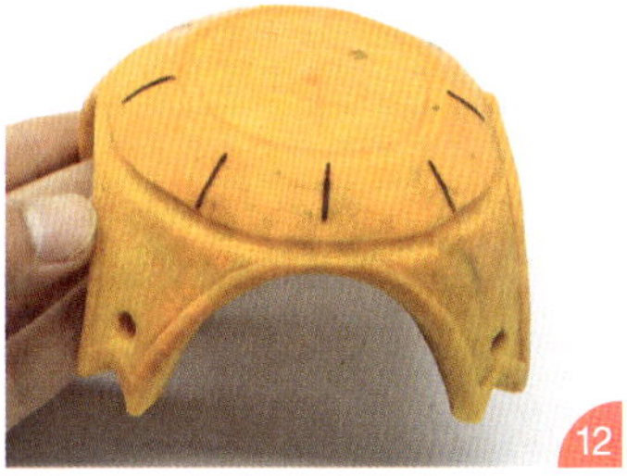

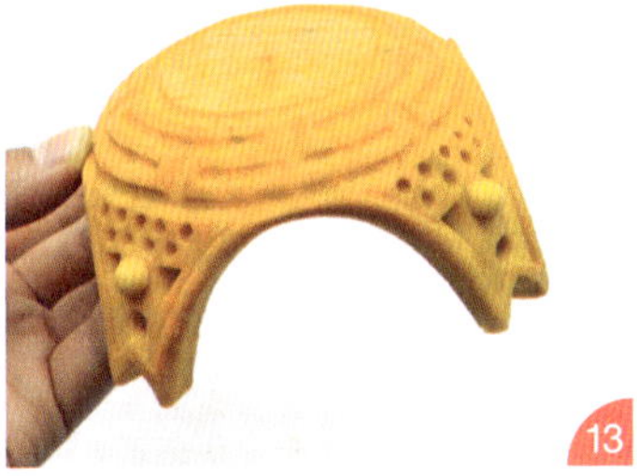

7　用主刀结合拉线刀雕刻出花朵。

8　在瓜盅左右两侧雕刻出不同花朵装饰。

9　用主刀结合圆形掏刀雕刻出细节纹理。

10　呈现出金瓜盅整体。

11　另取半个金瓜去皮。

12　用水溶性铅笔描出装饰纹理宽度。

13　雕刻出瓜盅底座纹理。

14　呈现出整个金瓜盅作品。

实训3 南瓜盅

主要原料

老南瓜。

雕刻工具

主刀、小号V形戳刀、U形戳刀、拉线刀。

制作步骤

1

2

3

4

5
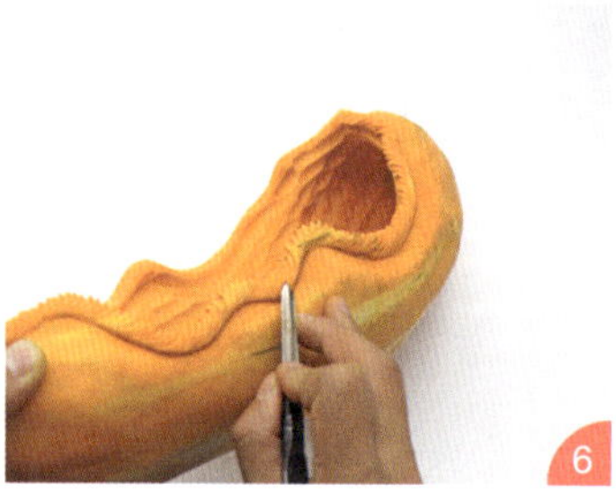

6

1 取一个长形的老南瓜。

2 用主刀取出南瓜盅的盖子。

3 用主刀在盖子上雕刻出牡丹花。

4 用主刀结合拉线刀在瓜盅、瓜盖边缘雕刻出线条。

5 用小号V形戳刀在瓜盖戳出锁边纹理。

6 用小号V形戳刀在瓜盅戳出锁边纹理。

7

8

9

10

7　呈现出瓜盅纹理。

8　用主刀结合U形戳刀在瓜盖表面雕刻出星空图。

9　用拉线刀结合主刀雕刻出瓜盅纹理。

10　呈现出整个瓜盅。

第五章

糖艺制作工艺概述

任务描述

- 了解糖艺制作过程中所需原料，掌握糖艺制作过程中各类原料的特点及使用方法
- 学习糖艺制作过程中所使用的各类器具，并掌握糖艺制作最新工具
- 了解糖艺制作技法的基本概念，掌握熬糖、拉糖、上色工艺的基本流程和操作要领
- 学习糖艺展台设计的基本思路，掌握糖艺展台制作的基本要求
- 通过对糖艺及面塑作品的赏析，加深对传统糖艺制作的理解，提高烹饪鉴赏能力

第一节 糖艺制作的选料

1. 白砂糖

白砂糖是糖艺制作的主要材料，含杂质少。熬出来的糖透明，在行业里被广泛使用。

目前行业中普遍使用艾素糖，其特点如下：

①使用方便，无须配方。缩短熬糖的时间，提高糖艺制作的效率。

②可反复使用多次，减少浪费，制作时不易返砂。

③能达到纯透明效果，硬度大，特别适合做大型作品的支架。

④抗吸湿效果好，作品不易溶化。

2. 葡萄糖浆

高浓度葡萄糖浆（85%），具有温和适中的甜度，良好的抗结晶性、抗氧化性、适中的黏度和良好的化学稳定性。

3. 糖艺胶

糖艺胶是喷在糖艺作品表面，防止作品氧化、返砂，提高作品色彩亮度，也可用作粘接糖艺作品。

4. 干燥剂

干燥剂是糖艺保存剂，干燥时呈蓝色，吸水后呈红色（可反复使用）。

5. 酒石酸

酒石酸呈小颗粒状，用水化开即成软化剂，可以软化糖体，增加糖体透明度，降低糖体受潮、氧化的风险。

6. 伦敦糖霜

伦敦糖霜能起到防潮的作用，主要用来和糖粉面时使用。

7. 食用白色素

食用白色素呈粉末状，做水晶球必须要用到白色素，否则无法形成中间的纹理。

8. 食用色素

食用色素主要用来制作不同颜色的作品。

第二节　糖艺制作常用器具介绍

一、糖艺制作一般工具

1. 单头糖灯

单头糖灯的主要用途是将糖块烤软（图1）。

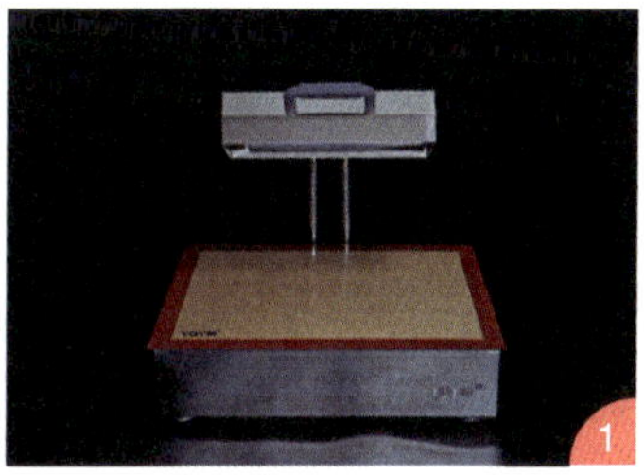

1

2. 画线刀

画线刀是由不锈钢材料制成。主要用途是用打火机烧热后画小鸟和动物身上的小绒毛（图2）。

3. 上色机

上色机也称迷你喷绘泵，适合糖艺、糖粉上色，糕点喷绘（图3）。

4. 不锈钢酒精灯

不锈钢酒精灯主要用途是做糖艺时小面积粘接使用，如粘鳞片、粘细丝等（图4）。

5. 不粘垫

不粘垫由硅胶材料制成，主要用途是烤糖时垫在糖的下方，熬糖时可将出锅的糖液倒在垫子上冷却（图5）。

6. 小风扇

小风扇主要用途是促进糖艺作品冷却（图6）。

7. 打火机

打火机主要用途是加热糖和烧糖艺刀用（图7）。

8. 手套

手套一般使用医用手套，做糖艺时必须戴上它，否则会烫手（图8）。

9. 糖艺刀

糖艺刀由不锈钢材料制成，用来刻画鸟类动物和人物的细节部分。全套有6个型号，满足各种操作需要，是制作写实糖艺必备工具之一（图9）。

2

3

4

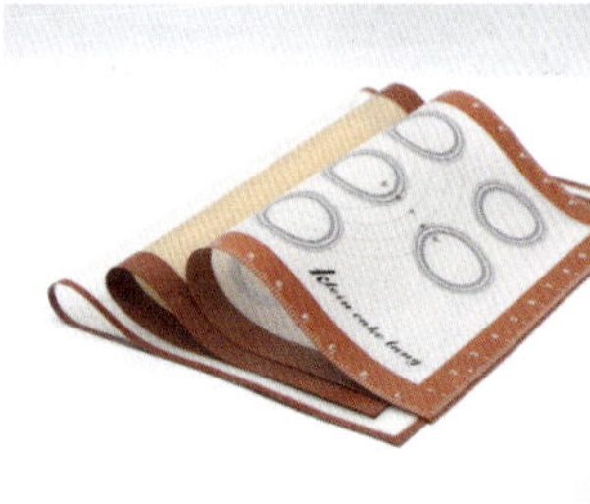
5

6

7

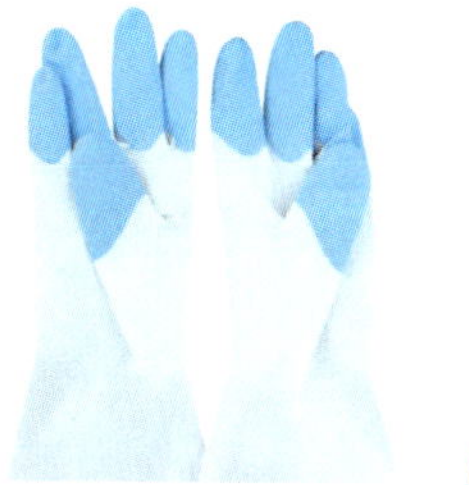
8

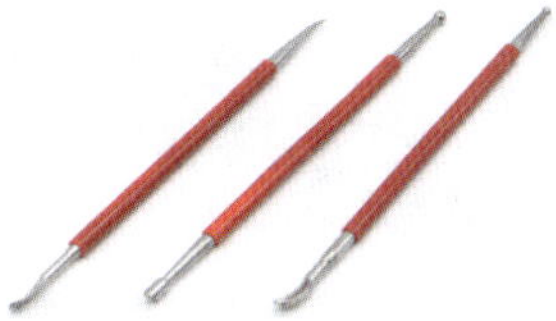
9

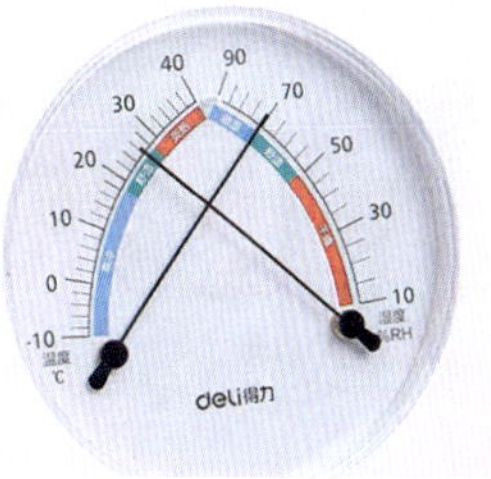

10

11

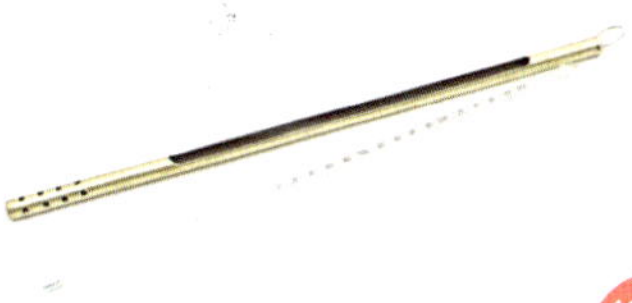
12

10. 温湿度表

温湿度表左边看温度右边看湿度，做糖艺最佳湿度在50%以下，湿度大于50%糖就会溶化（图10）。

11. 气囊

这是吹糖的唯一工具，头部配有铜管（图11）。

12. 水银温度计

水银温度计的主要用途是熬糖时测量温度（图12）。

二、糖艺制作最新工具

1. 加热枪

加热枪是糖艺制作的加热工具，有热气无火焰，同时配有3个大小不同型号的枪嘴，可以有针对性地对某个部位进行加热。加热过的地方可以进行二次造型，不会出现皱纹、发黄等现象。侧面设有两个旋钮，可调节风力大小和温度高低（加热枪示意图）。

2. 加热枪的功能

（1）加热　功能和打火机相似，可以将水晶球吹亮，也可以将两块糖吹软粘在一起。而且由于没有明火，被吹的地方不会发黄。

（2）祛疤　如做寿星头的时候需要补上眼睛、鼻子、嘴巴等，补上五官后会出现许多

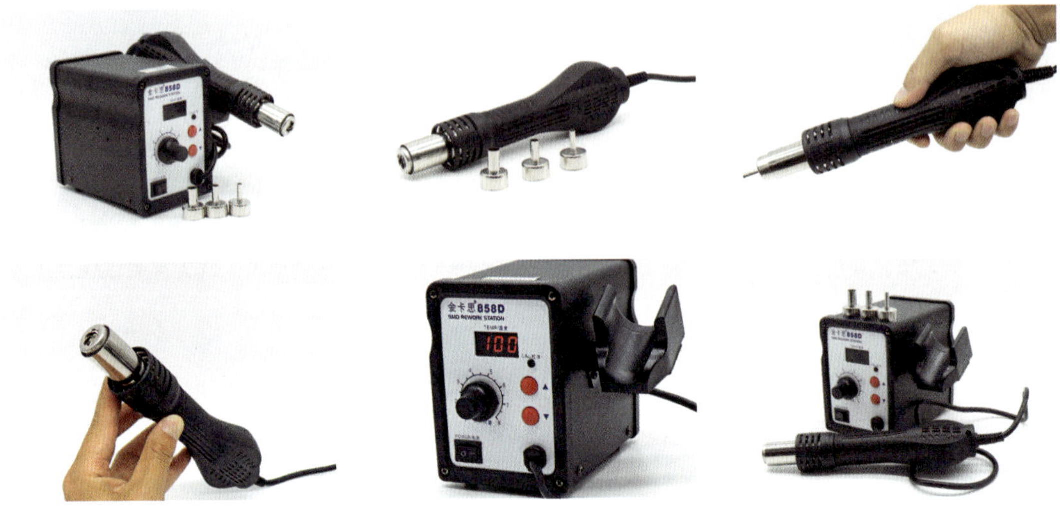

加热枪示意图

粗糙的缝隙，这时候用加热枪吹一下，可以消除缝隙。

（3）二次造型　如做龙头嘴唇线时，先是把嘴唇做成一条直线，待龙头和嘴唇线硬了，用加热枪对准嘴唇线部位吹一下，将嘴唇线部位吹软，再用糖艺刀顶出它的弯曲造型即可。若用打火机来加热，由于明火会将表面迅速烧化而里面却还是硬的，用糖艺刀就无法顶出工整的弯曲弧度，还会出现皱纹。

三、糖艺制作常用模具

1. 中号花瓶模

中号花瓶模内部最宽处为13厘米、高度18厘米，适合做中小型的糖艺作品（图1）。

2. 大号花瓶模

大号花瓶模主要用来制作大型糖艺作品的底座，大号花瓶模内部最宽处为12.5厘米、高度为32厘米（图2）。

3. 叶模

叶模主要用来压制花瓣和叶子，常用的有：普通叶脉、牡丹、白菜、荷叶、马蹄莲叶等（图3）。

4. 球模

球模是制作水晶球专用模具，内侧直径从1厘米到14厘米各种型号都有。做大型作品最常用的是11厘米的型号（图4）。

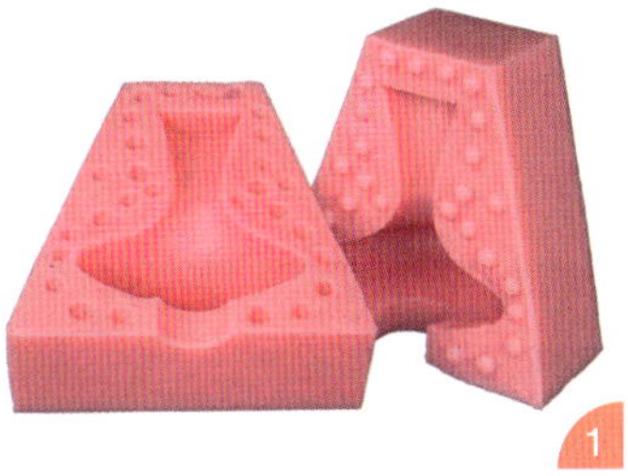
1

2

3

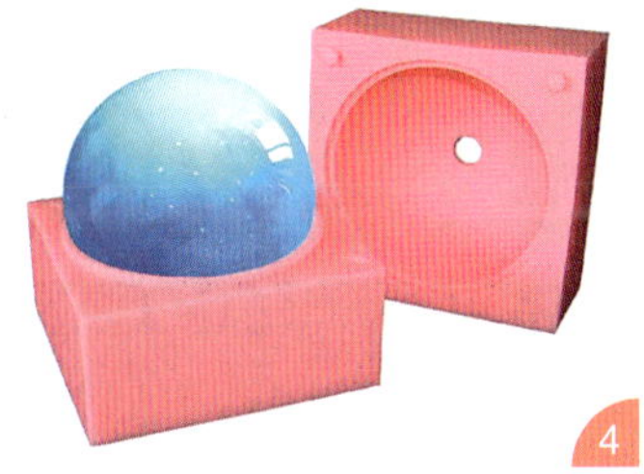
4

5

6

5. 盘饰模具

这些模具主要用于制作盘饰使用，花式较多，有花卉、动物、水族、鸟类等（图5）。

6. 五色模具

这些模具可用来制作金鱼尾巴、假山表皮、鱼鳞片、鸟羽毛、直条纹理等（图6）。

第三节　糖艺制作的基本技法

一、熬糖工艺

1. 熬糖

要使糖液达到糖体规定的浓度变成硬糖，就必须去除糖液中残留的绝大部分水分，通过不断加热蒸发水分，直至最后将糖液浓缩至规定的浓度。这一过程在糖艺制作中称为熬糖。

2. 操作过程

（1）干熬法

1 取500克艾素糖放入熬糖专用不粘锅中。

2 小火加热熬制。

3 艾素糖由颗粒状慢慢熔化。

4 待熬制成团后继续加热。

5 熬制艾素糖全部烤化。

6 待温度达到180℃时关火即可。

7 倒入适量的干燥剂在保鲜盒内。

8 将熬好的糖放入保鲜盒中储存。

（2）水熬法

1　在不粘锅中先倒入200克纯净水或蒸馏水。

2　加入500克艾素糖。

3　将其搅拌一下。

4　慢慢熬化使水分蒸发。

5　熬制水分蒸发完。

6　待温度达到160℃关火。

7　将熬制好的糖倒在不粘垫上凉透储存即可。

二、拉糖工艺

1. 拉糖

初始拉糖要求不温不火、轻吹满扯。拉糖要注意把握时机。拉糖的目的一是降温；二是在糖体中充入适量气体，气体在糖体中被挤压，产生折射使糖体迸发出光泽。当糖体的温度在80℃时，硬核或晶块会完全变软，此时要趁热操作，动作要干净利索，糖体被完成拉糖之后，应正好是60℃左右的操作温度。操作者只有熟能生巧才能做到潇洒自如、恰到好处。

2. 操作过程

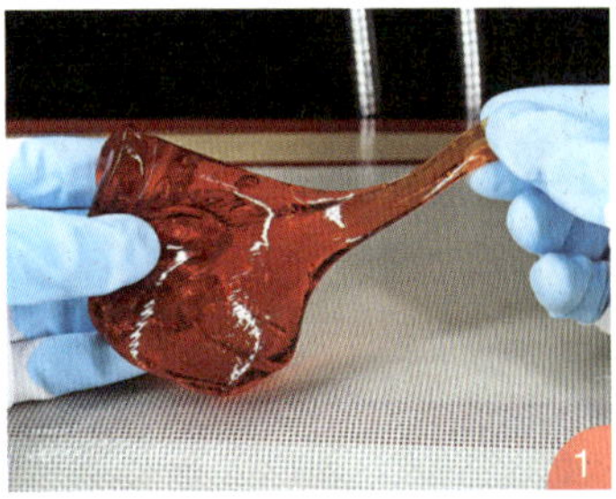

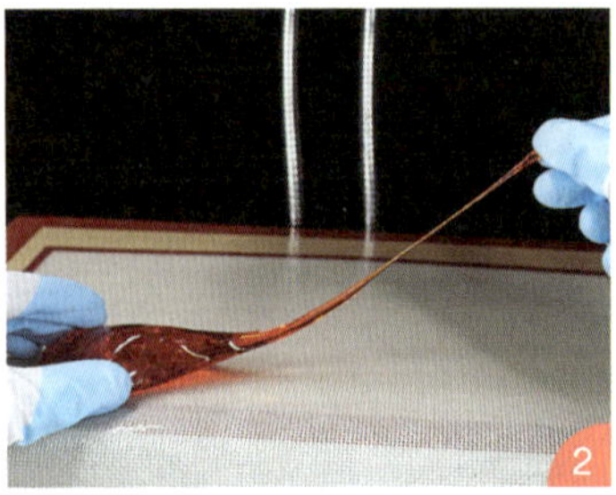

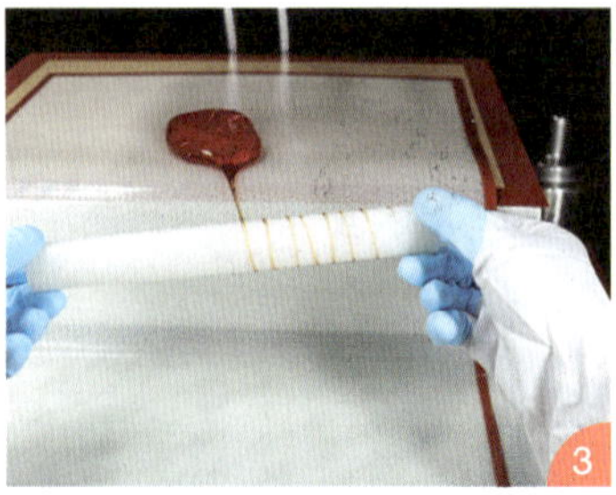

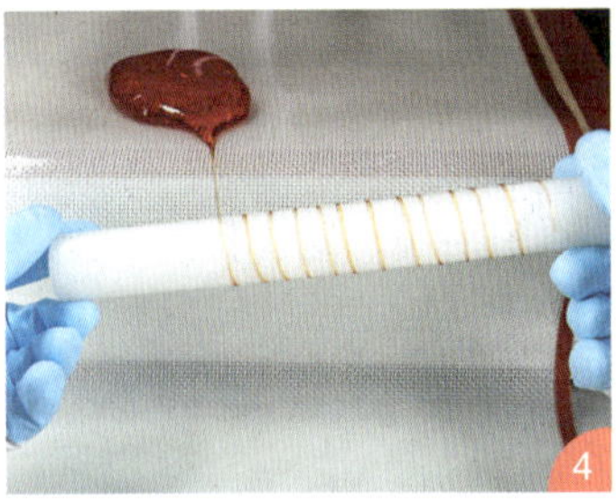

1 取一块透明的糖体，用手指拉伸糖体。

2 将糖体拉细。

3 把拉细的糖丝缠绕在尼龙棒上。

4 缠绕出一圈糖丝，凉透取出即可。

3. 作品实例

三、上色工艺

上色工艺实训

上色法1

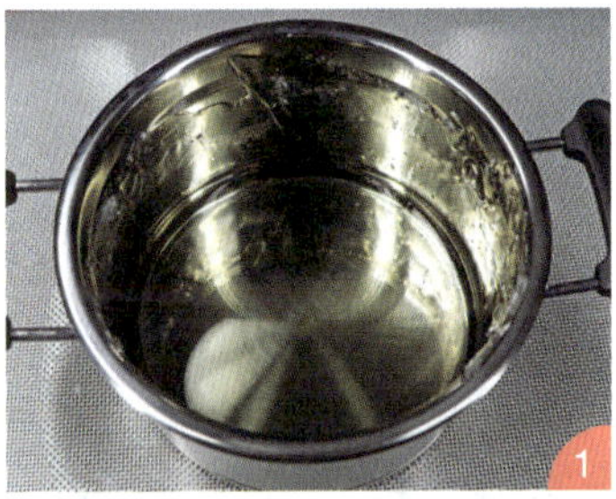

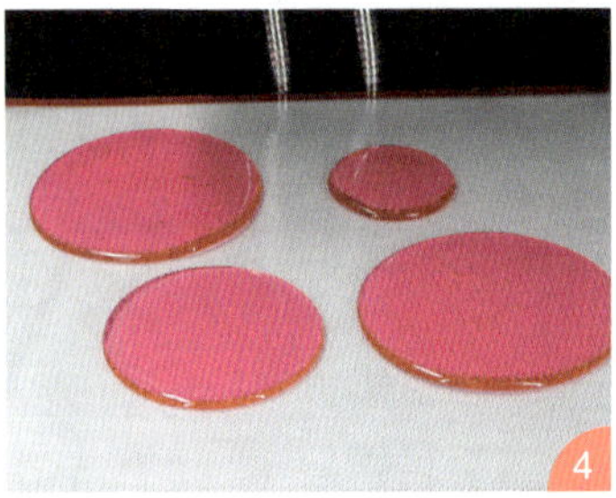

1 取熬化的糖。

2 加入粉色色素，搅拌均匀。

3 将调好颜色的糖倒在不粘垫上。

4 待凉透储存即可。

上色法2

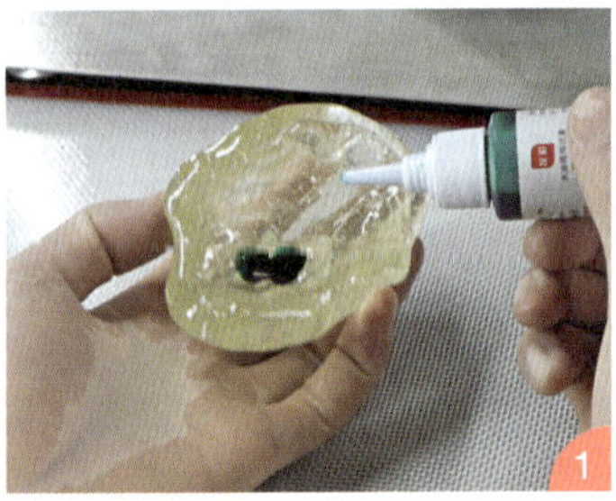
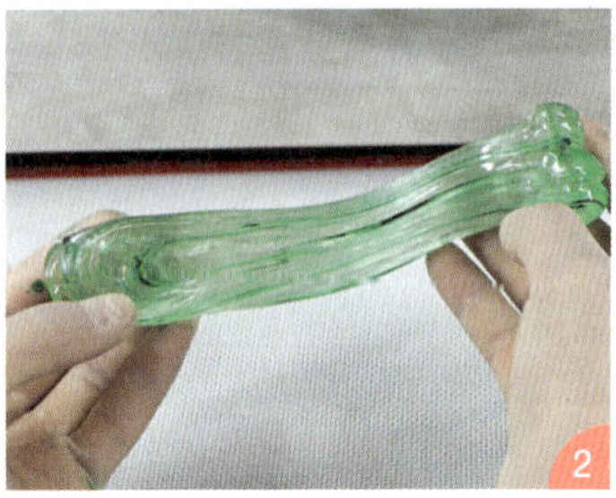

1 取一块熬好的透明糖体，加入绿色色素。

2 将糖体重复拉伸。

3 使糖体颜色均匀即可。

上色法3

1 将黄色色素加入熬好的艾素糖浆中。

2 用勺子搅拌均匀。

3 把黄色糖浆倒在不粘垫上。

4 在黄色糖浆中加入蓝色色素。

5 搅拌均匀呈现出绿色糖浆。

6 将绿色糖浆倒在不粘垫上，待凉透储存即可。

上色法4

1 在熬好的艾素糖中加入粉色色素。

2 用勺子搅拌均匀。

3 将粉色糖浆倒在不粘垫上。

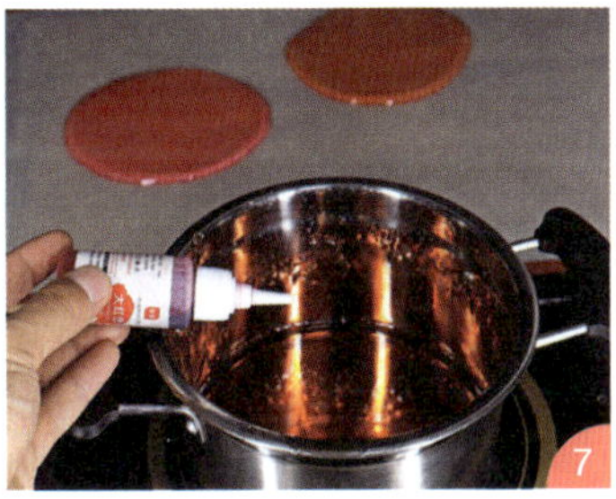

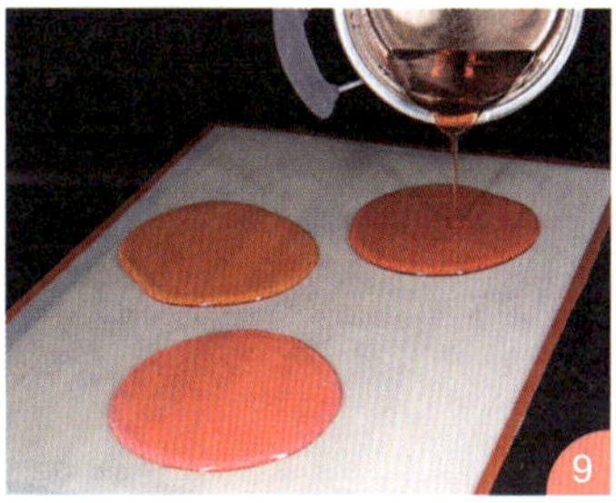

4　在粉色糖浆中加入黄色色素。

5　搅拌均匀呈现出橙黄色。

6　将橙黄色糖浆倒在不粘垫上。

7　在橙黄色糖浆中加入红色色素。

8　搅拌均匀呈现出大红色糖浆。

9　将大红色色素倒在不粘垫上，待凉透储存即可。

第四节　糖艺制作工艺实训

实训1　孔雀

1 用棕黑色的糖体捏出树干大形。
2 取小块糖体捏出树枝。
3 用糖体拉出树根大形，粘接于树干底部。
4 做出整个树干底座。
5 取一硅胶模具制作出一椭圆形糖体。
6 在椭圆形糖体中粘接出装饰糖体。
7 做出椭圆形装饰物。
8 取一块糖体做出孔雀的身体大形。
9 用黄色糖体和蓝色糖体捏出孔雀尾巴的大形。
10 将椭圆形装饰物粘接于树干底座上。
11 取一块糖体拉出中间厚边缘薄的样子。
12 将糖体弯曲成孔雀嘴巴形状。

13　把做好的嘴巴与孔雀头部粘接在一起。

14　做出孔雀头部细节。

15　将孔雀头部粘接于身体上。

16　取黄色糖体拉出薄片。

17　呈现出黄色薄片细节。

18　用同样方法拉出蓝色薄片，粘接出孔雀尾羽。

19　呈现出完整尾羽。

20　制作出孔雀剩余尾羽。

21　将尾羽调整位置粘接于孔雀尾部。

22　取糖体均匀地拉出孔雀细羽。

23　将孔雀细羽均匀地粘接在尾部。

24　呈现出孔雀尾部完整造型。

25 做出孔雀头部的翎毛并依次粘接在头部。

26 取一块糖体做出翅膀大形。

27 做出孔雀的翅膀。

28 将翅膀粘接在孔雀的身体上。

29 粘接花朵进行点缀即可。

实训2 天鹅

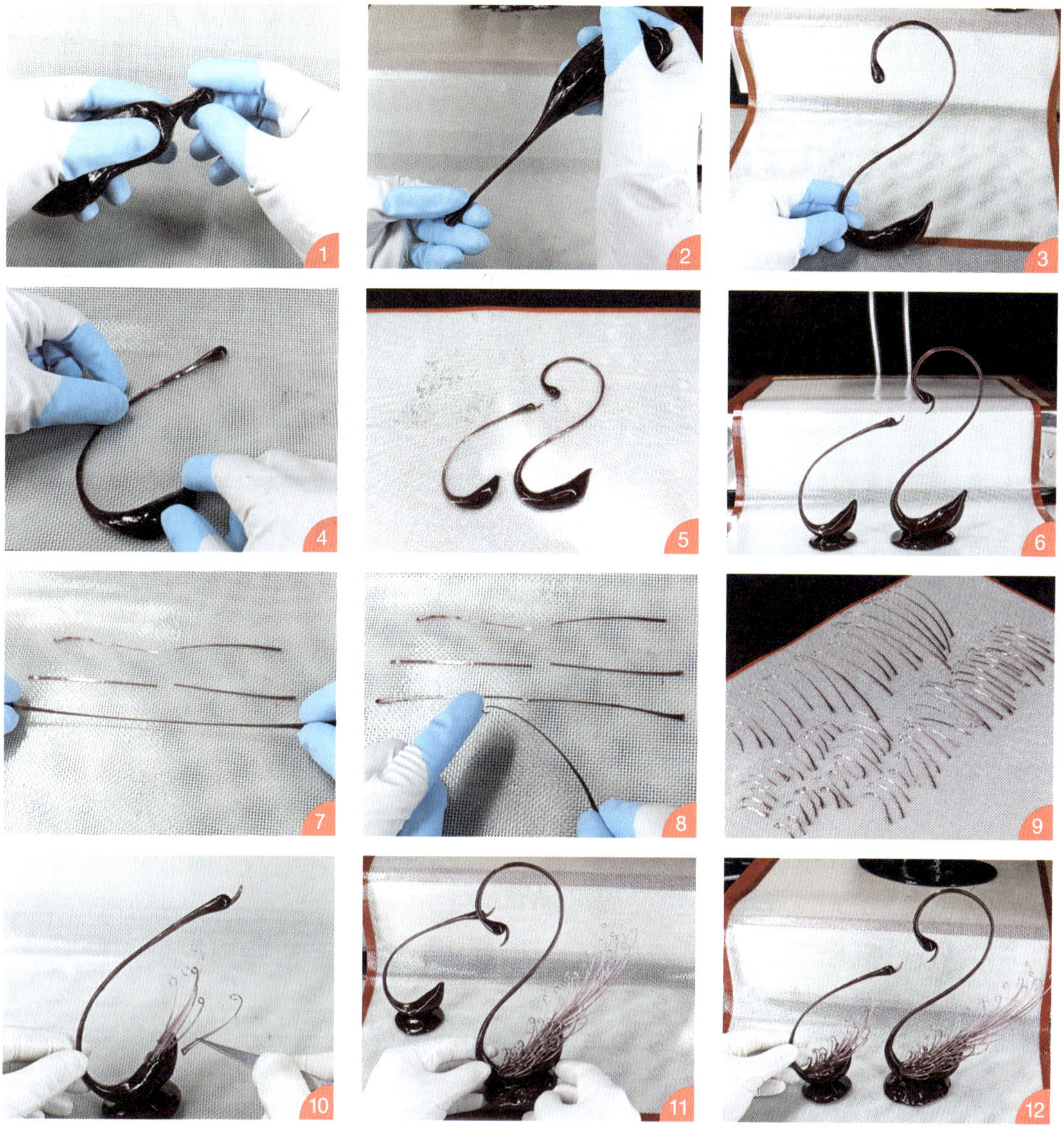

1 取一块糖体，在糖体面上缓慢地拉出天鹅头部。

2 用手指慢慢地拉出天鹅脖子长度。

3 做出天鹅脖子的造型。

4 运用同样方法拉出另外一只天鹅。

5 呈现出两只天鹅。

6 将天鹅粘接在底座上。

7 取糖体拉出天鹅羽毛。

8 用手指将羽毛微卷。

9 做出长短不同的羽毛。

10 将羽毛粘接于天鹅身体上。

11 呈现出天鹅翅膀。

12 呈现出完整作品。

实训3 仙人掌

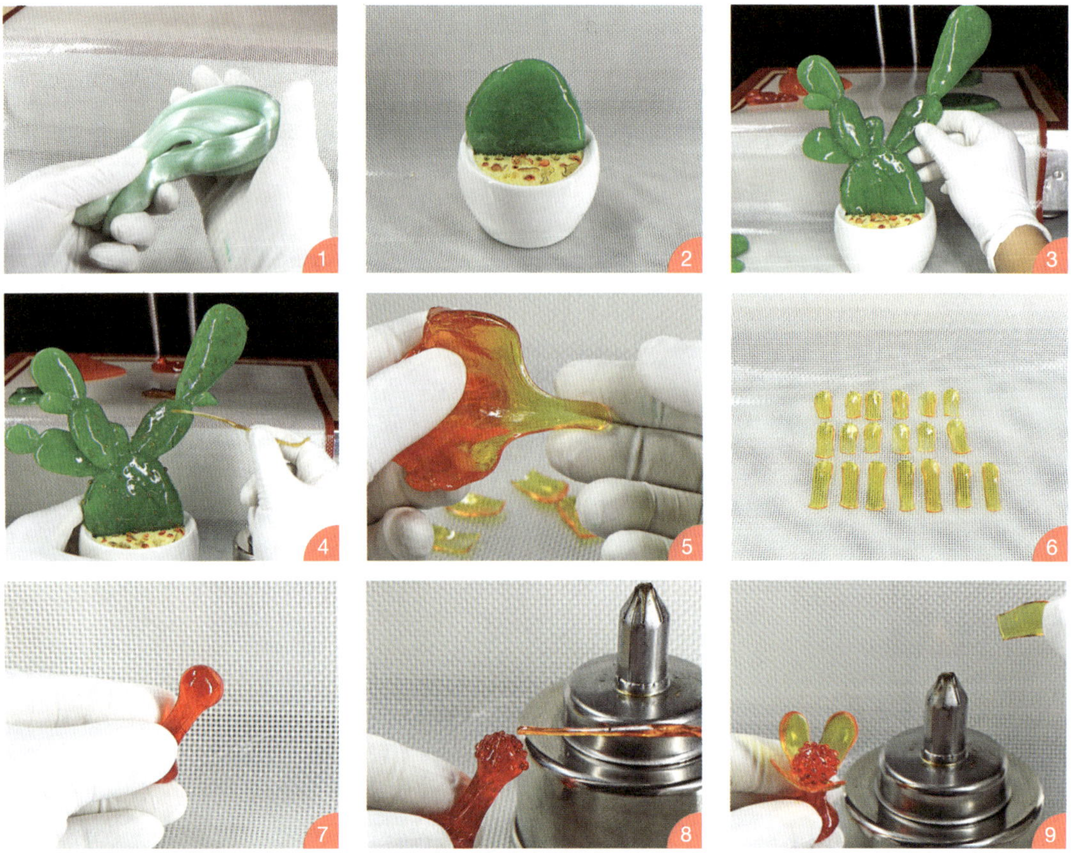

1 取一块浅绿色糖体拉伸均匀。

2 做出一块糖体粘接于盛器中。

3 粘接出不同大小的糖体。

4 用黄色糖体定出针刺位置。

5 取黄色糖体拉出花瓣。

6 呈现出不同长短的花瓣。

7 取红色糖体做出花托。

8 做出花蕊。

9 粘接上花瓣。

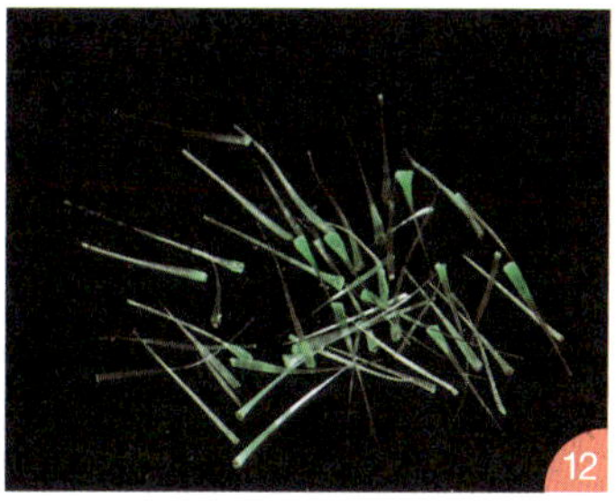

10 粘接出完整花朵。

11 将花朵粘接于仙人掌上方。

12 拉出仙人掌刺。

13 将刺均匀地粘接在仙人掌上。

第五节 面塑制作工艺实训

一、面塑制作实训

实训 关公骑马

（一）马的制作

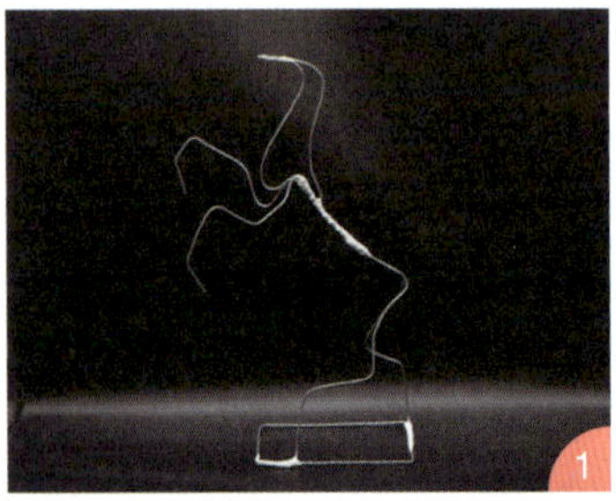
1

2

3

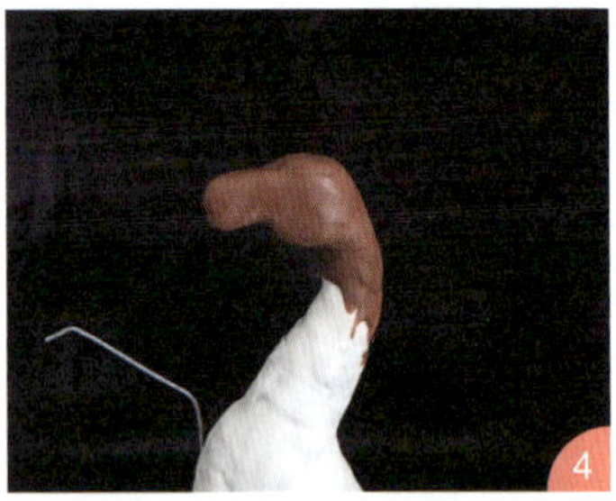
4

5

6

7

8

9

10

11-a

11-b

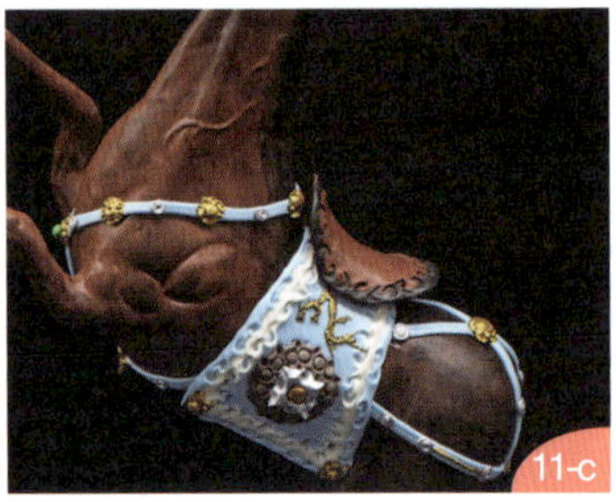
11-c

1 用铁线做出马的骨架大形。

2 用报纸缠绕出马的身体。

3 取面团做出身体大形。

4 取面团做出头部轮廓。

5 用主刀结合开眼刀雕塑出嘴巴和鼻梁大形。

6 雕塑出脸部轮廓。

7 雕塑出眼睛、牙齿和耳朵。

8 取棕色面团做出脖子的大形。

9 取黑色面团做出马蹄。

10 雕塑出马身体的基本轮廓，并安装在泡沫底座上。

11 雕塑出马鞍子，并安装在身体上。

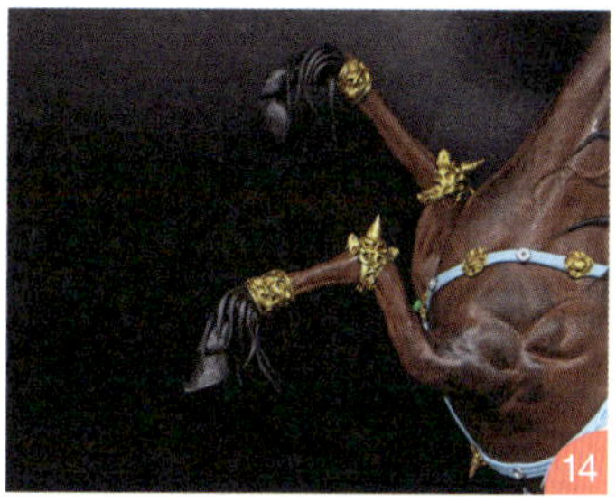

12 取小块面团搓条按压，做出鬃毛，将鬃毛粘接在马的颈部。

13 雕塑出马尾巴。

14 雕塑出细小的毛发粘接在马蹄上方。

15 制作出整匹马的造型。

（二）人物面部制作

1 捏出头部大形。

2 在头顶三分之一处塑出眉头。

3 在头顶三分之二处塑出鼻梁。

4 塑出眼窝，镶上眼珠，压出上下眼皮。

5 塑出嘴巴宽度。

6 塑出嘴唇。

7 塑出下巴。

8 塑出面部大形。

9 塑出耳朵，粘上黑眉和眼珠。

（三）人物身体制作

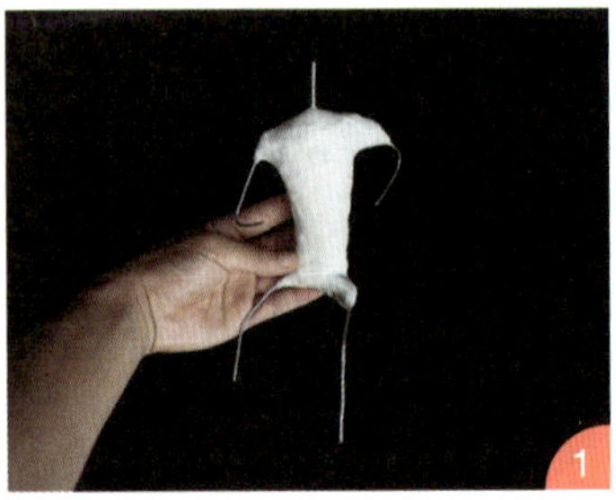

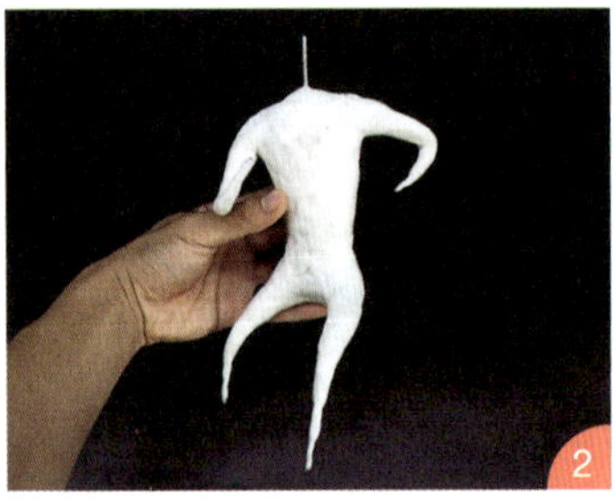

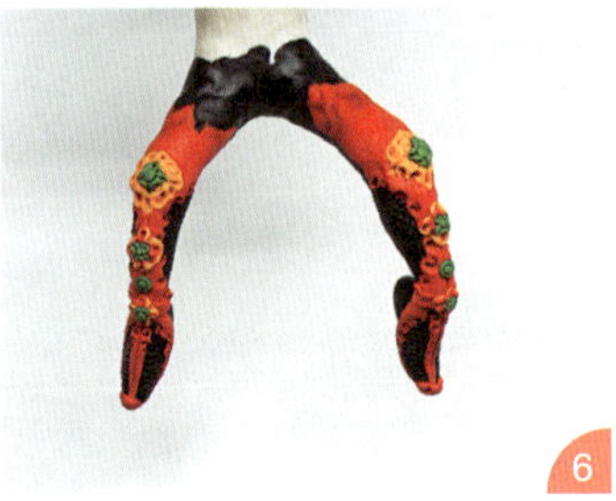

1 用铁丝、报纸做出身体大形。

2 用面团做出身体的基本轮廓。

3 将头部粘接在身体上。

4 捏出腿部大形。

5 用“T”和“工”字形面片包在脚背和小腿位置塑出护腿纹路。

6 呈现出护腿效果。

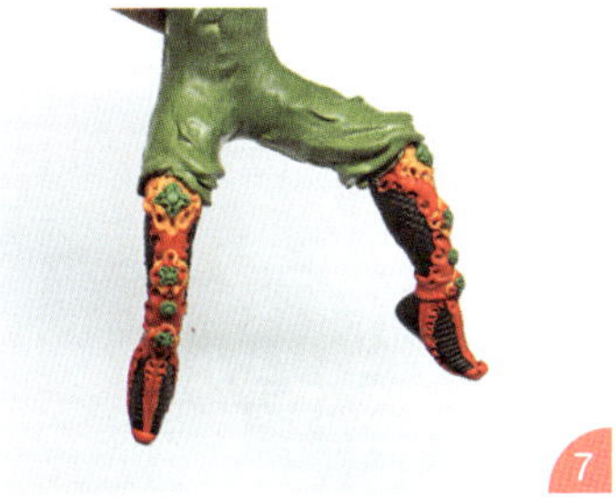

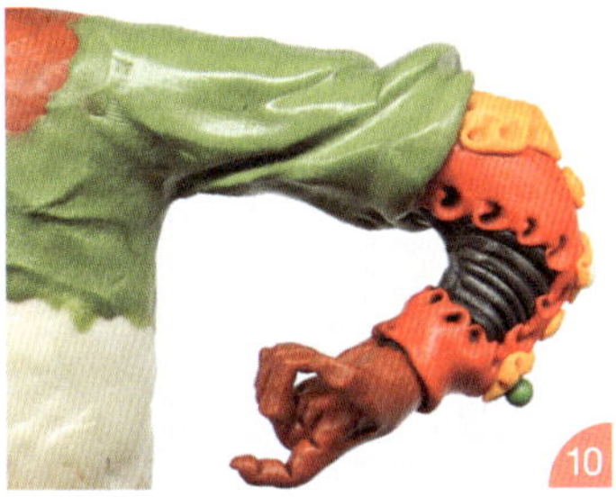

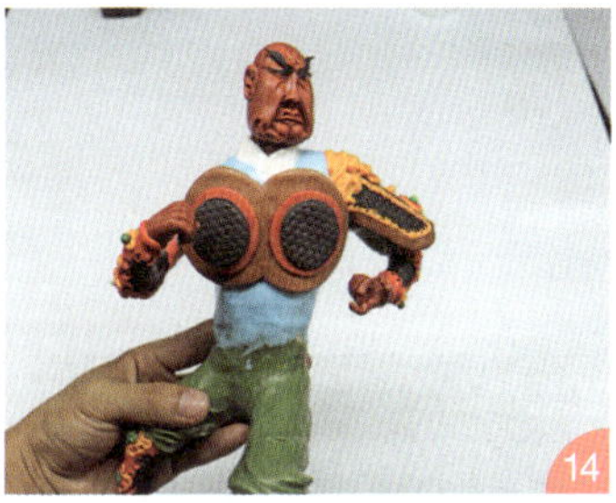

7　塑出裤子纹路。

8　捏出手掌并固定在手臂上。

9　塑出护臂，镶上珠子。

10　塑出衣袖纹路。

11　压出甲片盖住上臂，填充黄色面，并塑出花纹和肩吞。

12　将塑好的披膊粘接在手臂上。

13　压出两个圆片粘贴于胸部。

14　用梅花甲压出两片胸甲。

15　制作出胸甲。

16　制作出背甲。

17　制作出甲裙，方法与披膊相同。

18 将甲裙粘接于腿部。

19 用绿色面皮围绕腰部一圈，装上腰带，雕塑出龙纹图战袍。

20 制作出帽子。

21 制作出胡须。

二、面塑作品赏析

菜园子

车夫

济公

理发

木匠

悟空

中篇

菜品装饰工艺

第六章

菜品装饰设计理论

任务描述

- ❑ 掌握菜品装饰设计相关概念以及色彩与布局的相关联系
- ❑ 了解菜品装饰设计色彩基础，能够灵活利用各种色彩进行盘饰设计
- ❑ 掌握菜品装饰设计搭配，增加菜肴整体突破感以及菜肴整体效果
- ❑ 掌握菜品装饰设计成功的运用技巧，提高菜品设计装饰水平

第一节　菜品装饰设计概述

菜品的装饰与造型设计，旨在体现、充实菜肴本身的美，营造愉快或美好的意境，让就餐成为味觉、视觉、身体、心灵的全方位享受。

菜品装饰作品可以表现人们喜爱的物品、美景，或者喜事、节日、理想、愿望等，也可以是完全抽象的。创作者平时多留意生活，会发现有很多细节可以借鉴。真正爱生活、爱美食的人，一定能做出有自己风格与思想的作品。进行盘饰设计应将菜肴、餐具和装饰物融合考虑，从色彩、造型、质感各方面提升菜品的质量。

作为一个菜品装饰的制作者，首先要了解菜品，这样才能知道针对的是什么样的目标。还要熟练掌握工具的性能，提高自己的手法、技艺。要充分了解色彩与布局的学问，进行合理运用、灵活搭配。

一般盘饰设计从以下几个方面进行考虑：

①菜肴特点；

②色彩构成；

③空间布局；

④技法操作；

⑤工具使用；

⑥搭配运用。

第二节　菜品装饰设计搭配

菜品装饰设计的宗旨，始终是为菜肴服务的。不一定要过于华丽，有时只需要使用简单的搭配，突出的主题，盘面的留白，客人就会感到轻松与自在，体会创作的内涵。

在构思、制作时，应该让菜品装饰与菜品融合，而不是成为单独的个体。注意空间位置的占用和力度感的体现，注意要表达的中心思想。近几年来所流行的趋势是简约的设计与简单的制作，这样既经济，又有充分的想象空间。我们总结了下面一些搭配规律，在各种风格和主题中，都是通用的。

1. 色彩的搭配

色彩的运用要从菜品整体上进行考虑。充分考虑菜肴主体的色彩以及餐具的颜色。基本上是以菜肴主体的颜色来确定所需要的装饰食材。

色彩不可使用过多，否则会使菜品看上去累赘、花哨，让人感觉压抑、局促。一般的菜肴在装盘时，包括菜肴和装饰，有3～5种颜色相互搭配比较合适。可以参考下面的公式来确定各部分颜色的面积比例：主色：互补色：邻近色=4：1：0.5。

主色即菜肴主体的色彩，互补色是在色环上与主色相距最远的色彩，邻近色是与主色相距最近的色彩。

2. 面积的搭配

菜肴的装饰都是放在餐具上呈现的。一般来说，制作精致菜品时，菜肴主体的盛放面积占盘面的1/3；菜品装饰的预留面积也只能是1/3，这其中，菜品装饰的主体又只能占到预留面积的一半；剩下的的盘面就留白。这样的盛放方式可以让人感觉放松、舒畅，不会局促、压抑。

3. 高低的搭配

如果菜肴本身不能产生明显的立体感，就需要在菜品装饰上体现出高度；如果菜肴本身可以营造出立体高度，那么菜品装饰就需要平缓一些。二者不能呈现相同的高度。使用杯器、立体插件等装饰，可以产生明显的立体感、落差感。

4. 造型的搭配

造型的搭配主要体现在餐具形状、菜肴形状、盘饰主体形状之间。比如利用各种形状的餐具、杯器，巧妙进行菜肴的刀面加工、造型摆放，变换盘饰主体的造型，都可以使菜肴整体具有突破感。

5. 食材的搭配

菜品装饰可以选用不同于主菜的材料，但是口味和色泽要得当。比如牛排菜肴，可以搭配清新爽脆的素菜，解除油腻感的同时也增加了视觉欣赏效果。

第三节　菜品装饰设计色彩基础

菜品的颜色会直接影响食客的感受。好的色彩搭配会使人感到放松、温馨；不当的色彩搭配会使人感到消沉、压抑等。所以色彩的运用是不容忽视的。

色彩有冷、暖色调之分。一般来说，黄、橙、红为暖色调，会促进人的食欲；绿、紫、蓝为冷色调，会使人感到富有生态、有益健康。

对各种颜色的详解如下。

1. 暖色系

（1）红色　鲜艳，视觉刺激强，让人感觉活跃、热烈，有朝气，同时也刺激了人的味蕾，让人胃口大开。在人们的观念中，红色往往与吉祥、喜庆相联系，它自然成为一种节日、庆祝活动的常用色。

（2）黄色　明亮，让人感觉到快乐，或者显得娇嫩。容易让人联想到营养丰富的黄油、杏仁、黄豆等食品。古代皇室的象征色彩也是它，有高贵的含义，所以在一些高级宴会中也常常使用黄色元素。

（3）橙色　柔和，具有红与黄的优点，让人感到温暖。一些成熟的果实、富于营养的食品如橙子、糕点、胡萝卜也是橙色的。所以橙色能带给人营养、香甜的联想。

2. 冷色系

（1）蓝色　蓝色在自然界的食材中不多见。它与红色相反，易让人感觉低沉、神秘，或者感觉陌生、孤独。所以在菜品中常避免使用蓝色。但是，在适当的情形下运用，会产生清澈、超脱的感觉，或者给人宁静之感。

（2）绿色　具有蓝色的沉静和黄色的明朗，是稳重而又舒适的色彩，它是植物叶子的颜色，可以缓解眼疲劳，让心情平静、轻松。幼嫩的植物大都是绿色，因此它能给人新生、单纯的联想。但大面积地在菜肴装饰中运用绿色，易使人感觉冷清、消沉、食欲减退。因此，绿色在设计中只能少用，起画龙点睛的作用。

（3）紫色　优美高雅、雍容华贵的颜色。有红色的个性，也有蓝色的特征。给人无限浪漫的联想，追求时尚的人最推崇紫色。但盘饰中大面积地运用紫色会使整体色调偏深，产生压抑、低沉或烦闷的感觉，影响食欲。它适合作为装饰的亮点存在，而不是主体。

（4）黑色　黑色食物的营养价值一直是受到推崇的，如黑芝麻、木耳、黑米等，有抵抗衰老的功效。在盘饰色彩运用中，黑色可以和很多颜色搭配，产生出各种各样的效果，比如，巧克力黑可以产生现代感，或者浪漫感。需要注意的是黑色也是阴暗的象征，有时代表令人忌讳的东西，所以大面积地运用黑色是需要慎重考虑的。

（5）白色　白色给人纯洁、纯粹、素净的感觉，在餐饮行业中常见到。白色反射全部的光线，带来宽敞、放松的感觉，容易产生留白的效果。

黑色与白色不存在色感，不出现在色环上。恰当地运用黑色、白色，可以跟任何一款色彩成功搭配。它们在食物当中的品种相当多，这也给我们的创意提供了便利，无论是白还是黑，无色感的特性容易带来极端的印象，如果搭配不当还会让人产生“清冷”“空旷”等负面感受。盘饰色彩尽量选用可食性的材料实现，减少色素的使用，这样会更有亲和力。

食材颜色表

暖色系	红色：红辣椒、番茄、山楂、红苹果、草莓、红枣、红米、柿子
	橙色：胡萝卜、白薯、杏、香瓜、哈密瓜、芒果、木瓜、南瓜和柑橘
	黄色：黄椒、柠檬、小麦、小米、玉米、板栗、香蕉、桂圆、饼干
冷色系	绿色：黄瓜、绿椒、青柠、西芹、芥蓝、各种鲜香草、蔬菜
	紫色：紫玉米、桑葚、葡萄、山竹、黑布林、紫薯、紫山药、紫扁豆
	白色：白萝卜、白菜、百合、银耳、莲藕、莲子、面包、土豆
	蓝色：蓝莓、甘蓝
	黑色：黑米、黑豆、黑芝麻、巧克力、香菇

第四节　菜品装饰设计成功的运用技巧

菜品装饰设计成功的运用技巧如下。

（1）餐具尽量选择又平又浅的，不管是什么形状，至少有50%～70%的面积是浅的。保证盘饰区域只占用总面积的1/3。

（2）餐具宜颜色素净。如果有花边，应该避免色彩与花纹太过丰富，导致视觉的分散。

（3）盘饰主体的摆放粘接位置应该在菜肴主体的左上角或者是右上角，即10点钟或者2点钟的位置。

（4）让盘饰色彩与菜肴的主体颜色形成反差，或者说互补。水果、蔬菜、酱汁、饼干常适合采用。

（5）注意使用小点缀。利用各种酱汁形成点、线、面进行搭配，简洁大方而又方便。使用荷兰芹、蓬莱松等素材装饰，能让视觉更饱满。

（6）盘饰食材的造型特征和口味与菜肴主体不同，可使感觉鲜明、平衡。

（7）利用杯器进行搭配，产生高低错落、立体层次，可使整体视觉效果活泼、创意感鲜明。

（8）注意你最想让客人欣赏到的是哪个面，菜品上桌时，要让这个面朝向客人。

第七章

菜品装饰工艺实训

任务描述

- ❑ 了解糖艺盘饰工艺的基本操作方法
- ❑ 熟悉并掌握糖膏的制备与制作方法
- ❑ 熟悉制作巧克力造型的方法
- ❑ 了解制备酱汁盘饰工艺的颜料和工具
- ❑ 熟悉并掌握分子美食的制作过程

第一节 糖艺盘饰工艺

糖艺作为新兴的菜肴装饰方法，以其光亮或晶莹剔透的质感以及丰富的造型变化而受到餐饮界的追捧。在运用到盘饰中时，逼真的造型常常过于耗时，而使用抽象、简约的风格，容易制作出时尚、意境感丰富的作品，符合酒店快捷、精美的出品要求。

本节首先介绍糖体的熬制，而后分拉糖和流糖两类介绍盘饰的制作。拉糖是对温热的固态柔软的糖体进行加工，流糖是对高温液态的糖体进行加工。

一、糖体的熬制

制作糖艺之前，要将糖粒熬制成单一、柔软的糖体。糖体可以用两种原料来制作，一种是蔗糖类原料；另一种是艾素糖，它们有不同的性质。

（一）使用蔗糖类原料熬制糖体

1. 配方

韩国砂糖、绵白糖、白砂糖、单晶冰糖，这些蔗糖原料都可以用来制作糖体。熬糖的配方如下，适用于各种蔗糖（表7-1）。

表7-1 熬糖的配方

蔗糖	1000克
葡萄糖浆	250克
酒石酸溶液（酒石酸：水=1：1）	5滴
水	400克

在配方中，加入葡萄糖浆和酒石酸的目的是防止糖体还原，即结晶还原为小颗粒晶体。如果大量结晶，凝结成片，就叫作返砂。下面详细解释配方中各种原料的选择和作用。

（1）蔗糖　颜色要洁白，没有任何杂质，味道也要正，手感干燥疏松。好的原料熬出的糖体干净、透明；质量差的，则糖体夹杂气泡多、颜色较深。

（2）葡萄糖浆　取浓度80%，DE值（葡萄糖值）40%，颜色要透明。它的作用一是减少结晶，二是让成品更有硬度、韧度。

（3）酒石酸溶液　它是由固态酒石酸和温水按重量1：1混合，充分溶解而成。用滴管控制用量。酒石酸的作用：一是减少结晶，效果强于葡萄糖浆；二是让糖体在烤热后更加软化，便于塑造。

（4）水　不应有杂质，以蒸馏水为最佳，但成本偏高；纯净水也是不错的选择。水质不佳，会导致糖变黄、结晶。

熬糖时，加热到不同的温度有不同的声音、气味和气泡产生，这反映了糖液的性质变化。

2. 实践操作

蔗糖类原料的熬制温度以160℃为宜，一般不要超过170℃，温度过高会生成饴糖，饴糖容易变褐色与吸湿，让作品不够透亮、易熔化。放置糖体的环境越干燥越好，相对湿度不要超过50%，湿度过高，糖会粘手与熔化。

下面详解熬糖的步骤。

（1）准备好原材料和工具。

（2）用不锈钢复合平底锅装纯净水放在电磁炉上，开大火　水烧开时，加入蔗糖、葡萄糖浆。此时液面停止沸腾，应该离锅沿有不小于2厘米的距离，以免以后沸腾时溢出锅外。在继续加热的过程中，要不断搅拌锅底，防止糖煮焦，到再次沸腾时，就不需要搅拌了。

（3）再次沸腾时，迅速调至中火（1000W）　撇掉液面浮沫，并且把锅壁凝结的水汽用毛刷擦除，避免这些因素影响糖的透明度和产生结晶。

（4）监测温度　当温度达到120℃时加入酒石酸溶液。注意控制用量，用量过多糖体在塑造时发软，用量过少糖会返砂。

（5）用毛刷再次刷净锅内和锅壁上的浮沫与杂质　在整个过程中，要至少清理两次锅壁，因此毛刷要及时清洗，清洗毛刷需要用热水。

（6）时刻监测温度的变化　当温度达到120℃以后，糖液的升温速度会加快；待温度达到160℃，关火。整个开炉时间在20分钟左右。

（7）把锅底浸入冷水中10秒左右来降温，避免锅底余热让糖液变色。

（8）调色　每一锅糖可调制多种颜色，满足不同的需求。用勺子舀一些糖液倒在不粘垫上，滴上色素，再盖上一层糖液，用勺底滚动调匀。

（9）糖体制作完毕，可收纳待用　注意保存空间应该干燥，最好用密封保鲜盒加干燥剂保存，以后随用随取。

（二）使用艾素糖熬制糖体

艾素糖也称珍珠糖、法国拉丝糖、益寿糖，是一种代糖类食品，呈白色颗粒状。它的优点明显：①质地纯净。②熬煮方便。熬煮时只需加入纯净水，温度上升至185℃即可；直接干熬也可以。耐高温，即使温度达200℃也一样透明。③制成品性质稳定。因为糖液中不含有葡萄糖等成分，在熬煮时不会产生饴糖等物质，所以，制成品没有变色、结晶返砂的问题，也不受空气湿度的影响，不易溶化。艾素糖可以使用下面两种不同的方法来熬煮，即水熬法和干熬法（第五章第三节已详细介绍），二者有不同的效果。

二、拉糖作品制作技艺

拉糖是指糖艺的基本加工方法，刚熬煮好的糖体是透明的，把它反复拉长、折叠、再拉长十几回合后，无色糖体会变成不透明的白色，表面则光亮抢眼，犹如绸缎。并非每个盘饰都需要拉糖，例如需要透明效果时，就不需要拉糖；而如果要有不透明的实体感，就需要拉糖。

拉好的糖体可以在干燥条件下长期保存。拉糖时次数不能过多，那样糖体会变暗、变硬。

三、流糖作品制作技艺

熬好的糖还处在液态时，可以利用它的流动性来造型，这种方法就叫流糖。它的制作用时短，操作容易，作品质感自然。

四、糖艺盘饰实训

实训1 花

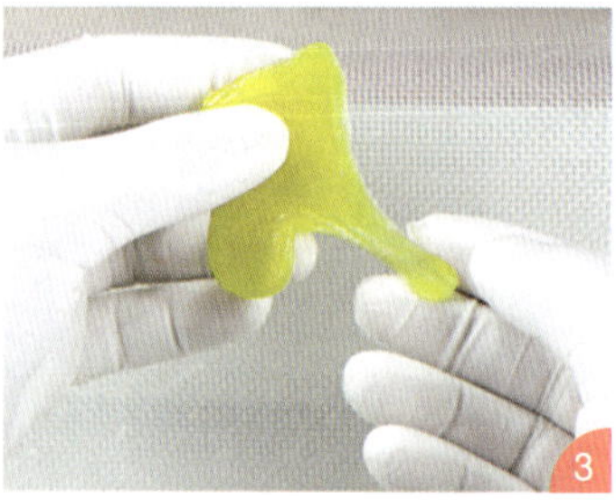

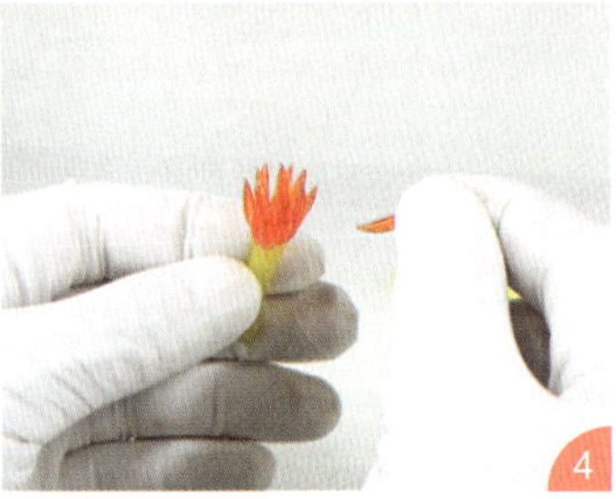

1 取一根尼龙棒将绿色的糖缠绕成想要的形状。

2 用剪刀在红色的糖体上剪出花蕊。

3 取一块黄色的糖拉出花瓣的大形。

4 将花蕊粘接在花托上。

5 依次粘接出完整花朵。

6 呈现出整体菜品装饰造型。

实训2　白天鹅

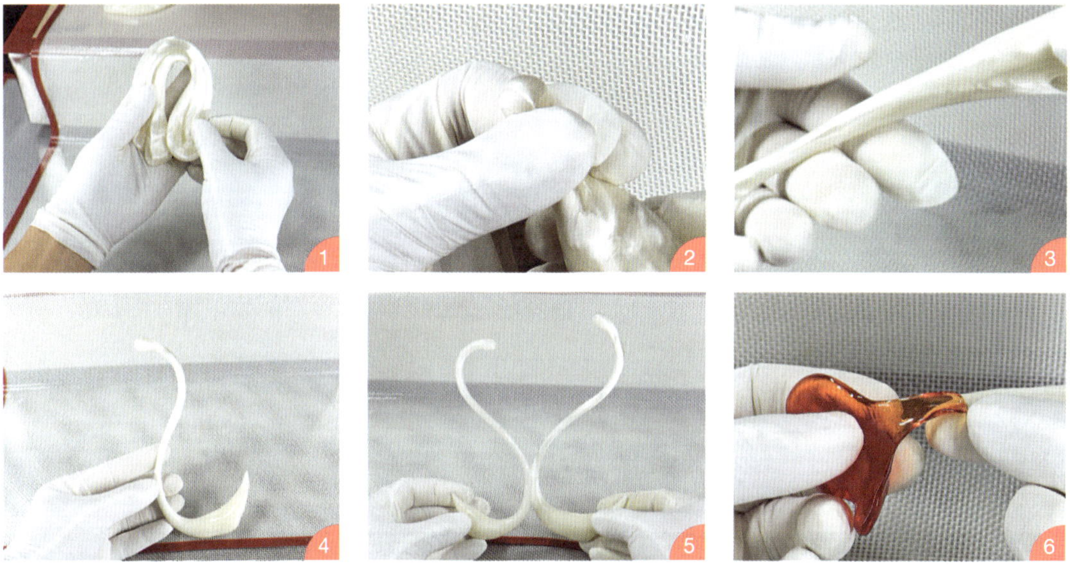

1 取一块糖体在手中拉伸、挤压折叠，排出空气，使糖体更加光亮。

2 在糖体面上缓慢地捏出天鹅的头部。

3 用手指慢慢地往外带，把脖子拉长。

4 做出天鹅脖子的曲线。

5 做出两只大小不同的天鹅身体。

6 取一块透明糖体拉出天鹅的嘴形。

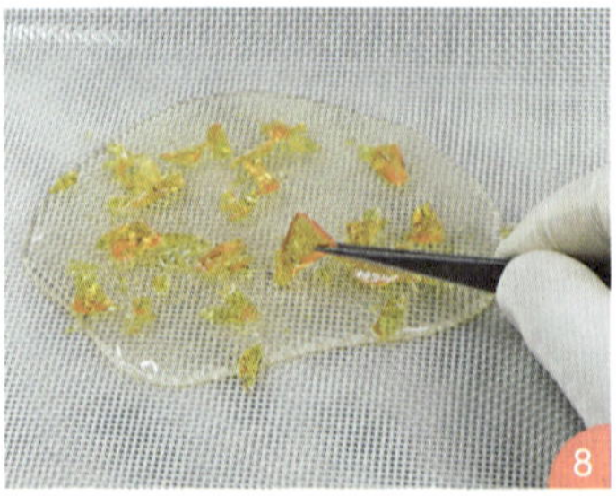

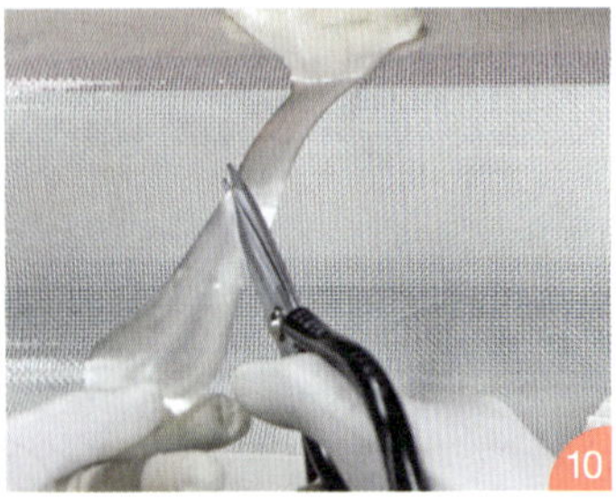

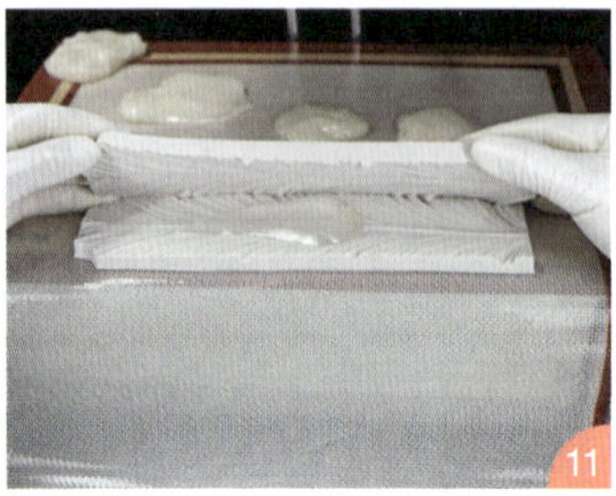

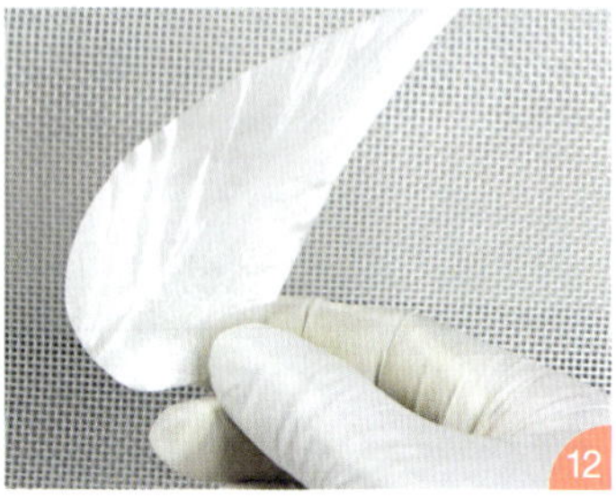

7 取白色透明糖体在糖灯下烤软。

8 将敲碎的黄色透明糖体放在白色透明糖体上，形成一个底座。

9 将天鹅粘接在底座上。

10 拉出天鹅的翅膀大形用剪刀斜剪。

11 将翅膀放入模具中按压出翅膀纹路。

12 呈现出翅膀大形。

13 给天鹅粘接上翅膀。

五、糖艺盘饰作品欣赏

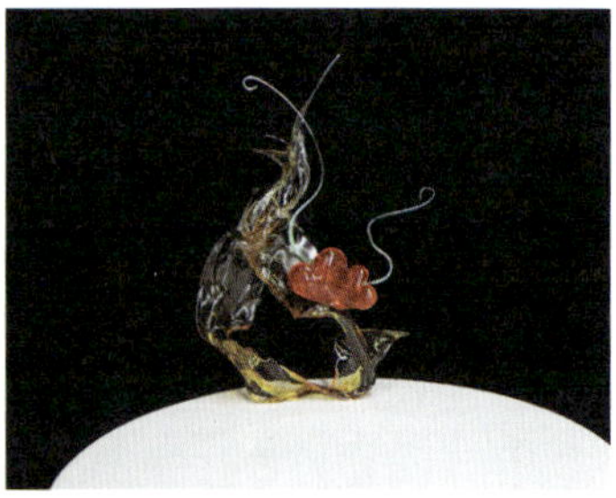

第二节　糖粉盘饰工艺

运用糖粉作为装饰起源于19世纪的英国，据说当时一位叫维利安利奇的糕点师傅，因为在伦敦工作每天总能看见历史悠久的教堂，产生创意，用糖粉制作了教堂的造型，用在婚礼中作为装饰，大受欢迎。从此，糖粉装饰不断推广开来。

糖粉装饰一般是用糖粉、蛋白、胶质粉等调和在一起，形成具有高度延展性和可塑性的原料，做成造型，干燥后使用。

糖粉作品的干燥可以采用自然晾干，用时较长，体积不大的盘饰需要1～2天；也可以采用低温烘干机来干燥，比较快；如果采用烤箱烘干，温度必须控制在90℃以下，但是这样还是容易把表面烤黄，以及让内部熔化。但是，糖粉成品的保存时间很长。它不易吸湿，在干燥的环境下，可以半永久性存放，再加上质地较硬，使得作品容易重复使用。本节根据原料的不同，分成糖膏和糖霜两类进行详细的介绍。

一、糖膏的制备

首先需要调制糖膏，以具备可塑性强、延展性高、干燥速度快的特点（表7-2）。操作过程中，需要掌握的是糖膏搓、捏、塑、粘、上色等基本手法，通过简单的造型手法达到最佳的效果。

调制好后的糖膏保存时一定要密封，否则糖表面会迅速干皮，影响使用。存放一段时间后，糖膏如果发硬不能操作，放入微波炉以低温加热，即可变软。

1. 配方

表7-2　调制糖膏配方

防潮糖粉	1000克
超级生粉	500克
泰勒粉	25克
鱼胶片	8片
纯净水	100克

2. 做法

①将鱼胶片用冰水泡开。

②捞起鱼胶片沥干水。

③另取一小锅，放一些纯净水加热，而后放入鱼胶片融化。

④先将防潮糖粉过筛，避免小颗粒的影响，而后投入大盆中。

⑤放入超级生粉。

⑥加入泰勒粉，然后搅拌均匀。

⑦将鱼胶水倒入混合粉料中。

⑧用手指调和均匀。

⑨用力搓成糖膏即可。

⑩如果需要彩色糖膏，再调和粉料前加入食用色素即可。

二、蛋白糖霜的制备

用鸡蛋清和糖粉混合搅拌，形成的黏稠物称为蛋白糖霜（表7-3）。它通常采用裱花袋挤出的办法来造型，经低温烤熟后使用，造型线条柔和，而且口味酥甜。

1. 配方

表7-3　蛋白糖霜配方

鸡蛋清	500克
白砂糖	200克
葡萄糖浆	75克
糖粉	25克
泰勒粉	30克
柠檬酸	5克

2. 做法

①把鸡蛋清和150克白砂糖放在容器内。

②用手持式高速搅拌棒进行高速搅拌发泡，要从各角度均匀地打发。

③将葡萄糖浆和剩下的白砂糖加水烧开，冲入发泡的蛋泡里面，然后继续搅拌。

④加入糖粉、柠檬酸、泰勒粉，继续高速搅拌均匀。

⑤当蛋泡的黏度达到可以附着在搅拌棒上不流下的时候，就可以停止搅拌。

⑥准备好裱花袋，把做好的蛋白糖霜装进去，扎紧袋口，准备使用。

⑦在裱花前，需要在承托物上刷一层脱模油，这样在以后才容易取下糖霜作品。脱模油可以用猪油和面粉按1∶1的比例放入锅中熔化调匀而成。

⑧用裱花袋把糖霜挤出，在承托物上做造型。造型做好后，连着承托物一起用低温烘烤，至糖霜干燥凝固，取下使用。承托物是耐高温的布或者模具。

第三节　巧克力盘饰工艺

近几年用巧克力制成的工艺插件在餐饮业中较常见。为了方便，经常是购买做好的成品使用，但这样的话，巧克力的造型能力和质感得不到更大的发挥。 为此，下面将介绍自己制作巧克力造型的方法。

首先，需要将固体巧克力熔化。最好使用巧克力恒温熔化锅，把巧克力切碎后投入进行熔化，温度调节在60～80℃。也可以使用隔水加热法熔化巧克力。注意不要把水溅入巧克力，以免产生颗粒与结晶。

为了追求光滑的外表和酥脆、细腻的口感，巧克力还需要进行调温：在巧克力熔化后，将其涂刮在用温水预热至26℃的大理石面板上，至降温成浓稠状后，再铲回加热器，再次进行熔化。

不要用火直接加热巧克力，那样会导致巧克力中糖的焦化，以及油质的分离。

用巧克力做造型时，巧克力的温度一般在30～32℃，这时它是柔软的；适宜的环境温度是24℃左右。做成造型后，巧克力需要经过完全冷却，这样表面的光泽更好。

一、巧克力盘饰实训

实训1　梅

1 将白色巧克力切成小块放入巧克力炉中。

2 将炉温旋扭到50℃左右慢慢加热熔化。

3 将熔化的巧克力倒入硅胶模具中，并放入冰箱冷藏凝固即可。

4 将巧克力与模具脱离，取出椭圆形巧克力片。

5 取装有黑色巧克力的裱花袋，并在白色巧克力上挤出树枝。

6 呈现出树枝的大形。

7 取装有粉色巧克力的裱花袋在适当的位置挤出梅花。

8 呈现出梅花图。

实训2　球体

1　用巧克力炉将黑色巧克力熔化。

2　取一个圆形模具。

3　将熔化的巧克力倒入模具中。

4　盖上另一半模具。

5　用双手滚动，使巧克力溶液覆盖在模具表面。

6　放入冰箱冷藏凝固。

7　取出，用双手轻轻脱掉模具。

8　取一个不锈钢圆形模具，并用火枪烧热。

9　将烧热的圆形模具在巧克力球表面按压出镂空的形状即可。

二、巧克力盘饰作品欣赏

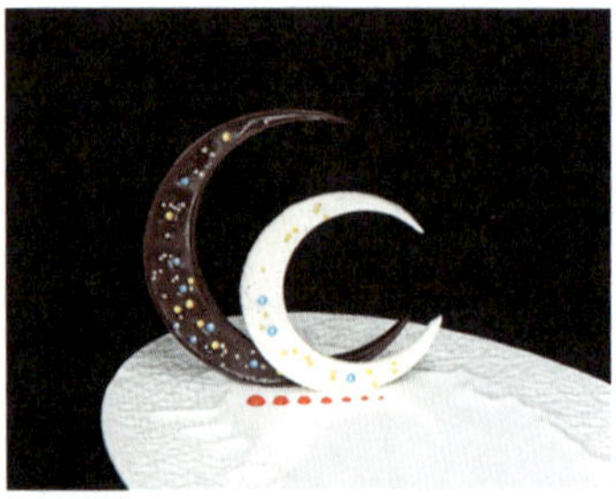
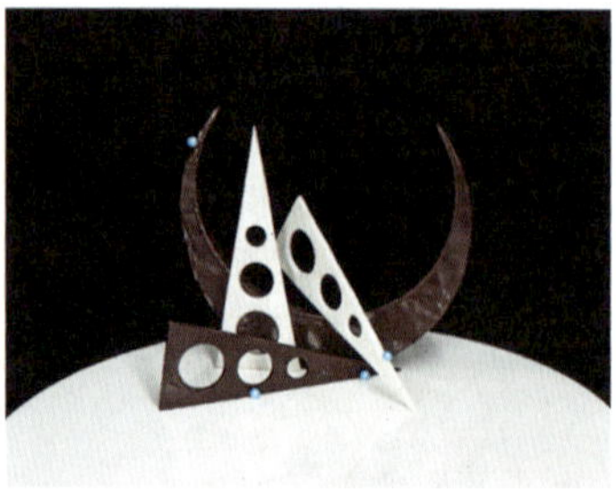

第四节　酱汁盘饰工艺

酱汁盘饰就是用果膏及酱汁类材料制作的一种盘面装饰，它可以单独成为一个盘饰作品，也可与其他材料配合形成一个盘饰作品。

酱汁盘饰的制作很方便，可以利用厨房中常见的物品来制作，如颜料可以用老抽、巧克力酱、沙拉酱等，画笔可以用牙签、筷子、大葱、酱料刷、裱花袋或者手指。本章介绍的“手指画”就是这样的画作。除此以外，还可以使用一些专门的工具来创作。

一、颜料和工具

酱汁盘饰可以因地制宜地利用各种材料、工具，此外，也可以专门准备“颜料”，以及购买专用的“画笔”。下面为大家介绍比较有代表性的几种。

1. 调色果酱

这是把果膏和食用色素、水调和后形成的酱料（图1）。

1

2. 可调式酱汁笔

这种笔有不同粗细的笔头可以更换，画出不同粗细的酱汁线条（图2）。

2

3. 食品专用毛笔

这是专门用来做食品画的毛笔，不掉毛，质地柔软。有大、中小号，以及圆头、扁头之分。

4. 木纹梳

木纹梳是种多用的工具，它的一面有木纹，一面为梳状，利用这些界面蘸取酱汁，在盘面印或者划，可以画出造型不同的图案。

5. 食品画笔

食品画笔是专门用来在食物或者食物容器上画画的，视觉效果就像水彩笔一样，但是里面的颜料都是可以吃的。在以小朋友为主要就餐对象的时候，可以画一些色彩丰富、图案可爱的盘饰或者饼干画，来赢得他们的喜欢。

二、酱汁盘饰实训

实训1　茄子

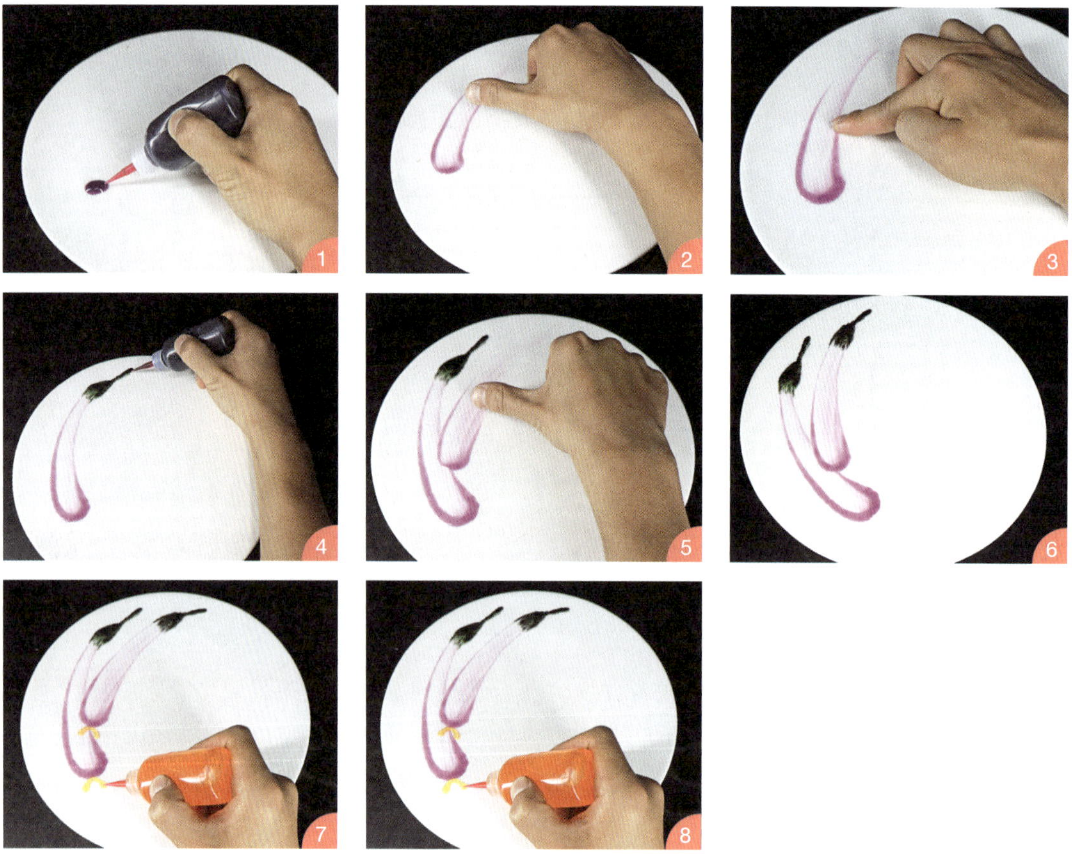

1 取一圆盘，在盘边挤一点紫色的果酱。

2 用大拇指蘸取果酱，画出茄子的大形。

3 用手指修整边缘。

4 用墨绿色果酱画出茄子的根茎。

5 用大拇指蘸果酱，同样画出另一只茄子大形。

6 呈现出两只茄子的基本轮廓。

7 用橙黄色果酱画出茄子花大形。

8 蘸取黑色果酱画出花蕊，呈现出作品。

实训2　梅

1　用黑色果酱画出树干的走向。

2　用棉签点出树干的细节。

3　描绘出树干。

4　描绘出树枝大形。

5　用红色果酱挤出梅花大形。

6　用棉签点出梅花。

7　呈现出效果。

8　取黑色果酱写出诗句。

实训3 鸟

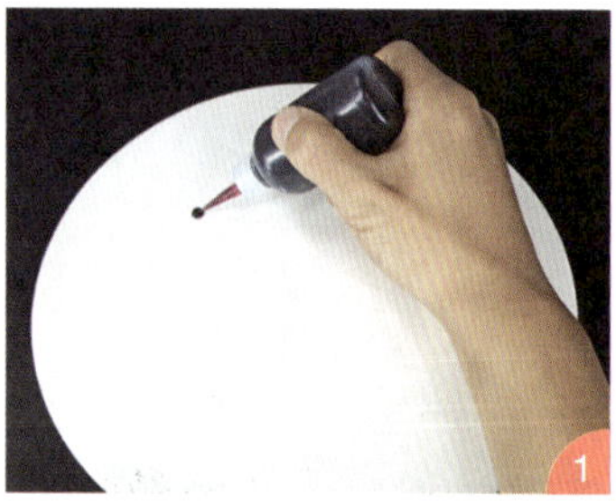

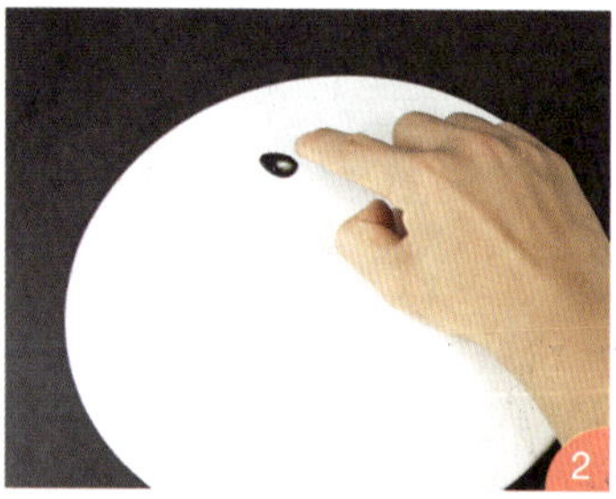

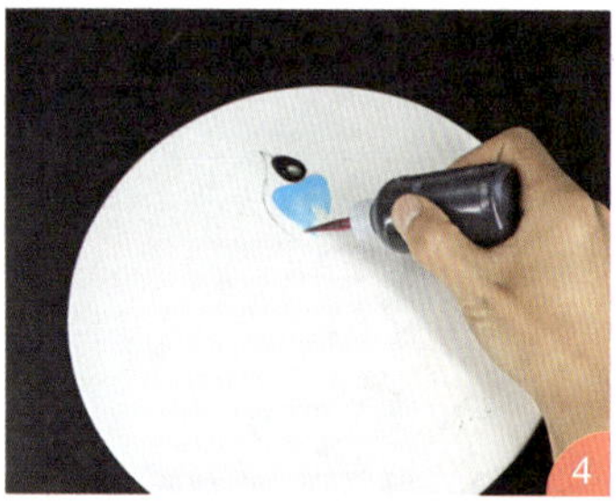

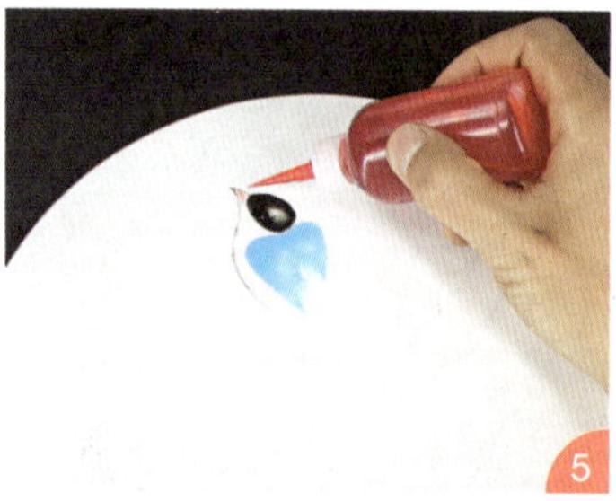

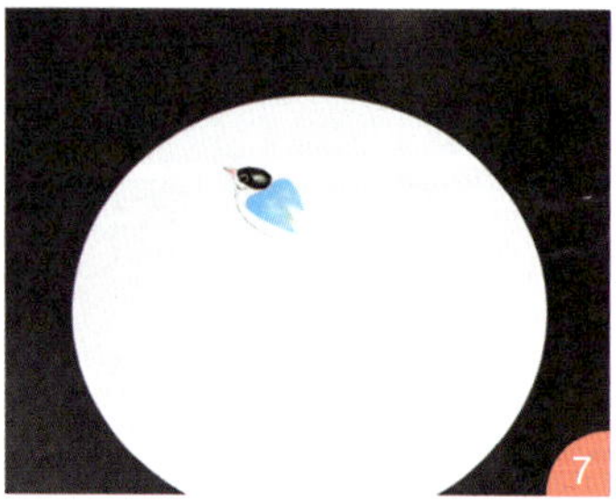

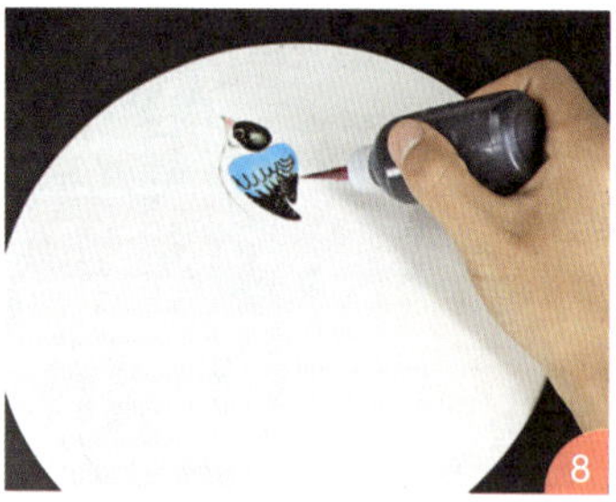

1　取一圆盘，盘边挤出一点黑色果酱。

2　用手指抹画鸟的头部。

3　取蓝色果酱抹出鸟的翅膀。

4　用黑色果酱描绘出鸟的嘴和身体大形。

5　抹出鸟嘴颜色。

6　用棉签点出鸟的眼睛位置。

7　画出鸟的眼睛。

8　描绘出翅膀的羽毛。

9　挤出黑色果酱定出鸟尾位置。

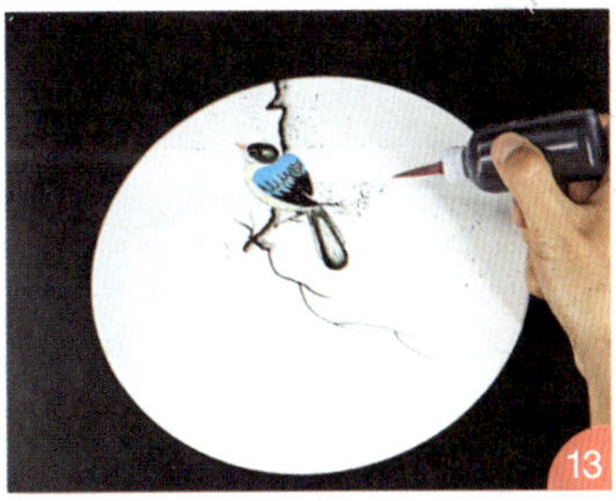

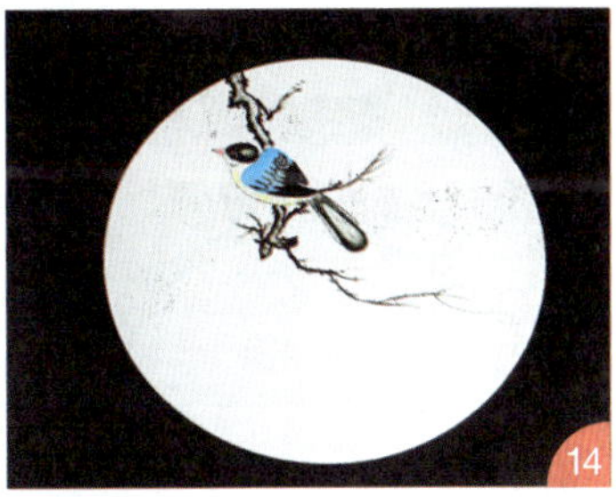

10 用手指抹出尾部轮廓。

11 描绘出尾巴大形。

12 画出树干，并用棉签点出细节。

13 用黑色果酱描绘出树枝。

14 做出树枝的细节。

15 取红色果酱挤出梅花位置。

16 用棉签点出梅花形状。

17 描绘出梅花花蕊，呈现完整作品。

三、酱汁盘饰作品欣赏

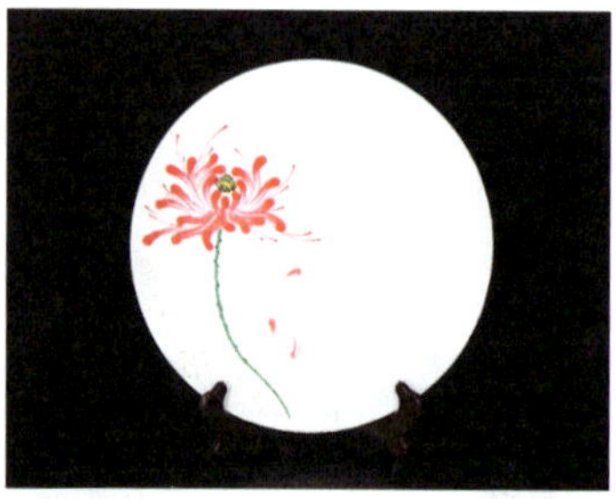

第八章

特殊菜品装饰实训

任务描述

- ❑ 了解烘焙菜品装饰工艺的基本操作方法
- ❑ 熟悉掌握蔬果菜品装饰的制备与操作要领
- ❑ 熟悉制作转印菜品装饰造型的方法
- ❑ 了解制作杯饰工艺的方法及创新思路

第一节　烘焙盘饰工艺实训

用烘焙食品做成的盘饰亲和力较强。自己动手进行烘焙并不太难，可以创作出新颖的效果。

烘焙食品中的元素很多，下面我们具体展示用蛋白饼、泡芙、艺术面做的作品。这三者的不同是：蛋白饼在烤熟后处于高温时是柔软的，可以进行弯曲造型，此外，它的口感比较脆，比较甜；其他两者在出炉时都是硬的，其中泡芙在生的时候是浆状，可以用裱花袋做造型；艺术面的质地比较硬，适合做复杂结构的造型。

一、蛋白饼

制作蛋白饼使用的配方（表8-1）。

表8-1　蛋白饼配方

低筋面粉	200克
糖粉	200克
黄油	200克
蛋清	200克

把黄油熔化后和其他材料混合，搅拌均匀形成面浆用于造型。可以添加可可粉、番茄粉、芝麻、杏仁等多种材料来丰富蛋白饼的口感与颜色。

面浆的造型主要在硅胶不粘垫上进行，可以把面浆抹平后进行切割，也可以用裱花袋挤出面浆来造型。造型做好后，连着硅胶不粘垫一起放入烤箱（硅胶不粘垫可以耐两三百摄氏度的高温，可以烘烤），烤至造型呈金黄色时取出。

烤熟的蛋白饼在高温时是柔软的，在取出烤箱后，会在大约5秒钟内冷却变硬。作品中如果有立体的结构，就在这段时间内立即制作，可以将蛋白饼缠绕在擀面杖、钢杯等物上，待其冷却后形成造型。

二、造型泡芙

制作造型泡芙使用的配方（表8-2）。

表8-2　造型泡芙配方

盐	5克
水	130克
低筋面粉	100克
黄油	35克
鸡蛋	2个

先将水、盐、黄油混合，放在炉上加热至沸腾；然后改为小火持续加热，将低筋面粉放入锅内不断搅拌，直至锅壁光滑干净，锅内材料均匀混合形成一个面团；取出面团放入搅拌机，再加入鸡蛋，匀速搅拌至充分混合，就形成了面浆。待面浆冷却后，可以装入裱花袋进行造型。

三、艺术面

制作艺术面使用的配方（表8-3）。

表8-3　艺术面配方

黄油	40克
糖粉	50克
盐	15克

续表

低筋面粉	500克
鸡蛋	2个
水	150克

将黄油熔化后与各材料混合，调匀揉制成面团即可进行造型。通常先擀成薄片，再用各种方法造型，造型做好后放入烤箱内烤熟即可。复杂的作品分部分进行造型，烤熟后进行粘接。可以用熔化的艾素糖粘接，艾素糖高温时熔化，在室温下会迅速冷却，变得坚固。

四、烘焙盘饰作品欣赏

第二节　蔬果盘饰工艺实训

蔬菜和水果食品装饰中最传统和常用的材料。它们具有鲜艳、饱满、可人的颜色和质感，这些都是果蔬食物特有的性质。

一、钢切模具的使用

使用盘饰工具“创意钢切模具”可以做出多种造型，花、鸟、鱼、十二生肖、祝福文字应有尽有。可以切割萝卜、西瓜、青笋、南瓜等蔬果材料做出造型，亦可以用来制作饼干、面点造型，做好后可以用澄面固定。

二、蔬果盘饰实训

蔬果盘饰1

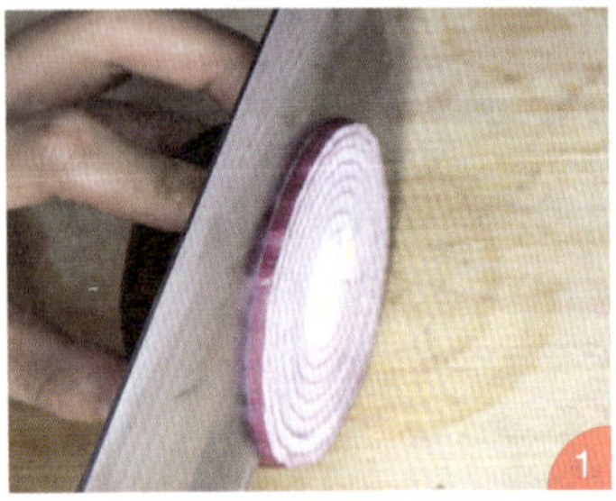

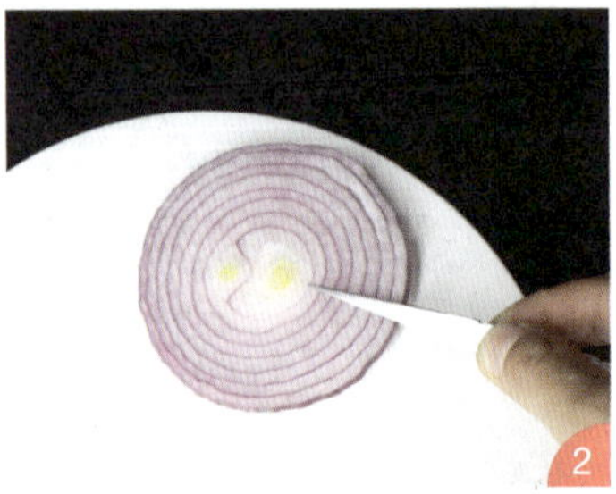

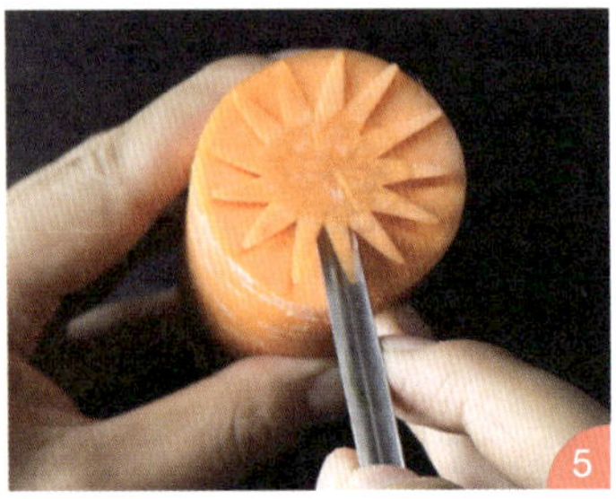

1 准备洋葱，用菜刀切一片。
2 将洋葱摆入盘中。
3 切一片黄柠檬片。
4 将黄柠檬片摆在洋葱中间。
5 取一胡萝卜，用小号V形戳刀戳出一朵花的轮廓。
6 再次戳出花朵。
7 用镊子摆上铜钱草即可。

蔬果盘饰2

1　拼接出一块胡萝卜片。
2　用大号U形戳刀戳出圆孔。
3　再用不同大小的U形戳刀戳出不同大小的圆孔。
4　用雕刻刀剔出整体形状。
5　将戳好圆孔的胡萝卜片摆在盘子边。
6　取火龙果，用大号圆形掏刀掏出圆球。
7　将火龙果球摆在适当位置。
8　用镊子摆上黄金串钱柳即可。

蔬果盘饰3

1 取一根胡萝卜切成长方形，并用削皮刀削出一片胡萝卜。
2 用雕刻刀剔出V形废料。
3 将胡萝卜卷起来。
4 把卷好的胡萝卜片摆在盘子上。
5 用镊子摆上铜钱草。
6 摆上八角装饰。
7 用果酱点缀即可。

蔬果盘饰4

1 取一大小合适的模具放在盘子上，均匀地撒上抹茶粉。

2 取出模具，呈现出盘饰大形。

3 取黄瓜用削皮刀削出一片。

4 用双手将黄瓜卷起来。

5 将黄瓜卷摆入盘中，并点缀果酱。

6 摆入小番茄花。

7 摆入八角。

8 用镊子摆入肾蕨即可。

蔬果盘饰5

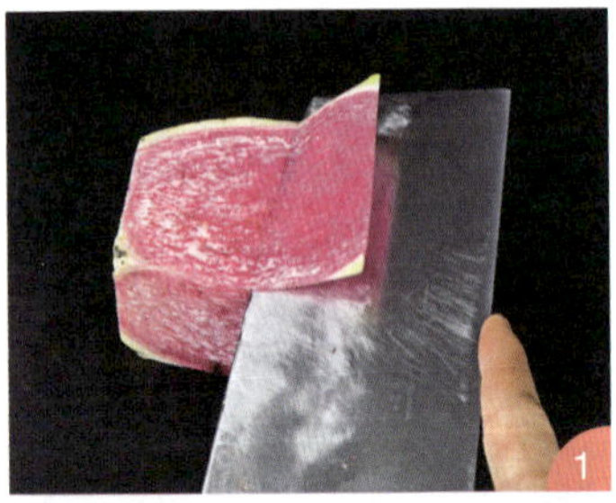

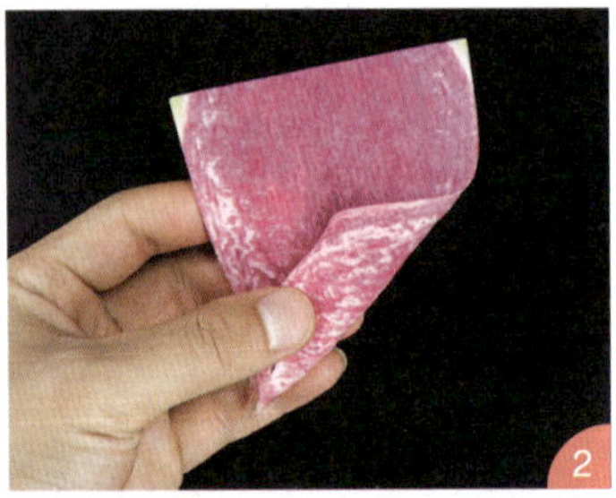

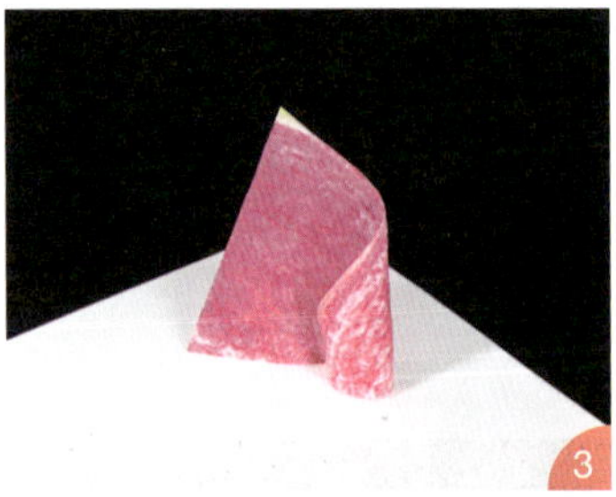

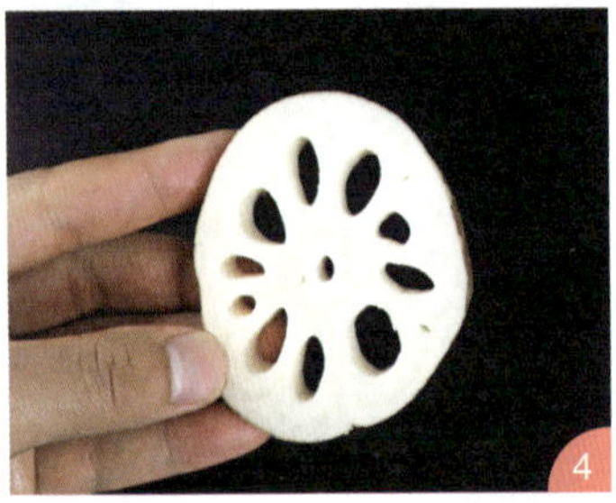

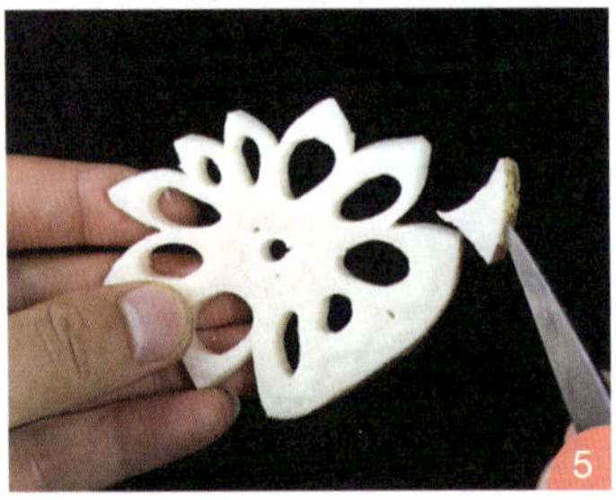

1　取一心里美萝卜，用刀片一薄片。

2　将心里美萝卜片卷起来。

3　把卷起来的心里美萝卜片摆在盘子上。

4　取一莲藕片。

5　用雕刻刀雕刻出莲藕花。

6　将莲藕花摆在盘中。

7　摆入铜钱草，并挤上果酱点缀即可。

三、蔬果盘饰作品赏析

第三节　转印盘饰与饮品杯饰工艺实训

转印盘饰就是用可食的粉末通过镂空版在盘面撒出的图案装饰。对于粉末材料，在白色的盘面上可以用黑色的可可粉和彩色的喷粉；在黑色的盘面上可以用白色的糖粉。

彩色的食用喷粉在食品原料店大都有售，常用于制作彩色蛋糕。使用彩色喷粉时，有必要注意的是颜色的过渡与协调。

镂空版可以是买来的现成塑胶版，也可以用剪纸的方法手工制作。现成塑胶版的款式很多，用手工剪纸版，则可以灵活创意。

一、转印盘饰实训

实训　鹤

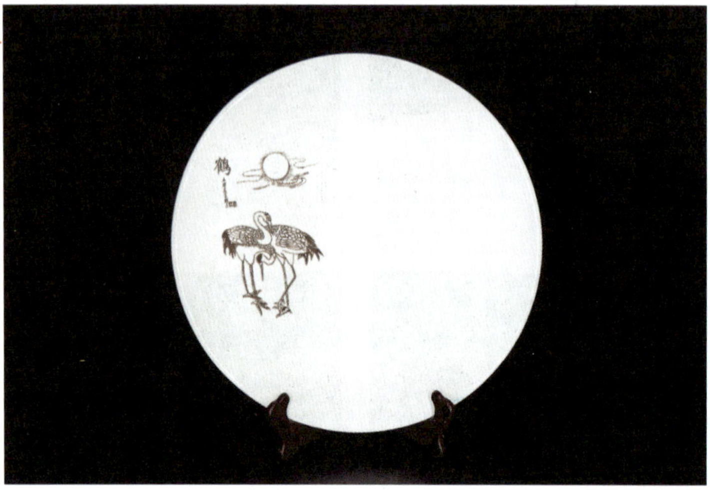

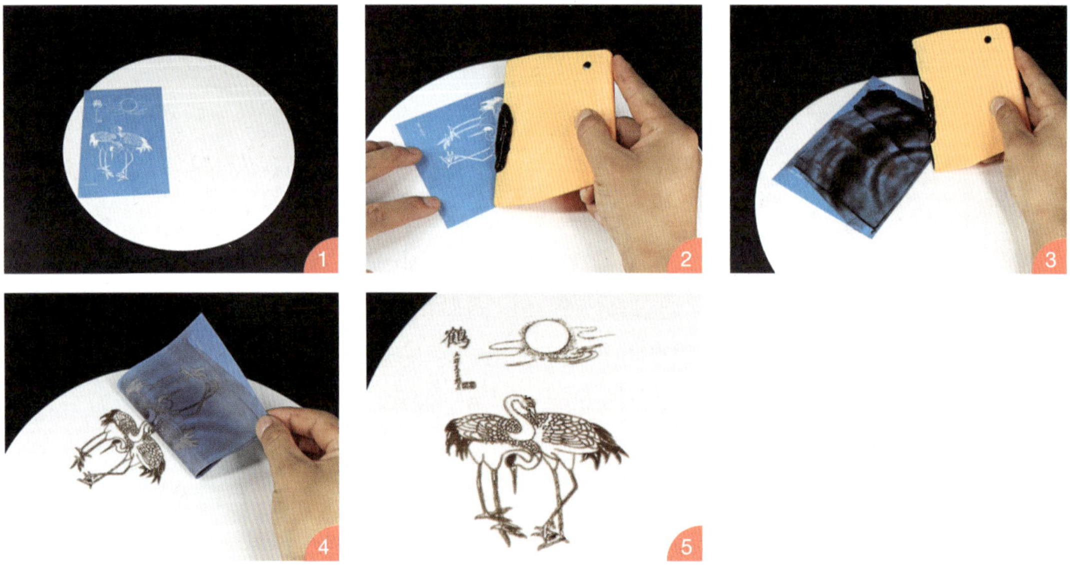

1　取一平盘，将转印布画纸平整地摆在盘子上。

2　用一刮板取转印果酱。

3　将果酱均匀地涂抹在转印布画纸上。

4　取下转印布画纸。

5　呈现出转印盘饰效果。

二、转印盘饰与饮品边框饰作品欣赏

（1）转印盘饰作品欣赏

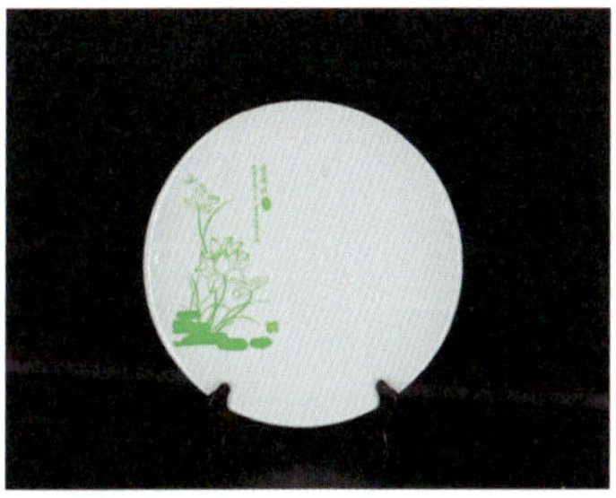

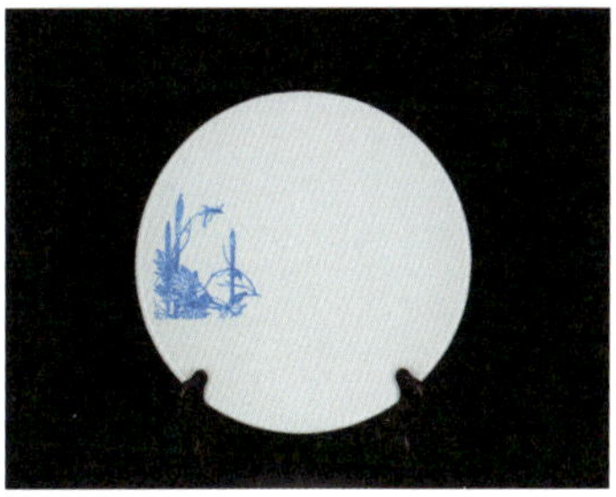

（2）饮品杯饰作品欣赏

下篇

工艺创新应用

第九章

食品雕刻与菜品装饰创新应用

任务描述

- ❑ 了解食品雕刻创作设计思路
- ❑ 熟悉并掌握食品雕刻的创作方法
- ❑ 掌握菜品装饰的制作方法
- ❑ 了解食品雕刻与菜品装饰在烹饪中的具体应用

第一节 食品雕刻创作设计与创作方法

一、食品雕刻创作设计

在食品雕刻作品创作设计过程中，制作者的审美能力和丰富的想象力起着决定性的作用，经过既顺应客观自然又有创造性的想象和加工，才可能将自己对物象的思想情感充分地表现出来。这要求制作者善于从平凡中找非凡，逐步确定创作设计的整体形象。可以这样认为：没有想象就没有理想的创作设计，只有将自身情感和艺术追求注入创作设计中，巧妙地确定意境深邃、内涵丰富的命题，才能得心应手地去实现自己的创作设计。明确的创作思想、大胆的想象和完美的整体形象设计，对食品雕刻技艺的创作是至关重要的。

食品雕刻创作设计方法有以下几种。

1. 求全法

求全法是将物象在食雕作品中可见部分与不可见部分同时雕刻于一个画面中，以展示出较完善的整体形态。

2. 加补法

加补法在食雕中也可称之为是一种“借形”的手法，即打破视觉常规，再创形象，能给形象以奇特的提示，引人无限遐想。如图腾装饰，太极图中的阴阳形学。又如龙、凤、麒麟的形象结合了多种兽与飞禽的造型。例如龙在古代人们心中是想象神物，经过几千年演变，龙的形象已基本定型，归结起来有“八似”即头似马、角似鹿、腿似兔、身似蛇、鳞似鱼、爪似鹰、掌似虎、耳似牛，以这些物象的局部特点构成一个威严高贵、超越自然的形象。雕刻师们为了避免浮雕和镂空雕的单调，一般都采取这种方法。并要求在设计上采用添加物，使物中有物、画中有画，从而使整个雕品呈现出丰富多彩的画面。

3. 移花接木法

这种方法往往打破常规框框，可将一些不相干的物象结合在一起，以丰富表现物象的内容。

4. 吻合法

吻合法也可称“重合法”或“类似法”，运用这种方法可将一些相似或同科目、同习性的物象加以巧妙地吻合在一起，达到了同体多义。

5. 变通法

食雕作品不能只临摹他人的作品。若想使作品有生命力，独具风格，必须在临摹他人作品的学习过程中，发挥自己的创造力，求变求新，可根据客观物象实际，结合周围气氛，对各种设计方法进行尝试。

根据审美喜好进行随意改动、添加和变形，在保持物象基本形态的基础上进行了多种变形，这种变化可以无穷无尽、永不重复、随心所欲，这是一种创造性的思维活动，可化腐朽为神奇，促进创作者的头脑变得更加灵活。

6. 组合法

组合法是一种多组合、多变化设计特点在食雕作品中运用的方法。首先，将表现主题所需要的各因素均视为“符号”或称“零部件”，诸如各种花卉（牡丹、菊花、山茶），鱼、蝴蝶、祥云、玉佩等均视为“符号”；第二，构成好作品总体设计骨骼，它可支撑雕品并展开画面，但就其基本形态而言，总是离不开方、圆、三角形等，在实际运用操作中它们又是按一定的形式法则，如对称、均衡、重复、变化等组织成一种骨髓和架构，使设计犹如摆七巧板一样，变化无穷、循环往复、形式多样。第三，在组合构成时，将各种“符号”组成一个全新的图案。初学食雕者还可以先学会雕刻像鱼、莲花、牡丹花、蝴蝶、锦鸡等“符号”，然后根据各种不同的要求将其任意组合，就可以设计构成千变万化，诸如“连年富贵有余”“锦上添花”“彩蝶迎春”等食雕作品。

食品雕刻设计中组合法的特点在于多组合、多变化、多寓意、多式样、多格局。它还可将单一、零散的“符号”“零部件”经组合、搭配、调整、兼收并蓄成为内容更丰富、造型更完美的大型整体食雕品。

食品雕刻的创作设计必须紧紧围绕宴席的主题进行。随着烹饪科学和烹饪艺术的发展，今后的菜肴艺术造型凡需慎重者，必须参照工艺美术创作设计那样，预先设计小素描稿，并多拟稿，供选择、修改，大型宴会尤其如此。小型宴会的创作设计未必起稿，但也应该有严谨的“腹稿”，做到胸有成竹。可以这样认为：食品雕刻作品的创作设计过程，不仅仅是雕刻师劳动的过程，它还能启发智慧，帮助思考，挖掘释放人的内在艺术潜力，完善思维能力，提高创造设计力，使人们在短时间内体验创作设计的快乐，这是一种让人心驰神往、心醉神迷的快乐。

二、食品雕刻的创作方法

食品雕刻制作方法和技巧体现了中华烹饪文化的博大精深，或模样粗犷、造型生动，或图案华贵、章法明快，或风格清秀、意境雅致，或气势恢宏、富丽堂皇。这些都是通过雕刻师对生活、自然的认识和理解，渗入自己的价值观和审美观，运用种种创作手段和技法，经过艰苦的创作过程才实现的。实践证明，每位雕刻师对生活和对自然都有各自的理解，并站在不同的角度去解释，而一旦通过食雕品表达出来，就体现了雕刻师的个性。

食雕品制作方法表现在如下几个方面。

1. 单件作品的制作

食雕品制作形式常以单件作品出现。单件作品是用一块比较完整的食雕原料或利用其某一部位来完成制作主题。它一般有三种制作方法。

（1）自然净成法　自然净成法是将食雕原料稍经过艺术加工就可完成作品的制作方法。

（2）取舍裁减法　取舍裁减法就是去其多余，留下所需的制作方法。在制作雕品时要围绕主题，把反映主题的部分留下来，而把与主题无关的或影响表现主题的多余部分裁减掉。为了突出主题，运用娴熟镂空技艺将多余的部分大胆舍弃，准确用刀，且不做添补，雕刻成的花鸟充满国画大写意的韵味。

运用取舍裁减法制作食雕作品时，取与舍是关系作品形与神的关键，留要留得充分，舍要舍得合理，要先从全局审形度势，象形取意，深思熟虑。当取舍一时拿不定主意的部位宁可先留下来，继续揣摩、估相，轻易舍去不可取。如果草草裁掉，当发现该留时就无法挽回而造成制作上的错误和无法弥补的遗憾，食雕师都有这样的经验教训，初学者尤为需要注意。

（3）裁雕补琢法　裁雕补琢法是在一块整料雕品制作时运用的裁减及雕琢的方法。“裁”即取舍裁减法的制作方法，“雕琢”是裁舍之后，仍有些关键部位的形态，缺乏形似或神似，为弥补不足，根据需要进行局部的补雕琢，使艺术构思和审美境界达到最佳。

由于食雕品的特殊性，要求应可能缩短雕刻时间，做到速度快，审美价值高。但是过分强调雕琢和一概否定雕琢都是片面的。必要和适当的雕工精巧、玲珑剔透、层次丰富，是食雕制作的重要手段和途径。多雕或少雕，精雕或粗雕都要因实际情况需要掌握得恰到好处，使雕琢的局部与整体一致起来。

2. 综合作品的制作

食雕的综合作品是指两块或两块以上原料组合雕制成形的物象作品。制作综合作品时，除了运用单件作品的制作方法外，还要有综合制作的技巧。第一，要巧妙利用不同食雕原料的色泽、质感和特性，表现共同主题。第二，每一件作品上的实施技法要一致，要大小、疏密有致，要形成统一的风格。第三，组合要巧妙，要以现代科学发明的多种食物胶为黏合剂进行雕刻组接和修饰。第四，要注意局部结构符合整体关系，达到形象完整、统一。总之，食雕制作综合方法要遵循多样统一规律，这是食雕制作综合方法一条重要的组合原则。追求多样是为了丰富，追求统一是为了完整。既有丰富的变化，又能有机地构成一个整体，才能使食雕作品产生完美感。

食雕综合作品的制作方法主要有以下几种。

（1）以“塑”补雕法　食品雕刻与食品雕塑是两个不同的概念，雕即刻，用的是“减法”，“塑”用的是“加法”。在食雕实践中，当雕品的整体已构成一个基本造型，但也存在美中不足和小的缺陷，影响整体造型的完美效果时，为了使雕品完整起来，可用近似色泽、质感的原料进行补加，好似以“塑”来补雕，以此增加作品的整体性和艺术感染力。如雕刻龙时，在粘接处添加祥云，使雕品的飞龙之动态、玉柱之古雅组合多样性达到统一，使雕品有机、和谐、完美地构成极尽精工的物象。

（2）拼制连接法　食雕品的用料有时要受长短、厚薄、大小的制约，遇造型动物大时，所表现的物象的腿、手足、头尾等局部需要采取拼制式，即运用连接的方法制作而成。

（3）多元合成法　食雕作品造型后需经综合配置或配套。各个单件作品完成后，为使其更充分地体现主题，增加艺术感染力或易于放置，可运用多元组合方法，进行合成组装。因为现今的食雕品制作方法无论在形式、内容还是组合上，已不是过去那种单一的形式、简单内容的组合，而是多手段、多层次，既有横向的联系，又有纵向组合的多元组合造型方法。

①单件作品配底座设景：食雕的单件作品在体现出自身形象的完整性的同时，还应适合某一装饰环境与某装饰物而独立存在，因此，对食雕的单件作品配底或设景、添加饰

物，不仅能充分体现主题，而且更能增加作品感染力。如祥云式水浪波涛底座，不仅起到了支撑作用，而且起到了突出雕品主题思想和进一步表达内涵的作用。

②多件作品的大型组合：食雕作品中，有很大比重采用多件作品或变体组合法。多体物象的组合是根据环境和内容的需要，将两个或两个以上的物象雕品进行造型组合，形成一个合理结构的完美构图。物象形态对整体布局的疏密关系，节奏韵律的表达以及均衡协调关系等都有着很高的要求。同时，多种物象组合，必然会产生情结关系，如母子、兄弟等情结，食雕师在食雕制作时更要注意重情感表达，通过姿势与神态的协调与呼应性，把这种亲密和睦的关系给予充分的表达，从而加深作品的深层含义。

第二节　菜品装饰的创作设计与制作方法

根据菜品装饰的空间构成形式及其性质的区别，菜品装饰可以为平面装饰、立雕装饰、套盘装饰和菜品互饰四类。下面分别阐释菜品装饰的构图方法。

一、平面装饰

平面装饰又称菜品围边装饰，一般是以常见的新鲜水果、蔬菜为装饰原料，利用原料固有的色泽和形状，采用一定的技法将原料加工成形，在餐盘中适当的位置上组合成具有特定形状的平面造型。平面装饰是菜品装饰中形式最为纷繁多彩、应用最为广泛的一类菜品美化方式。平面装饰的分类，有人采用按单一原料分类的方法，这种分类方法无助于人们认识平面装饰的基本规律。平面装饰按其构图方式的特点分类应更为合理。

1. 全围式

所谓全围式就是沿餐盘的周围拼摆花边。这类花色围边为几何形图形，依器定形是基本形式。即餐具是圆形的，围成的花边也是圆形的；餐具是椭圆形的，围成的花边也是椭圆形的。在此基础上，又可以变化图形，如在圆形餐具中围拼方形花边，椭圆形餐具中围拼菱形花边等。以上图形中留出的圆形、椭圆形，或方形、菱形空白，是盛装菜品的地方。全围式平面装饰应用最多的是用来盛装单个菜品，如果是三镶、四拼的菜品，只需要对已经围起来的空白再作均等分割。拼摆全围式时，装饰原料的叠放层次分单层、双层、多层。装饰效果一般具有端庄稳定、密而不透的形式美感。也可以利用原料的形状、叠放次序的变化，产生如波浪般循环往复的律动感，或向外放射与向内聚集的指向感。

2. 象形式

这里所指的象形式，是全围式平面装饰中的一类特殊形态的造型，即根据菜品造型的需要，用装饰原料在餐盘中围摆成平面的具象造型。象形式可以有多种造型，如宫灯形、梅花形、葫芦形、向日葵形、枫叶形、花篮形、金鱼形、飞鸽形等。象形式平面装饰的留空多用作盛装单个的菜品，所以，在围摆图形时要求大形大势，不可拘泥于细处的刻意求工，要给人以神似取胜、大方美观的感觉。

3. 半围式

半围式即是在餐盘的半边围摆造型。在实际应用时，半围式围边的长短不能机械地理解成只能是餐盘的一半，要根据设计的图形，需要围多长就围多长，但给人的感觉似半围，半围式的造型既有抽象形的，也有具象形的，但无论选择哪种形式的造型，都要处理好与菜品主体的位置关系、大小比例、形态和色彩之间的和谐。半围式围边给人似围实透、围而有放、扩展舒朗的装饰美感。

4. 分段围边式

分段围边式是在餐盘周围有间隔地围摆花边。分段围边一般采用等分的方法，各段围边之长是相等的。分段围边给人以围透结合、似围非围、虚实相错的美感。

5. 端饰法

所谓端饰法是指在餐盘的一端或两端拼摆图形的装饰方法。端饰法多选用新鲜的水果、蔬菜、鲜花等原料，经过技术处理后，在餐盘的一端或两端处，摆放简洁明快的图形。采用端饰的方法，可使餐盘有更大的空间用于菜品造型，这样的装饰没有拥塞局促之感，取而代之的是开阔舒展之美。

6. 居中式和居中加全围式

与端饰法在餐盘一端或两端装饰不同，居中式是在餐盘的中心点或中轴线上进行装饰的方法。居中心装饰的留空在四周，适合盛装用于分体成形而后再组合的菜品，如葫芦虾蟹，它是用网油将虾蟹肉包入其中成葫芦形，油炸成熟，一份菜是由10个单体“葫芦”组合起来的，装在居中心装饰的盘中，应是最恰当的。而居中轴线装饰的留空在两边，可以分装两种不同的菜品。居中加全围式即居中式与全围式的相加，其留空处是夹在二者之间，一种为圆环形的空，一种为半圆形的空。前一种适合装分体造型的菜品，后一种适合分装两种不同的菜品。

7. 散点式

散点式是在餐盘周围多点处的装饰。散点式的构图多采用对称结构，其装饰图样犹如二方连续纹样，有绵延不断、无始无终的感觉。在散点式装饰的餐盘中装入菜品后，则有空灵的感觉。

二、立雕装饰

立雕即立体雕刻的简称。立雕一般选用水分含量较多、质地脆嫩紧密、色感较好、外形符合构思要求的果蔬类作为原料。近年来，糖塑、盐塑、冰雕、琼脂雕等，也被应用于菜品装饰中。立雕的题材很广泛，其寓意多为吉祥、喜庆、欢乐，工艺有简亦有繁，雕刻成的作品有大有小。立雕装饰要因菜而异，因时而异，因就餐对象而异，切不可不加选择地滥用，否则反为不美。立雕装饰分为单纯立雕装饰与立雕围边装饰两类。

1. 单纯立雕式

单纯立雕式是在餐盘中只摆放立体雕刻作品的装饰。如用南瓜雕刻成“凤”的立雕作品摆放在餐盘正中央，周边适合盛装分体成形的菜品；而用魔芋等刻成的钓翁，摆放在餐盘一侧的，其留空适合盛装多种类型的菜品。

当然，一件雕刻作品既可以是独立的形象，也可以是由几个彼此有关联的形象组合起来的，如鸳鸯、龙凤、天鹅、景观雕刻等。在餐盘中摆放组合雕刻作品时，要让出较大的空间盛装菜品，要注意雕刻作品从立意、造型及摆放位置，都要能与菜品彼此响应，融为一体。

2. 立雕围边式

所谓立雕围边式是由立体雕刻作品与围边组合起来的菜品装饰。立雕与围边的结合，拓展了立雕装饰的形式，如立雕全围式、立雕半围式。在实际应用中，立雕与围边摆放位置也有多种形式，如立雕居中摆放，或将围边围在立雕作品周围，或将围边围在餐盘的外周。立雕与围边是一个整体，设计制作时应通盘考虑，既不能重立雕轻围边，也不能重围边轻立雕，要做到彼此响应，互为辉映。

三、套盘装饰

套盘装饰是指将精致、高雅的餐盘，或形状、材质很特别的容器，套放于另一只较大的餐盘中，以提升菜品的品位价值和审美价值。在套盘装饰中，小餐盘大多选用精致富贵的银器餐盘，高雅素洁的水晶餐盘、瓷质餐盘、陶质餐盘、玻璃器具等，还选用在形状、材质方面别开生面的容器，如珍贵典雅浑然天成的贝壳，编织精致的小柳篮，清香四溢形制特别的竹筒，质朴自然的木瓜、椰子、凤梨等；大餐盘大多选用能与小餐盘匹配的瓷质餐盘、木质餐盘、竹器餐盘、漆器餐盘等。套盘装饰的构图方法，主要有单纯套盘装饰法、套盘加围边装饰法、套盘加立雕围边装饰法三类。

1. 单纯套盘装饰法

这种套盘装饰就是大小餐盘的套装。在实际应用中，两层套装是最基本的形式，如在大瓷盘内摆放一件银制餐盘；又如在大漆盘中摆放多件小水晶餐盘；还有三件餐盘分三层套装的，如在一只勾金线绿边的瓷盘内，先摆上流光溢彩的银制餐盘，然后再将深黄光洁的清香瓜放在最上层。单纯套盘装饰虽不赘另物，却有卓然高贵、特立独行的美感。

2. 套盘加围边装饰法

即套盘装饰与围边装饰的组合形式。套盘装饰有如前文所说的形式，而围边的形式则有全围式、半围式、分段围边式、端饰法等，与之相组配，形成多姿多彩的装饰效果。

3. 套盘加立雕围边装饰法

这种装饰法是在套盘加围边装饰的基础上，加入立体雕刻作品构成的造型。立雕作品摆放的位置有三种：一是居中而放；二是偏于一侧；三是分列两侧。其构图的基本要求是要而不繁，或似繁实简，雅趣天成。

四、菜品互饰

菜品互饰是利用不同菜品之间的互补互融的特性，把它们共放在一个餐盘中，以达到相得益彰的装饰效果。菜品互饰主要指菜肴与菜肴、点心与点心、菜肴与点心之间的相互装饰。菜品互饰是食用与审美互为一体，是值得提倡的装饰形式。菜品互饰应用最普遍的构图形式，是将能分成若干单体的菜肴或点心围在餐盘的周围，留出餐盘中央的空间，用以盛状另种菜肴或点心。如菊花鱼拼牡丹虾球，菊花鱼10朵围在餐盘的周围，餐盘中央是白炒的牡丹虾球，蓑衣黄瓜作花叶相间而围，间色隔味，二者兼有，既清爽明快又互不相扰。在上例中，蓑衣黄瓜是插入的围边，可以起到间色、间味及美观的作用。除了这种方法外，菜品互饰还采用对分式、三分式、四分式等构图。如油爆菊花肫拼兰花肚尖，以中轴线为界，各占一半。

第三节　食品雕刻与菜品装饰的烹饪应用

一、食品雕刻在烹饪中的应用

食品雕刻工艺与中国传统文化中的雕刻艺术有很大的区别，它不是单纯地供消费者欣赏的一种工艺，这种工艺是对中国传统美食文化中色、香、味、形、养的追求和补充，同时也是对于食材与营养价值的提升和融合。在当前的饮食文化中，食品雕刻工艺在烹饪中主要有以下几种应用。

（一）补充和点缀菜品

食品雕刻工艺普遍应用于大型的宴席上，而每个宴席的档次、主题都会有所区别，因此在不同主题的宴席中需要使用不同的食品雕刻工艺。例如，较为高档的宴席一般对于艺术的要求比较高，因此在食品雕刻工艺中会选择造型优美的花卉、动物和植物等来点缀菜品。例如，“绣球干贝”这道菜，创作者会在盛菜的盘子中十字雕刻，这样能够将雕刻工艺与“绣球干贝”巧妙地结合在一起，形成一幅生动的图像，能够提升菜品的艺术效果，使菜肴锦上添花。

（二）美化席面和烘托宴会主题

在宴席中，仅仅依靠传统的菜式进行烹饪是很难美化席面烘托宴会主题的，同时也很难提升宴会的档次，满足不了消费者的需要。在食品烹饪过程中，恰当地使用雕刻工艺就能够使菜品更加丰富多彩，不仅仅有利于增强人们的食欲，更为重要的是食品雕刻工艺能够更好地突显宴会的主题，并且以一种很特别的方式将其传达给在场的人员，使宴会主题深入人心。例如，在婚宴中就会时常出现“双喜同心”的雕刻菜品，这种方式能够更好地突显宴席的主题，并且传达了人们对于新人的美好祝愿。

二、菜品装饰的烹饪应用

创新，是烹饪行业永恒的主题。我国经济的高速发展使得社会经济交往和商务会展活动增加，推动了餐饮业的发展。人们在讲究健康饮食味觉享受的同时也开始注重菜品的视觉艺术性，对盘饰艺术的要求也在不断地提升，菜品装饰技巧也就成了一名厨师必备的技能之一。烹饪教学中涉及盘饰方面的课程是果蔬雕刻，而传统的果蔬雕刻由于费时费力、保持期短、成本较高等局限，已经从餐桌上悄然淡退，逐渐被新崛起的果酱盘饰、面塑盘饰、糖艺盘饰等新派技法所取代。盘饰以其成本低廉、制作快捷、色彩绚丽、艺术性强的特点，已成为当下最为流行、最为实用的装盘技法。因此，结合市场的发展需求，开设盘饰课程对促进职业院校烹饪专业教学改革、提高人才培养、盘饰的发展具有重要意义。

1. 盘饰的定义及作用

盘饰是用酱汁结合我国国画的表现形式，在餐盘上绘制精美图案来装饰菜肴或者搭配其他的装饰材料组合成立体的造型来装饰菜肴的方法。

烹饪，本身就是一门艺术。盘饰是提升菜肴品质的名片，通过具有艺术内涵的盘饰造型来提升烹饪艺术的内涵。菜品盘饰以原料的自然美、装饰美、工艺美、意境美来一展菜品的视觉形象，可以提高菜肴的档次，烘托宴席的气氛，增加顾客的食欲。

2. 盘饰的现状及发展趋势

随着社会生活的多样化、多元化，餐饮形式也呈现出各显神通、百花齐放的局面。特别是我国加入世界贸易组织（WTO）之后，中式烹调和西方餐饮交流增多，新的烹饪技术，新的餐饮食材，新的装盘理念快速地交汇融合，中餐大师们开始学习“中菜西做”“西为中用”，遵循着“中餐为体”“西餐为用”的原则，创新改良出了一大批融合菜、意境菜。在菜品点缀装饰方面，大胆借鉴西餐的酱汁点缀装盘的方法，结合了我国国画的表现形式，把国画的技法嫁接到果酱绘制当中，在传承中创新，古为今用、洋为中用，运用酱汁、果酱在瓷盘上作画来装饰菜品。将果酱绘制画卷、诗词的百里之势浓缩于餐盘的咫尺之间，而食客们欣赏到的是从餐盘有限的方寸之间体味中式餐饮文化的博大精深。最近几年，从私房菜馆到宾馆酒店，餐桌上的传统菜品也渐渐地开始重视摆盘效果，厨师们越来越重视自身对菜品装饰技能的学习和提高。

三、盘饰在烹饪教学中的应用

按照现代厨房高效率、快节奏的特点，简洁、快速、实用是教学盘饰设计初衷。通过学校教师对盘饰的教学与实践的分析，将盘饰制作技术手法进行分类，形成盘饰基础知识、拉线技法、抹绘技法、分染技法、综合实训五大教学模块，再筛选有代表性的盘饰充实每个教学模块，分别制订教学目标，明确知识点，解析技术难点，阐明技术要领，编排授课学时、授课计划，编写教案，制作课件，定期考核。授课计划中编排的学习目标、学习内容、应知和应会目标结构合理，教学结构由浅入深，循序渐进，层次分明，重点突出，可操作、可落实。从而形成一门独立的、系统的烹饪教学课程，并运用于烹饪专业教学。

目前，开设本科目教学的烹饪学校比较少，果酱盘饰仅作为兴趣班的形式进行教学。

在这样的教学模式下，培养出来的学生在专业技术上远远达不到餐饮企业用人的需要，在行业上能够从事盘饰这一领域的人才存在很大缺口。通过跟酒店高管的访谈，行政总厨们表达了盘饰这一技能的教学能更实用、更普及、更系统的愿望，培养出的学生技能更娴熟、技法更全面、菜品审美能力更高，以满足用人单位需要。

参考文献

[1] 周妙林，夏庆荣．冷菜、冷拼与食品雕刻技艺[M]．2版．北京：高等教育出版社，2009.

[2] 江泉毅．食品雕刻[M]．2版．重庆：重庆大学出版社，2015.

[3] 黄铭波．蔬果切雕与盘饰创意宝典[M]．福州：福建科学技术出版社，2014.

[4] 杨旭．冷菜制作工艺与食品雕刻基础[M]．北京：旅游教育出版社，2016.

[5] 罗家良，张程．西瓜雕花详解教程[M]．北京：化学工业出版社，2018.

[6] 朱云龙．中国冷盘工艺[M]．5版．北京：中国纺织出版社，2017.

[7] 姚春霞．冷盘制作与食品雕刻艺术[M]．4版．北京：科学出版社，2018.

[8] 陈怡君．食品雕刻教与学[M]．2版．北京：旅游教育出版社，2017.

[9] 陈怡君．冷菜制作与艺术拼盘[M]．2版．北京：旅游教育出版社，2014.

[10] 张家清．张家清糖艺[M]．北京：中国轻工业出版社，2013.

[11] 刘洁．中国面塑[M]．武汉：湖北美术出版社，2017.

[12] 陈肇庆，周振文．创意蔬果切雕：围边与果盘[M]．福州：福建科学技术出版社，2015.

[13] 张家清．写实派糖艺[M]．北京：中国轻工业出版社，2013.

[14] 周振文．蔬果盘饰与切雕技法[M]．福州：福建科学技术出版社，2016.

[15] 付强．果酱盘饰在烹饪教学中的应用[J]．广西教育B版，2017，(12).

[16] 王伟．盘饰艺术[M]．福州：福建科学技术出版社，2013.

[17] 赫英武．运用围边点缀装饰 提高餐饮菜品质量[J]．黑河教育，2016.

[18] 韩晓辉．教你琼脂雕[J]．美食，2010，(7).

[19] 周毅，周建龙．食品雕刻与冷拼[M]．武汉：华中科技大学出版社，2020.

[20] 陈洪虹．食品雕刻工艺在烹饪中的应用[J]．食品安全导刊，2018，(27).

[21] 李增，宋开炳．菜品装饰与制作[M]．重庆：重庆大学出版社，2016.

高等职业教育烹饪工艺与营养专业教材

烹饪营养教程 双色印刷

何 宏 编著

页 数：352页

定 价：53.00元

ISBN：9787518412556

教学资源：

烹饪原料（第三版） 彩色印刷

陈金标 主编

页 数：248页

定 价：56.00元

ISBN：9787518427390

教学资源：

中式面点制作实训教程（第二版）

活页式教材 彩色印刷

刘居超 于梦晗 王幸幸 主编

页 数：204页

定 价：58.00元

ISBN：9787518435869

教学资源：

宴会设计与实践 彩色印刷

陈金标 主编

页 数：280页

定 价：56.00元

ISBN：9787518427383

教学资源：

烹调工艺学（第四版） 双色印刷

冯玉珠 主编

页 数：288页

定 价：46.00元

ISBN：9787501997879

教学资源：

营养配餐与设计（第三版） 双色印刷

王其梅 王 瑞 主编

页 数：292页

定 价：46.00元

ISBN：9787518432073

教学资源：

中国饮食文化概论（第二版）

双色印刷

金洪霞 赵建民 主编

页 数：236页

定 价：38.00元

ISBN：9787518421633

教学资源：

冷菜与冷拼工艺 彩色印刷

宫润华 程小敏 主编

页 数：288页

定 价：56.00元

ISBN：9787518437948

教学资源：